농림축산식품부주관　한국산업인력공단 시행

1 농산물품질관리사

자격증series ; 사마만의 證시리즈

證； [증거 증],
　　 밝히다. 깨닫다.
　최고의 실력을 證명하다.

수확후 품질관리론

감수　윤종하
사 마 자격증수험서연구원편

전회까지의 기출문제 반영
2단편집/기출문제 분석과 반영
본문내용에 맞춰 기출문제삽입

사마출판
booksama.com

머리말

　수입농산물이 국내시장에 유통되면서 국내산 농산물로 둔갑되고 있는 현실에서 정부가 농산물의 출하 유통과정을 보다 엄격히 관리하여 품질 좋고 안전한 농산물이 소비자에게 공급될 수 있도록 하기 위하여 농산물 품질관리사 제도를 정착시켜 원산지 표시위반, 유전자 변형농산물의 표시위반에 대하여는 처벌규정을 대폭 강화하여 국가가 정책적으로 원활한 농산물유통을 제도화하고 있으며 2013년까지 우수농산물 생산의 목표 달성의 해로 정하여 안전한 농산물이 생산단계에서 소비단계까지 유통될 수 있도록 적극 지원되고 있다.

　농산물 품질관리사는 임무에서 명시하였듯이 농산물의 출하시기 조절, 품질관리기술에서부터 등급판정, 선별·포장 및 브랜드개발에 이르기까지 실로 그 업무는 막대하다 하겠다. 또한 정부가 농산물 품질관리사를 고용하는 산지 소비지 유통시설의 사업자에게 필요한 자금의 일부를 지원할 수 있는 법적 근거(품질관리법 제29조 7항)를 두고 있어 전문자격자로서의 역할과 전망은 매우 밝다고 하겠다. 또 공무원 채용시험에 응시할 경우 가산점을 받을 수 있으며 우수농산물 인증기관을 설립할 수 있고 인증기관의 심사원으로 채용될 수 있으며 수입농산물 원산지 표시위반과 국내산 농산물의 잔류농약 허용기준 등 소비자들의 불안심리가 점차 확산되고 있는 현실임을 감안하면 농산물 품질관리사 자격제도는 정책적으로 아주 바람직한 제도이며 생산자나 소비자 입장에서 품질보증서 역할을 할 것으로 기대된다.

농산물 수확후품질관리론……

　본서는 1회부터 출제경향과 농업정책의 흐름을 감안하여 공인 농산물품질관리사 자격에 관심과 열정을 갖고 계신 수험생들의 합격에 큰 힘을 보태는데 무난할 것으로 확신하며 수험생 여러분의 합격과 취업의 지름길이 되리라 믿는다.

　아무쪼록 본 교재로 인하여 농산물 품질관리사 시험이 전체적으로 파악되고 이해될 수 있기를 바라면서 수험생 여러분의 건투를 빕니다.

편저자

차 례

 농산물 품질관리사 소개 / 6

 총 론 | 수확 후 품질관리론

제 1장 성숙과 수확 / 15
        기출문제 연구 / 27
제 2장 수확 후의 생리작용 / 31
        기출문제 연구 / 45
제 3장 품질구성과 평가 / 53
        기출문제 연구 / 63
제 4장 세 척 / 71
        기출문제 연구 / 77
제 5장 선 별 / 79
        기출문제 연구 / 83
제 6장 예 냉 / 85
        기출문제 연구 / 91
제 7장 저장전처리(예건·맹아억제·반감기·큐어링) / 93
        기출문제 연구 / 99
제 8장 포 장 / 101
        기출문제 연구 / 111
제 9장 저 장 / 115
        기출문제 연구 / 123
제10장 수확 후의 장해 / 127
        기출문제 연구 / 135
제11장 안전성 / 139
        기출문제 연구 / 143
제12장 콜드체인 시스템 / 145
        기출문제 연구 / 149

　　제13장　수 송 / 153
　　제14장　신선 편이 농산물 / 157
　　　　　　기출문제 연구 / 161

 각 론 | 품목별 수확 후 관리기술
　　제 1장　과실류(사과, 배, 단감, 복숭아, 포도) / 165
　　제 2장　과채류(딸기, 토마토, 수박) / 195
　　제 3장　채소류(고추, 오이, 애호박, 양파, 마늘, 결구상추, 브로콜리) / 207
　　제 4장　근채류(감자, 고구마) / 239

 부록 | 기출문제
　　　　　　기출문제 / 251

농산물 품질관리사 소개

 개 요

농산물 원산지표시 위반행위가 매년 급증함에 따라 소비자와 생산자의 피해를 최소화하며 원산지표시의 신뢰성을 확보함으로써 농산물의 생산자 및 소비자를 보호하고 농산물의 유통질서를 확립하기 위하여 도입됨

 농산물 품질관리사의 필요성

❶ 전국 각지의 농산물 품질 인증·원산지 표시·등급 표시로 유통 신뢰성 확보 시급
❷ 농산물의 품질 향상과 유통의 효율화로 생산자와 소비자 보호의 필요성
❸ 모든 농산물관련 기업에 적용될 농산물품질관리법 개정 시행으로 농산물품질관리사의 수요 급증
❹ 국가 및 공공기관에서 인정하는 표준규격의 도입으로 유통질서 확립이 시급
❺ WTO 출범과 함께 연차별 이행 계획에 따라 관세인하시장 접근물량 증가 등 수입개방대책 강화 시급

 농산물 품질관리사의 주요 업무

❶ 농산물의 등급 판정
❷ 농산물 출하시기 조절·품질관리기술에 관한 조언
❸ 농산물의 생산 및 수확 후의 품질관리기술(안전관리를 포함) 지도
❹ 농산물의 선별·저장 및 포장시설 등의 운용·관리
❺ 농산물의 선별·포장 및 브랜드 개발 등 상품성 향상 지도
❻ 포장 농산물의 표시사항 준수에 관한 지도
❼ 농산물의 규격 출하 지도

농산물 품질관리사의 직무 범위의 확대

최근 수많은 수입 농산물이 국내 농산물로 원산지가 둔갑되어 농산물의 거래 질서를 혼란시키고 있어, 소비자의 피해가 늘어나며 식품의 안전성 문제가 대두됨에 따라 소비자와 생산자의 피해를 최소화하여 농산물과 식품의 유통질서를 확립하기 위해 정부의 많은 지원이 예상된다. 또한 농산물과 식품 유통이 도매시장 위주에서 유통업체, 직판장을 통한 직거래 등으로 다양화됨에 따라 직무범위가 대폭 확대되고 있다.

그러나 농산물품질관리사의 의무 채용에 필요한 인력은 20,000여 명(2006년 추산) 정도 추산되는 가운데 제13회까지의 합격인원이 3,785명이고 이 중 약 60% 정도가 현직 농협 직원이고 보면, 농산물품질관리사의 채용 의무화의 법적 근거인 기본 인력이 현저하게 부족한 실정이다.

농산물 품질관리사의 특전

○ 농 협
- 승진고과 가점(2008년 8월 농협 인사규정 개정)
- 비정규직 → 정규직으로 전환
- 기능직 직원으로 1년 이상 근무한 자가 농산물품질관리사의 자격취득 시 영농지도직 6급으로 전환 가능(2008년 8월 농협 인사규정 개정)

○ 국가 공무원 : 농업관련 직종 응시 시 가산점 3점
- 9·7급 농업직 공무원
- 농촌지도사

○ 관련업체에서 자격증 소지자 채용 시 채용업체에 자금 지원
   (1억 5천만원)(농산물품질관리법 제31조)

농산물 품질관리사의 취업 예정처

농수산물의 생산 이후 저장, 등급판정부터 유통·가공까지 농수산물이 움직이는 전 과정이 취업 대상처이다.

- 농 협
- 농수산물 산지 유통센터(APC)
- 영농조합법인
- 식품업체(오뚜기 식품, 목우촌, 보성녹차, 무화과 생산 단지 등)
- 농촌진흥청 등 농산물과 관련된 공기업
- 우수 농산물(GAP) 인증기관 설립
- 농수산물 품질 인증기관의 검사원
- 농수산물 유통회사
- 대형할인매장, 백화점의 농수산물 코너

농산물 품질관리사의 활용 실태

국가공인 농산물품질관리사 제도의 도입

○ 합격 인원

- 2002년 12월 27일 - 법률 제6816호 공포 농산물품질관리법 개정으로 국가공인 농산물품질관리사제도 도입
- 2003년 11월 20일 - 제1회 국가공인 농산물품질관리사제도 자격시험 시행계획 공고
- 2004년 1회 합격(88명)
- 2006년 3회 합격(304명)
- 2009년 5회 합격(449명)
- 2010년 7회 합격(437명)
- 2012년 9회 합격(412명)
- 2014년 11회 합격(179명)
- 2016년 13회 합격(183명)
- 2018년 15회 합격(155명)
- 2020년 17회 합격(234명)
- 2005년 2회 합격(110명)
- 2008년 4회 합격(334명)
- 2009년 6회 합격(297명)
- 2011년 8회 합격(455명)
- 2013년 10회 합격(268명)
- 2015년 12회 합격(269명)
- 2017년 14회 합격(39명)
- 2019년 16회 합격(171명)
- 2021년 18회 합격(166명)
- 국가공인 농산물품질관리사 자격증소지자는 현 4,511명

○ 합격 인원의 약 60%가 농협 직원

○ 산지유통조직에 200여 명 근무

○ 도매시장법인, 국가기관 및 지자체, 품질인증기관, 유통업체 등에 근무

농산물 품질관리사의 연관 자격증

○ 관련 직종
- 작물 : 농사, 작물시험장 연구원, 농업직 공무원
- 원예 : 과수원, 화원, 꽃재배, 채소재배, 원예시험장 연구원, 원예협동조합 직원
- 임업 : 양묘업, 산림경영, 산림계 공무원, 산림보호직, 임업직 공무원, 영림서 공무원, 임업시험장 연구원, 특수임산물연구소, 버섯재배, 조경사
- 축산 : 목장경영, 축산업협동조합 직원, 축정계 공무원, 종축장 연구원, 인공수정사, 수의사, 양봉업, 양봉협동조합직원

농산물 품질관리사 자격시험 안내

실시기관(시행) 및 소관부처(주관)

- 한국산업인력공단 http://www.q-net.or.kr
- 농림수산식품부　http://www.mifaff.go.kr

취득방법

- 1차시험 : 객관식(4지 선택형), 총 100문항(과목당 25문항)
- 2차시험 : 주관식필답형 시험으로 단일화

시험과목 및 출제범위

시험구분	시험과목	출제범위
1차 시험 (4과목)	• 농수산물품질관리관련법령(농수산물품질관리법, 농수산물유통 및 가격안정에 관한 법률, 원산지 표시에 관한 법률)	• 농수산물품질관리법·시행령·시행규칙 • 농수산물유통 및 가격안정에 관한 법률·시행령·시행규칙 • 농수산물의 원산지 표시에 관한 법령
	• 원예작물학	원예작물학
	• 수확후품질관리론	수확 후의 품질관리론
	• 농산물유통론	• 농산물 유통구조 • 농산물 시장구조 • 유통기능 • 농산물마케팅
2차 시험	주관식 필기시험(필답형)	• 농수산물품질관리법(법, 시행령, 시행규칙) • 농수산물의 원산지 표시에 관한 법령 • 농산물표준규격 • 농산물검사·검정의 표준계측 및 감정방법 • 수확 후 품질관리기술 • 등급, 품종, 고르기, 크기(길이, 지름) 및 무게, 결점과, 착색비율 등의 감정 및 측정 • 표준규격 출제대상(전 품목)

농산물 품질관리사 응시자격·시험과목·합격자결정기준

❶ 응시자격 : 제한없음

❷ 제1차 시험은 선택형 필기시험으로 각 과목 100점 만점으로 각 과목 40점 이상의 점수를 취득한 자 중 평균점수가 60점 이상인 자를 합격자로 한다.

시험구분	시 험 과 목	문항수	합격자 결정기준
1차 시험 (선택형 필기)	• 농수산물품질관리관련법령(농수산물품질관리법, 농수산물유통 및 가격안정에 관한 법률, 원산지 표시에 관한 법률) • 원예작물학 • 수확후품질관리론 • 농산물유통론	100문항 (과목당 25문항 /120분)	과목별 100점 만점에 40점 이상 취득한 자 중 평균점수가 60점 이상인자

❸ 제2차 시험은 제1차 선택형 필기시험에 합격한 자를 대상으로 농산물 품질관리사 직무수행에 필요한 실무를 시험과목으로 하여 100점 만점에 60점 이상인 자를 합격자로 한다. 이 경우 제2차 시험에 합격하지 못한 자에 대하여는 다음 회에 실시하는 시험에 한하여 제1차 선택형 필기시험을 면제한다.

시험구분		시 험 과 목	문항수	합격자 결정기준
2차 시험 (주관식)	단답형	• 농수산물품질관리관련법령 　(법·시행령·시행규칙) • 농산물 표준규격고시	10문항	100점 (단답형과 서술형/80분) 만점에 60점 이상인 자
	서술형	• 농산물검사검정의 표준 　계측 및 감정방법 • 수확 후 품질관리기술		
	서술형	• 등급·품종·고르기·크기(길이, 지름) 및 무게·결점과 착색비율 등의 감정 및 측정 ※ 출제대상품목 : 농산물 표준규격 전 품목	10문항	

MEMO

총 론
수확 후 품질관리론

MEMO

농산물 품질관리사 대비

제1장 | 성숙과 수확

01 수확 후 품질관리의 개념

❶ 수확 후 품질관리 의의

1) 수확된 농산물이 생산자의 손을 떠나 최종 소비자의 손에 도달되는 전과정에서
2) 신선도를 유지하고 부패를 방지함으로써 품질을 높이고 손실을 줄이며 유통기간을 연장시키기 위한 목적으로
3) 실시되는 각종 조치들을 총칭하는 의미이다.

❷ 수확 후 전처리 방법

수확 후 전처리 방법들은 수확한 원예산물의 부패를 억제하거나 줄이는 방법이 되기도 한다.

(1) 예냉

과일이나 채소작물의 예냉

(2) 치유(curing)

감자·고구마 등의 치유(curing)

(3) 예건

배·단감·결구배추·양배추·마늘·감귤의 예건

(4) 화학적 처리

① 양파·감자·마늘 등의 맹아억제제(MH) 처리

13회 기출문제

원예산물의 수확 후 전처리에 관한 설명으로 옳은 것은?

① 양파는 큐어링할 때 햇빛에 노출되면 흑변이 발생한다.
② 마늘은 열풍건조할 때 온도를 60~70℃로 유지하여 내부성분이 변하지 않도록 한다.
③ 감자는 온도 15℃, 습도 90~95%에서 큐어링한다.
④ 고구마는 큐어링한 후 품온을 0~5℃로 낮추어야 한다.

▶ ③

11회 기출문제

원예산물의 수확 후 생리적 변화를 지연시킬 목적으로 포장열을 신속히 제거하는 전처리기술은?

① 예건   ② 예냉
③ 큐어링   ④ 훈증

▶ ②

5회 기출문제

다음 원예산물의 부패를 줄이기 위한 처리 기술로 틀린 것은?

① 바나나의 에틸렌 처리
② 장미의 열탕 침지
③ 포도의 아황산가스 훈증
④ 배추의 예냉

▶ ①

② 항산화제 처리
③ 포도의 아황산가스 훈증처리
④ 사과의 칼슘 처리

(5) 방사선 조사
양파·딸기·버섯 등에 방사선 조사

(6) 고농도 이산화탄소 처리
딸기·복숭아의 고농도 이산화탄소 처리

(7) 열탕침지
절화류 장미의 열탕침지

관련기출문제

다음 수확 후 품질관리 방법 중 적절하지 못한 것은?

① 예건 및 예냉
② 고농도 이산화탄소 처리 및 고농도의 산소처리
③ 생리장해를 방지하기 위한 칼슘처리
④ 맹아억제를 위한 화학적 처리

➡ ②

11회 기출문제

절화의 물 흡수를 원활하게 하기 위한 방법이 아닌 것은?

① 절단면을 경사지게 자른다.
② 물속에서 절단한다.
③ 살균제를 넣어준다.
④ 냉탕에 침지한다.

➡ ④

14회 기출문제

수확 후 손실경감 대책으로 옳지 않은 것은?

① 바나나는 수확 후 후숙억제를 위해 5℃에서 저장한다.
② 배, 감귤은 수확 후 7~10일 정도 통풍이 잘되는 곳에서 예건한다.
③ 단감은 갈변을 예방하기 위해 수확 후 0℃에서 3~4주간 저온저장한 후 MA 포장을 실시한다.
④ 조생종 사과는 수확 직후에 호흡이 가장 왕성하기 때문에 예냉을 통해 5℃까지 낮춘다.

➡ ①

02 성숙도

1 성숙의 의미

1) 농산물의 종자나 과실에서
2) 품종별 특징인 외관이 갖추어지고 내용물이 충실해지며
3) 발아력도 완전하여
4) 해당 품종을 수확하는데 최적상태에 도달하는 것을
5) 성숙이라고 한다.

✓ **발아력(發芽力)**
1) 종자에서 어린 눈이나 뿌리가 출현하는 것을 발아라 하고
2) 발아하려는 힘을 발아력이라고 한다.

2 성숙도의 의미와 중요성

(1) 의의
성숙도란 원예식물의 성숙의 정도를 말한다.

(2) 중요성
원예식물의 성숙도는
① 해당 작물의 수확적기를 결정하거나
② 해당 품목의 등급을 판정하는데 중요한 기준이 된다.

3 성숙도의 구분

1) 성숙도는 생리적 성숙도와 원예적 또는 상업적(경제적) 성숙도로 구분하며 원예식물에 따라 생리적 성숙도, 원예적 성숙도,

---

관련기출문제

다음 중 원예산물의 성숙의 모습과 거리가 먼 것은?
① 형태적으로 품종 고유의 형태를 갖추고, 어느 정도 비대성장이 이루어진 상태이다.
② 엽록소가 감소하여 여러 가지 색소가 발현된다.
③ 성숙 될수록 전분이 당으로 환원된다.
④ 세포벽의 펙틴질이 분해되어 조직이 단단해진다.

▶ ④

5회 기출문제

사과의 성숙 단계에서 나타나는 특징은?
① 에틸렌 감소
② 비대 생장
③ 호흡 급등
④ 전분 증가

▶ ③

| 수확 후 품질관리론 |

9회 기출문제
성숙도에 대한 설명 중 옳은 것은?
① 고추와 오이는 생리적으로 성숙해야 이용이 가능하다.
② 엽근채류는 대개 원예적으로 성숙하면 수확한다.
③ 성숙도를 판단하는데 크기와 모양은 고려하지 않는다.
④ 만개 후 일수는 해마다 기상이 다르기 때문에 성숙도와는 관련이 없다.
➡ ②

13회 기출문제
생리적 성숙기완료기에 수확하여 이용하는 작물은?
① 오이, 가지   ② 가지, 딸기
③ 딸기, 단감   ④ 단감, 오이
➡ ③

12회 기출문제
생리적 성숙단계에서 수확되는 원예산물만을 옳게 고른 것은?

| ㄱ. 수박 ㄴ. 애호박 ㄷ. 참외 |
| ㄹ. 사과 ㅁ. 오이 |

① ㄱ, ㄴ, ㄷ   ② ㄱ, ㄷ, ㄹ
③ ㄴ, ㄷ, ㄹ   ④ ㄴ, ㄹ, ㅁ
➡ ②

14회 기출문제
과실의 성숙 과정에서 일어나는 현상으로 옳지 않은 것은?
① 전분이 당으로 변한다.
② 유기산이 증가하여 신맛이 증가한다.
③ 엽록소가 감소하여 녹색이 감소한다.
④ 펙틴질이 분해되어 조직이 연화된다.
➡ ②

상업적 성숙도가 다르다.
2) 식물의 생장과정 자체에 성숙의 기준을 두었을 때를 생리적 성숙도라 하고 해당 작물의 이용측면에 기준을 두었을 때를 원예적 성숙도라 하며 시장에서 소비자에게 판매하는데 기준을 두었을 때를 상업적 성숙도라 한다.
3) 해당 작물의 수확적기 판단의 기준은 원예적 성숙도이다.
4) 예를 들면 애호박, 오이, 가지 등은 생리적 성숙도에는 이르지 못하였더라도 원예적 성숙도에 따라 수확한 반면에 사과, 양파, 감자 등은 생리적 성숙도와 원예적 성숙도가 일치할 때 수확한다.

✓ 참고
1) 생리적 성숙도
   식물의 생장 자체에 성숙이 되었을 때
2) 원예적 성숙도
   식물의 이용측면에 성숙이 되었을 때
3) 상업적 성숙도
   시장에서 소비자에 판매되는데(경제적으로) 적당히 성숙이 되었을 때

❹ 과실성숙의 특징

과실이 성숙 단계에 다다르면 다음과 같은 성분변화가 나타난다.

(1) 크기와 형태, 향기
크기와 형태는 비대하고, 품종 고유의 향기가 난다.

(2) 품종 고유의 색택
엽록소가 분해되어 과피의 바탕색이 녹색에서 품종 고유의 색택을 갖고

(3) 엽록소 변화
엽록소는 감소되고 카로티노이드와 안토시아닌이 증가한다.

✓ 엽록소(chlorophyll)

1) 녹색식물의 잎속에 들어 있는 화합물을 말하는데 클로로필이라고도 한다.
2) 엽록소는 엽록체의 그라나(grana)속에 함유되어 있으며 그라나를 구성하고 있는 단백질과 결합하고 있다.
3) 엽록소는 빛에너지를 흡수하여 이산화탄소를 탄수화물로 동화시키는 광합성에서 가장 중요한 역할을 하는 물질이다.

(4) 펙틴질의 변화

세포의 중층에서 펙틴질이 분해되어 가용성 펙틴이 증가한다.

✓ 펙틴(pectin)

1) 식물의 세포벽 사이에 존재하면서 세포를 단단하게 유지시켜 주는 다당류 물질이다.
2) 과실이나 채소의 육질 정도를 지배하는 중요한 성분으로 과실의 경도나 먹는 촉감에 크게 영향을 준다.
3) 미숙과에서는 불용성의 프로토펙틴으로서 Ca, Mg, 당, 셀룰로오스 등과 결합하고 있지만 성숙이 진행되면 가용성 펙틴(펙틴산)으로 변한다.

(5) 유기산 발현

가용성 고형물이 증가하고 유기산은 감소한다.

(6) 전분의 가수분해

생리적으로 저장되어 있던 전분이 가수분해되어 자당과 환원당이 많아진다.

(7) 에틸렌

에틸렌 생성이 증가되고

(8) 호흡급등현상

특히 사과의 경우 호흡급등현상이 나타난다.

15회 기출문제

원예산물의 성숙 과정에서 발현되는 색소 성분이 아닌 것은?

① 클로로필 ② 라이코펜
③ 안토시아닌 ④ 카로티노이드

➡ ①

11회 기출문제

원예산물의 성숙단계에서 나타나는 생리적 현상으로 옳지 않은 것은?

① 환원당 증가
② 세포벽분해효소 활성 증가
③ 불용성 펙틴 증가
④ 풍미성분 증가

➡ ③

9회 기출문제

녹색상태의 미숙바나나가 성숙되는 동안 단맛의 변화와 관련이 가장 높은 것은?

① 전분감소, sucrose 증가
② 펙틴감소, fructan 증가
③ 전분증가, fructan 감소
④ 펙틴증가, sucrose 감소

➡ ①

10회 기출문제

과실의 수확에 적합한 성숙도 판정기준으로 옳지 않은 것은?

① 경도 ② 색택
③ 풍미 ④ 중량

➡ ④

❺ 과실의 성숙과정

(1) 경숙(硬熟)
과실이 단단한 초기 상태를 말한다.

(2) 완숙(完熟)
과실이 고유의 향기와 색상을 띠며 세포벽의 펙틴질이 분해되어 과실이 연해진 상태를 말한다.

(3) 과숙(過熟)
과실이 완숙의 단계를 지나 과육이 식용과 취급에 부적당하게 연화된 상태를 말한다.

❻ 과실성숙의 주요요인

(1) 기온과 일조량에 의한 성숙
`25℃ 이상 30℃ 이하의 고온과 많은 일조량은 성숙도를 앞당긴다.

(2) 토양의 양분 보지력(保持力)에 의한 성숙
1) 사질토양은 양분보지력이 약해서 발육이 저해되고 성숙이 빠른 반면에
2) 양분이 많은 토양에서는 성숙과 착색이 늦어진다.

(3) 비료에 의한 성숙
1) 많은 인산비료는 성숙을 촉진시킨다.
2) 질소성분이 풍부할 때는 성숙이 늦어진다.

(4) 착과량에 의한 성숙
착과량이 적으면 성숙이 늦어진다.

(2) 극복대안
농산물의 수요에 비하여 공급의 과부족이 생기면 가격 등락폭이 매우 크게 나타난다. 따라서 농산물의 수요와 공급을 시기

적으로 적절히 예측하고 과잉공급이나 공급부족이 되지 않도록 조절하여야 한다.

❼ 과실의 성숙도 판정기준

(1) 고유의 색택
품종 고유의 색택을 나타낼 때 숙성이 된 것으로 판단한다.

(2) 수확이 쉬움
잘익은 과실은 수확하기에 힘들지 않도록 꼭지가 잘 떨어진다.

(3) 과육과 신맛
익어가는 과실은 과육이 연하여 물러지고 단맛이 많아지는 반면에 신맛이 적어진다.

(4) 펙틴의 변화
과실은 성숙될수록 불용성 펙틴이 가용성으로 분해되어 경도가 감소된다.

(5) 착색
특수한 향기가 나고 씨가 굳고 착색이 된다.

(6) 꽃핀 후 기일 일정
꽃핀 다음 성숙기까지 거의 일정한 기일이 걸린다.

03 수확

① 수확기

1) 수확기란 수확의 시기를 말하는데 수확시기를 결정하는 요인은 원예작물의 발육정도, 재배조건, 시장조건, 기상조건 등이다.
2) 외관으로 수확기를 판정할 수 있는 품종도 있으나 어려운 것도 많다. 따라서 개화기의 일자를 기록하여 날수로 판단함이 정확하다.

② 수확적기 판정의 중요성

(1) 수확산물의 품질결정

수확시기에 따라서 수확산물의 품질의 차이가 크다.

(2) 수확산물의 손질 유무 판정

과실은 저장력이 중요한데 수확시기가 늦어지면 과숙(過熟)한 상태로 저장되므로 저장력이 감소된다. 특히 양파, 마늘, 봄배추 등 저장을 목적으로 한 채소작물도 과실 못지 않게 수확시기가 중요하다.

(3) 수확산물의 생산량 결정

수확시기는 사람들이 가장 먹기 좋은 때를 기준으로 결정하는데 그렇다고 생산량을 늘리기 위해서 시기를 늦추다 보면 품질이 떨어진다.

(4) 수확산물의 가격결정

산물의 품목별 알맞은 수확시기에 수확하면 좋은 가격을 받게 된다.

(5) 품목별에 맞는 수확시기결정

품목은 용도에 따라서 수확시기가 달라야 한다. 쌀과 같은 곡

2회 기출문제

원예작물의 수확적기를 판정할 때 고려사항으로 거리가 먼 것은?

① 각 품종에 맞는 고유의 색택이 발현될 때 수확한다.
② 만개 후 일수는 해마다 기상이 다르기 때문에 고려하지 않는 것이 옳다.
③ 과실의 성숙기 때 호흡량의 변화를 관찰한다.
④ 외관만으로 성숙을 판단하기 어려운 품종이 있다.

▶ ②

13회 기출문제

원예작물의 수확적기에 관한 설명으로 옳은 것은?

① 저장용 마늘은 추대가 되기 전에 수확한다.
② 포도는 당도를 높이기 위해 비가 온 후 수확한다.
③ 만생종 사과는 낙과를 방지하기 위해 추석 전에 수확한다.
④ 감자는 잎과 줄기의 색이 누렇게 될 때부터 완전히 마르기 직전까지 수확한다.

▶ ④

5회 기출문제

다음 원예작물과 숙기 판정의 지표를 옳게 짝지은 것은?

① 결구상추 - 당산비
② 사과 - 전분 함량
③ 감 - 에틸렌 농도
④ 오이 - 안토시아닌 함량

▶ ②

3회 기출문제

사과의 수확시기를 예측하기 위한 인자로 가장 적합한 것은?

① 중량
② 전분지수

식은 종자가 완전히 여문 후에 시기를 결정하여야 수확하지만 오이나 호박 등은 풋상태로 수확해야 한다.

| 과실의 생장별 수확시기 |

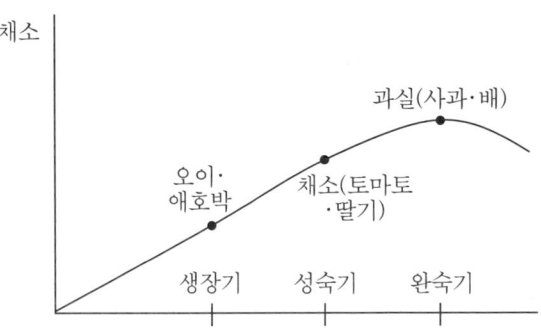

❸ 수확적기의 판정

수확적기의 판정은 호흡량의 변화, 개화 후 생육일수, 과실의 색택, 과실의 경도, 과실의 크기와 형태 등에 의한다.

(1) 호흡량의 변화

1) 과실의 호흡량이 최저에 달한 후 약간 증가되는 초기단계를 클라이 메트릭라이스라고 하는데 이때를 수확적기로 판정하는 것이다.
2) 호흡급등형과실은 완숙시기보다 조금 일찍 수확한다.

(2) 개화 후 생육일수

1) 과실마다 개화 후 일정기일이 지나면 수확을 위한 성숙에 달하기 때문에 품종마다 개화일자를 기록하였다가 수확적기를 판정한다. 다만, 만개 후 일수도 기상, 수세 등을 고려한다.
2) 애호박은 만개 후 7~10일 정도, 오이는 10일 정도, 토마토는 40~50일 정도인 반면에 사과는 품종별로 작게는 120일 정도에서 많게는 180일 정도로 각각 다르다.

(3) 과실색택

사과, 토마토 등의 과실은 과피의 착색정도에 따라서 수확적기

③ 호흡량
④ 에틸렌 발생량
▶ ②

8회 기출문제

원예작물의 수확시기와 관련된 설명으로 옳지 않은 것은?

① 각 품종에 맞는 고유의 색택이 발현될 때 수확한다.
② 고온 및 고광도 하에서 수확은 피하는 것이 좋다.
③ 과실의 수확시기와 관련된 인자로는 전분지수 및 호흡량 등이 있다.
④ 저장용 과실은 상품성을 향상시키기 위해 늦게 수확한다.
▶ ④

9회 기출문제

다음 원예작물의 수확시기 결정을 위한 지표로 옳지 않은 것은?

① 양파 – 지상부 도복정도
② 배추 – 결구정도
③ 감자 – 이층형성정도
④ 고추 – 개화 후 일수
▶ ③

10회 기출문제

원예산물의 수확기준으로 옳지 않은 것은?

① 장기저장용 사과는 완숙단계에 수확한다.
② 토마토는 착색정도를 기준으로 수확한다.
③ 결구상추는 결구도를 기준으로 수확한다.
④ 시장출하용 수박은 완숙단계에 수확한다.
▶ ①

12회 기출문제

원예산물의 수확적기를 판정하는 방법에 관한 설명으로 옳지 않은 것은?

① 신고배는 만개 후 일수를 기준으로 수확한다.
② 참외는 과피의 색깔을 지표로 하

여 판정한다.
③ 멜론은 경도를 측정하여 수확한다.
④ 사과는 요오드 반응에 의해 판정한다.

▶ ③

13회 기출문제

사과의 수확기판정을 위한 요오드반응검사에 관한 설명으로 옳은 것은?

① 100% 요오드용액을 과육부위에 반응시켜 착색되는 정도를 기준으로 한다.
② 성숙 중 유기산과 환원당이 감소하는 원리를 이용한다.
③ 성숙될수록 요오드반응 착색면적이 넓어진다.
④ 적숙기의 요오드반응 착색면적은 '쓰가루'가 '후지'에 비해 넓다.

▶ ④

11회 기출문제

원예산물의 품질요소와 판정기술의 연결로 옳지 않은 것은?

① 산도 : 요오드반응
② 당도 : 근적외선(NIR)
③ 내부결함 : X선(X-ray)
④ 크기 : 원통형 스크린 선별

▶ ①

8회 기출문제

원예작물 수확시 손수확과 비교하여 기계수확의 특성으로 옳지 않은 것은?

① 노동력이 절감되고 작업환경이 개선된다.
② 단위시간당 수확량이 많다.
③ 품질이 향상된다.
④ 적용가능한 작목이 제한적이다.

▶ ③

10회 출문제

과실의 숙성 중 나타나는 색 변화 요인으로 옳은 것은?

① 캡산틴 분해
② 엽록소 합성

를 판정한다.

(4) 과실경도

과실의 과육이 물러지는 정도로 수확적기를 판정한다.

｜ 과실별 수확적기 판정지표 ｜

판정지표	과실종류
전분함량	사과
주스함량	밀감류
떫은 맛	감
결구상태	배추, 양배추
산함량	밀감, 메론, 키위
당도	복숭아, 참다래 등
개화 후 경과일수	사과, 배 등
이층 발달	사과, 멜론류, 감
내부 에틸렌 농도	사과, 배

(5) 과실의 크기와 형태

과실의 크기와 형태 그리고 열매꼭지의 탈락 정도에 의해서 수확적기를 판정한다.

(6) 요오드 염색법

전분은 요오드와 결합하면 청색으로 변하는 성질을 이용하여 수확적기를 판정하는 방법인데 과실을 요오드화칼륨용액에 침지하여 청색의 면적이 작으면 과실이 성숙하여 수확기가 된 것으로 판정한다.

❹ 수확방법

(1) 수확방법 (손수확)

신선한 작물을 판매하는데는 품질이 매우 중요하기 때문에 물리적인 손상을 받기 쉬운 작물에 있어 손수확은 아직까지 절대적인 수확방법이며 일반적인 수확방법은 다음과 같다.

① 기온이 낮은 아침부터 오전 10시 경까지 수확한다.
② 익은 과일부터 몇 차례 나누어 수확한다.
③ 상처가 나지 않게 하기 위해서 치켜 올려 따거나 꼭지가 질긴 것은 가위나 칼로 딴다.
④ 호흡급등형 과실은 약간 덜 익은 것을 수확하고 즉석에서 팔거나 먹을 것은 완숙한 것을 따는 것이 좋다.

(2) 기계수확

과실을 기계에 의하여 수확할 경우
① 생력화(省力化)수확이 가능하여 단시간에 많은 면적을 수확한다.
② 생식용보다는 가공용 과실수확에 많이 이용된다.
③ 성숙상태의 과실수확에는 적당하지 않다.

✓ **생력화**(省力化, laborsaving)

1) 노동력을 줄여서 수확하는 것을 말한다.
2) 노동력 부족에 기인한 인건비 증가, 기술혁신, 시장경쟁력 강화 등에 따라 코스트 절감화가 합리화·자동화가 요청되는 사회적 요인에 따라서
3) 노동력에 의한 수확에서 탈피하여 기계를 이용한 수확을 말한다.

✓ **참 고**

- 인력 수확과 생력화 수확

인력 수확	기계(생력화) 수확
시간이 많이 걸린다.	단기간에 많은 과실을 수확한다.
식용과실 수확에 이용된다.	가공용 과실수확에 이용된다.
과실 성숙 수확에 가능하다.	미성숙 과실에 적당하다.

(3) 작물별 수확방법

작물별 수확방법은 다음과 같다.
① 결구배추는 뿌리를 잘라서 수확한다.
② 방울토마토는 하나하나 따서 수확한다.
③ 고추는 꼭지를 분리하지 않고 함께 수확한다.
④ 절화용 장미는 꽃대를 길게 하여 수확한다.
⑤ 감자나 고구마 등은 기계적(물리적)손상이 입지 않도록 수확한다.

③ 안토시아닌 합성
④ 카로티노이드분해
▶ ③

13회 기출문제

원예작물별 주요 기능성물질의 연결이 옳지 않은 것은?
① 감귤 - 아미그달린(amygdalin)
② 고추 - 캡사이신(capsaicin)
③ 포도 - 레스베라트롤(resveratrol)
④ 토마토 - 리코펜(lycopene)
▶ ①

9회 기출문제

과실 수확 방법으로 옳지 않은 것은?
① 단감은 꼭지를 짧게 잘라 수확한다.
② 수확 전 낙과가 심한 사과는 일시에 수확한다.
③ 양조용 포도는 가능한 한 완숙시켜 수확한다.
④ 복숭아는 1일 이상 비가 온 후에는 2~3일 경과한 다음에 수확한다.
▶ ②

5회 기출문제

다음 원예작물의 수확 방법이 옳은 것은?
① 결구배추는 뿌리채 수확한다.
② 방울토마토는 줄기를 흔들어 수확한다.
③ 고추는 과실과 꼭지를 분리하여 수확한다.
④ 절화용 장미는 꽃대를 길게 하여 수확한다.
▶ ④

9회 기출문제

다음 원예작물의 수확 후 조직변화로 옳지 않은 것은?
① 무 - 리그닌 함량 증가
② 고구마 - 바깥쪽 유조직의 코르크화
③ 파프리카 - 수용성펙틴 증가
④ 토마토 - 셀루로오스 함량 증가
▶ ④

MEMO

제1장 기출문제 연구

■■■ 기출문제

5회 기출
1. 다음 원예산물의 부패를 줄이기 위한 처리 기술로 틀린 것은?

① 바나나의 에틸렌 처리
② 장미의 열탕 침지
③ 포도의 아황산가스 훈증
④ 배추의 예냉

정답 및 해설 ①
원예산물의 부패를 줄이기 위한 처리기술로는
② 장미의 열탕 침지
③ 포도의 아황산가수 훈증
④ 배추의 예냉 등이나 ①은 아니다.

5회 기출
2. 사과의 성숙 단계에서 나타나는 특징은?

① 에틸렌 감소
② 비대 생장
③ 호흡 급등
④ 전분 증가

정답 및 해설 ③
사과의 성숙 단계에서는 호흡급등현상이 나타난다.
따라서 ③이 정답이다.

6회 기출
3. 원예산물의 숙성과정에서 나타나는 성분의 변화로 옳지 않은 것은?

① 토마토의 엽록소가 분해된다.
② 사과의 전분이 가수분해된다.

③ 감의 타닌(tannin)이 가수분해된다.
④ 복숭아의 펙틴(pectin)이 가수분해된다.

정답 및 해설 ③

원예산물의 숙성과정에서는 토마토의 엽록소가 분해되고 사과의 전분이 가수분해되며 복숭아의 펙틴이 가수분해되지만 ③은 틀리다.

2회기출
4. 원예작물의 수확적기를 판정할 때 고려사항으로 거리가 먼 것은?

① 각 품종에 맞는 고유의 색택이 발현될 때 수확한다.
② 만개 후 일수는 해마다 기상이 다르기 때문에 고려하지 않는 것이 옳다.
③ 과실의 성숙기 때 호흡량의 변화를 관찰한다.
④ 외관만으로 성숙을 판단하기 어려운 품종이 있다.

정답 및 해설 ②

만개의 일수는 해마다 기상이 다르더라도 고려하여야 한다.

5회기출
5. 다음 원예작물과 숙기 판정의 지표를 옳게 짝지은 것은?

① 결구상추 - 당산비
② 사과 - 전분 함량
③ 감 - 에틸렌 농도
④ 오이 - 안토시아닌 함량

정답 및 해설 ②

① 결구상추는 당산비
③ 감은 에틸렌 농도
④ 오이의 안토시아닌 함량은 원예작물의 숙기 판정의 지표로 옳지 않지만 사과는 전분 함량과 관련이 있다.

3회기출
6. 사과의 수확시기를 예측하기 위한 인자로 가장 적합한 것은?

① 중량
② 전분지수
③ 호흡량
④ 에틸렌 발생량

정답 및 해설 ②

사과의 수확시기를 예측하기 위한 인자는 전분인자이다.

4회기출

7. 호흡급등형 과실을 장기간 저장하고자 할 때 적당한 수확 시기는?

① 완숙되었을 때 수확한다.
② 하루 중 가장 온도가 높을 때 수확한다.
③ 완숙시기보다 조금 일찍 수확한다.
④ 과실의 호흡량이 많을 때 수확한다.

정답 및 해설 ③

호흡급등형 과실을 장기간 저장하고자 할 때 적당한 수확시기는 완숙한 시기보다 조금 일찍 수확한다.

1회기출

8. 다음 중 과실의 기계적 수확에 대한 설명으로 틀린 것은?

① 균일한 성숙 상태의 과실을 수확할 수 있다.
② 단기간에 많은 면적의 수확이 가능하다.
③ 생식용 보다는 가공용 과실의 수확에 많이 이용된다.
④ 생력화(省力化) 수확이 가능하다.

정답 및 해설 ①

과실의 기계적 수확은 균일한 성숙상태의 과실을 수확할 수 없으므로 ①이 맞다.

5회기출

9. 다음 원예작물의 수확 방법이 옳은 것은?

① 결구배추는 뿌리채 수확한다.
② 방울토마토는 줄기를 흔들어 수확한다.
③ 고추는 과실과 꼭지를 분리하여 수확한다.
④ 절화용 장미는 꽃대를 길게 하여 수확한다.

정답 및 해설 ④

결구배추는 뿌리채 수확해서는 안 되고 방울토마토는 줄기를 흔들어 수확해서는 안 되며 고추는 과실과 꼭지를 분리하여 수확해서는 안 되지만 절화용 장미는 꽃대를 길게 하여 수확한다.

농산물 품질관리사 대비

제 2 장 | 수확 후의 생리작용

01 호흡작용

❶ 의 의

1) 호흡작용이란 작물이 산소를 흡수하여 탄수화물, 지방, 단백질 등의 유기물질을 산화하여 에너지(ATP)를 얻고 체외로 탄산가스와 물을 배출하는 작용을 말한다.
2) 호흡에서 산소를 사용하는 호흡을 유기호흡이라 하고 산소를 사용하지 않는 호흡을 무기호흡 또는 혐기적 호흡이라 한다.

❷ 호흡작용식

호흡작용을 정리하면 다음과 같다.

> 포도당 + 산소 → 이산화탄소 + 수분 + 에너지 생산 및 호흡열 발생
> $C_6H_{12}O_6 + 6O_2 \rightarrow 6CO_2 + 6H_2O +$ 에너지

❸ 호흡열과 저장수명과의 관계

(1) 호흡열의 의의
① 호흡하는동안 발생하는 열을 호흡열이라고 하는데 이는 작물을 부패시키는 원인이 된다.
② 수확 후 관리기술은 호흡작용시 발생하는 호흡열을 줄이기 위하여 외부환경 요인을 조절하는 기술이라고 할 수 있다.

2회 기출문제

수확한 작물의 호흡작용과 연관하여 올바르게 설명한 것은?
① 수확 후에 호흡을 억제시키면 대부분 상품성이 저하된다.
② 호흡속도는 작물의 유전적 특성과 무관하다.
③ 호흡시 발생되는 호흡열은 작물을 부패시키는 원인이 된다.
④ 작물의 호흡은 대기의 산소와 이산화탄소 농도에 영향을 받지 않는다.

▶ ③

8회 기출문제

원예산물의 호흡에 관한 설명으로 옳지 않은 것은?
① 체내의 저장양분과 주변의 산소를 이용하여 호흡을 하면서 이산화탄소를 방출한다.
② 물리적 장해나 생리적 장해를 받았을 때 호흡속도가 저하된다.
③ 호흡급등형 과실은 에틸렌을 처리하면 호흡이 증가할 수 있다.
④ 과점을 통해 호흡을 하는 과실이 있다.

▶ ②

11회 기출문제

어린잎채소에 관한 설명으로 옳지 않은 것은?
① 성숙채소에 비해 호흡율이 낮다.
② 성숙채소에 비해 미생물 증식이 빠르다.

③ 다채(비타민), 청경채, 치커리, 상추가 주로 이용된다.
④ 조직이 연하여 가공, 포장, 유통 시 물리적 상해를 받기 쉽다.

➡ ①

1회 기출문제

원예작물의 수확 후 호흡작용을 가장 올바르게 설명한 것은?
① 호흡속도는 온도와 밀접한 관련이 있다.
② 수확 후 호흡작용으로 신선도가 더 좋아진다.
③ 호흡속도가 빠를수록 저장성이 증대된다.
④ 호흡률이 높은 작물은 저장성이 높다.

➡ ①

8회 기출문제

원예산물별 수확 후 관리과정과 성분변화가 바르게 연결된 것은?
① 포도 – 후숙 – 색소 발현
② 키위 – 연화 – 가용성펙틴감소
③ 토마토 – 숙성 – 리코핀 증가
④ 배 – 후숙 – 아스코르브산 합성

➡ ③

(2) 저장수명의 단축

호흡열의 발생으로 원예식물의 당분, 향미 등이 소모되기 때문에 호흡열은 원예작물의 저장수명을 단축시킨다.

(3) 낮은 저장성

호흡률이 높은 작물은 저장성이 낮다.

(4) 상품성 유지

수확 후 호흡을 억제시키면 대부분 상품성이 오래 유지된다.

(5) 냉각용적 설계의 참고자료

호흡열은 저장고 온도를 상승시키므로 저장고 건축시 냉각용적 설계에 중요한 참고자료가 된다.

02 호흡에 영향을 미치는 요인

① 온 도

(1) 온도와 저장수명

1) 온도는 원예작물의 대사과정이나 호흡 등 생물학적 반응에 영향을 미치는데 온도상승은 호흡반응의 기하급수적인 상승을 유도한다.
2) 따라서 수확 후 저장 수명에 가장 크게 영향을 주는 요인은 온도라고 할 수 있다.

(2) 온도상수와 저장수명

1) 온도 10℃ 상승에 대한 온도상수를 $Q10$이라 부르는데 $Q10$은 높은 온도에서의 호흡률을 10℃ 낮은 온도에서의 호흡률($R1$)로 나눈 값으로 $Q10 = R2/R1$이라 표시한다.
2) $Q10$은 다른 온도에서 알고 있는 값에서 어떤 온도에서의 호흡률을 계산하는데 이용되는데 보통 $Q10$은 온도에 따라 다르게 변화하며 높은 온도일수록 낮은 온도에서 보다 $Q10$값이 적게 나타난다.
3) 20℃에서 13일간 저장수명이 유지되는 저장산물이 0℃에서는 100일간 유지될 수 있고 반대로 40℃에서는 4일 밖에 유지되지 않는다.

② 저온 스트레스와 고온 스트레스

(1) 스트레스와 호흡률

식물은 수확 후 받는 스트레스에 따라 호흡률이 크게 영향받는데 일반적으로 식물은 수확 후 저장온도가 낮을수록 호흡률은 떨어지고 온도가 생리적인 범위를 넘어서면 호흡상승률이 떨어진다.

(2) 저온스트레스와 고온스트레스

10회 기출문제

다음 원예산물 중 호흡률이 높은 것으로 옳게 짝지은 것은?

> ㄱ.양배추 ㄴ.당근 ㄷ.브로콜리
> ㄹ.시금치

① ㄱ, ㄴ
② ㄱ, ㄹ
③ ㄴ, ㄷ
④ ㄷ, ㄹ

▶ ④

참 고

- Q_{10}
  1) 온도 10℃ 상승에 대한 온도상수
  2) R_2/R_1

10회 기출문제

원예산물의 수확 후 호흡에 영향을 미치는 외적 요인이 아닌 것은?

① 온도
② 공기조성
③ 호흡기질
④ 물리적 스트레스

▶ ③

식물은 고온스트레스뿐만 아니라 저온스트레스에 의해서 영향을 받는데 열대나 아열대 원산인 식물은 수확 후 10~12℃ 이하의 온도에서는 저온에 의하여 저온 스트레스를 받게 된다.

③ 대기 조성

(1) 산소농도와 호흡률
1) 대부분의 작물은 산소농도가 21% 정도의 산소조건에서는 호기성 호흡을 하지만 산소농도가 2~3%정도 떨어지면 호흡률과 대사과정은 감소한다.
2) 저산소 농도에서나 저장온도가 높을 때는 ATP(아데노신3인산)에 의한 산소소모가 있기 때문에 혐기성 호흡으로 변하게 된다.

(2) 산소농도와 포장
1) 포장시에는 충분한 산소 농도를 감안한 대기조성이 중요한데 대기조성이 잘못될 경우 저장산물은 혐기성 호흡이 진행되어 이취가 발생하게 된다.
2) 더구나 저장농산물 주변의 이산화탄소 농도가 증가된 경우
   ① 호흡을 감소시키고
   ② 노화를 지연시키며
   ③ 균의 생장을 지연시키지만
   ④ 낮은 산소 조건과 높은 이산화탄소 농도는 발효과정을 촉진시킬 수 있기 때문에 유의해야 한다.

④ 물리적 스트레스

(1) 물리적 스트레스의 영향
수확 후 농산물은 약간의 물리적 스트레스에도 호흡증가, 에틸렌 발생, 페놀물질의 대사 등의 생리적 변화가 발생한다.

6회 기출문제

원예산물의 기계적 장해(물리적 손상)에 의해 나타나는 현상은?

① 호흡량의 변화가 없다.
② 중량감소가 둔화된다.
③ 에틸렌발생량이 증가한다.
④ 부패발생률에 영향을 미치지 않는다.

▶ ③

(2) 물리적 상처 등의 영향

1) 물리적 상처 등은 해당 조직뿐만 아니라 피해받지 않은 인접조직에까지 영향을 미쳐 에틸렌 발생과 더불어 급격한 호흡증가를 가져온다.
2) 더구나 여러 조직에서의 상처는 숙성을 촉진하는 등의 지속적인 호흡증가를 유발하여 에틸렌 발생뿐만 아니라 나머지 저장농산물에도 생리적 변화를 유발시킨다.

7회 기출문제

원예산물의 기계적(물리적) 장해에 의해 나타나는 현상이 아닌 것은?

① 펙틴증가
② 활성산소증가
③ 부패율증가
④ 저장성감소

➡ ①

4회 기출문제

호흡급등 현상에 대해 바르게 설명한 것은?

① 완숙에서 노화의 단계로 갈 때 점점 호흡이 증가하는 현상이다.
② 에틸렌 생성과는 관련이 없고 조절이 불가능하다.
③ 모든 원예산물은 호흡급등 현상을 나타낸다.
④ 사과, 토마토에서 명확하게 나타난다.

➡ ④

03 호흡상승과와 비호흡상승과

❶ 의 의

1) 작물이 숙성함에 따라 호흡도 현저히 증가하는 현상을 보이는 과실을 호흡상승과(climacteric fruits)라 하고
2) 숙성을 하더라도 호흡상승을 나타내지 않는 작물을 비호흡상승과(non-climacteric fruits)라 한다.

❷ 호흡상승과와 비호흡상승과의 예

(1) 호습상승과 (클라이맥터릭)

토마토, 사과와 같은 작물은 숙성과 일치하여 호흡이 현저히 증가하는 현상을 보이는데 그러한 호흡현상을 나타내는 작물을 호흡상승과라고 분류한다.

> 호흡상승과 : 사과, 바나나, 토마토, 복숭아, 감, 키위, 망고

(2) 비호흡상승과 (비클라이맥터릭)

감귤류, 딸기, 파인애플과 같은 작물들은 호흡상승을 나타내지 않으며 이러한 작물들은 비호흡 상승과로 분류하는데 대부분의 채소류는 비호흡 상승과로 분류된다.

> 비호흡상승과 : 고추, 가지, 오이, 딸기, 호박, 감귤, 포도, 오렌지, 파인애플

❸ 호흡양상

호흡반응에서 수확 후 언젠가 호흡이 급격히 증가하는 현상은 호흡상승과의 숙성 중 일어나는데 이는 호흡양상의 예외이다.

11회 기출문제

호흡급등형 과실에 관한 설명으로 옳지 않은 것은?

① 숙성 후 호흡급등이 일어난다.
② 사과, 바나나가 대표적인 호흡급등형 과실이다.
③ 에틸렌 처리시 호흡급등 시기가 빨라진다.
④ 호흡급등시 에틸렌 생성 급등이 동반된다.

▶ ①

10회 기출문제

원예산물의 수확 후 호흡에 관한 설명으로 옳지 않은 것은?

① 호흡률과 품질변화 속도는 비례한다.
② 호흡률과 에틸렌 발생량은 반비례한다.
③ 토마토, 바나나는 호흡급등형 작물이다.
④ 사과의 호흡률은 만생종이 조생종보다 낮다.

▶ ②

15회 기출문제

호흡형이 같은 원예산물을 모두 고른 것은?

| ㄱ. 참다래 | ㄴ. 양앵두 |
| ㄷ. 가지 | ㄹ. 아보카도 |

① ㄱ, ㄴ ② ㄱ, ㄷ
③ ㄴ, ㄷ ④ ㄴ, ㄷ, ㄹ

▶ ③

12회 기출문제

다음 농산물 중 5℃의 동일조건에서 측정한 호흡속도가 가장 높은 것은?

① 사과   ② 감귤
③ 감자   ④ 브로콜리

▶ ④

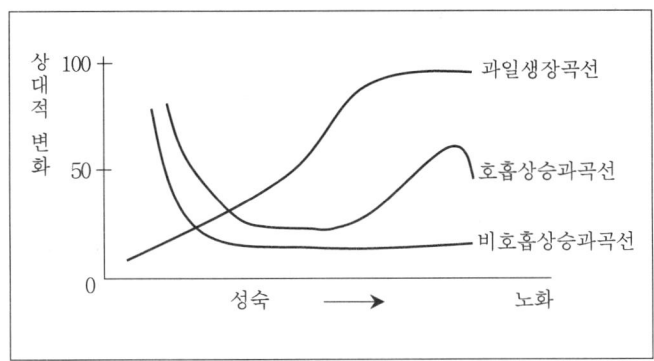

|과실의 생장과 호흡양상|

④ 작물의 성숙과 호흡률 관계

1) 작물의 무게 단위당 호흡률은 미숙상태일 때 가장 높게 나타나며 이후 지속적으로 감소한다.
2) 식물조직이 성숙하게 되면 미성숙과와는 달리 호흡률은 전형적으로 감소한다.
3) 채소류와 미성숙과일 같은 생장 중 수확된 산물의 호흡률은 매우 높은 반면, 성숙한 과일과 휴면 중인 눈 그리고 저장기관은 상대적으로 낮다.

⑤ 호흡률의 변화

수확 후의 호흡률은 일반적으로 낮아지는데 비호흡 상승과와 저장기관에서는 천천히 낮아지고 영양조직과 미성숙 과일에서는 빠르게 낮아진다.

⑥ 호흡속도

(1) 의 의

호흡속도란 작물이 호흡하는 속도를 말하는데 일정 무게의 식

4회 기출문제

원예산물의 호흡속도에 대한 설명으로 맞는 것은?

① 호흡속도는 주위 온도가 높아지면 느려진다.
② 호흡속도는 내부성분의 변화에 영향을 주지 않는다.
③ 호흡속도는 저장 가능기간에 영향을 준다.
④ 호흡속도는 물리적인 장해를 받았을 때 감소한다.

▶ ③

13회 기출문제

다음 중 호흡급등형 작물을 고른 것은?

ㄱ. 감 ㄴ. 오렌지 ㄷ. 포도 ㄹ. 사과

① ㄱ, ㄴ   ② ㄱ, ㄹ
③ ㄴ, ㄷ   ④ ㄷ, ㄹ

▶ ②

참 고

● 엽록소(葉綠素)
1) 녹색식물의 잎속에 들어 있는 화합물로서 클로로필(chlorophyll)이라고도 한다.
2) 엽록소는 그 빛깔이 녹색이므로 식물의 잎이 녹색으로 보인다.

11회 기출문제

원예산물과 주요 색소성분이 옳게 연결된 것은?

① 순무 - 캡산틴(capsanthin)
② 딸게 - 라이코펜(lycopene)
③ 시금치 - 클로로필(chlorophyll)
④ 오이 - 베타레인(betalain)

▶ ③

4회 기출문제

원예산물의 성숙과정 중 에틸렌 작용을 바르게 설명한 것은?

① 당도 감소　② 조직 강화
③ 저장성의 증가　④ 클로로필의 분해
➡ ④

11회 기출문제

원예산물의 수확 후 호흡에 관한 설명으로 옳지 않은 것은?

① 호흡속도가 높을수록 호흡열이 낮아진다.
② 호흡속도는 조생종이 만생종에 비해 높다.
③ 호흡속도가 높을수록 신맛이 빠르게 감소한다.
④ 호흡속도는 품목의 유전적 특성과 연관되어 있다.
➡ ①

5회 기출문제

저장고 내 에틸렌 축적으로 인한 원예산물의 품질 변화로 옳은 것은?

① 참다래의 과피 건조
② 당근의 쓴 맛
③ 무의 바람들이
④ 카네이션의 일소(日梳)
➡ ②

8회 기출문제

에틸렌과 관련하여 성숙 및 숙성제어에 관한 설명으로 옳지 않은 것은?

① 사과저장 전 1-MCP처리는 노화를 억제할 수 있다.
② 떫은 감 연화시 카바이드처리는 에틸렌을 이용한 것이다.
③ 에틸렌으로 후숙 가능한 과실로 바나나, 떫은감, 키위 등이 있다.
④ 절화에 STS를 이용하면 에틸렌작용을 억제할 수 있다.
➡ ②

12회 기출문제

원예산물에서 에틸렌 발생 및 작용에 관한 설명으로 옳지 않은 것은?

물체가 단위시간당 발생하는 이산화탄소(CO_2)의 무게나 부피의 변화로 표시한다.

(2) 호흡속도와 저장력

1) 호흡은 저장양분을 소모시키는 대사작용이므로 호흡속도는 원예생산물의 저장력과 밀접한 관련이 있어 저장력의 지표로 사용된다.
2) 수확 후 호흡속도는 원예생산물의 형태적 구조나 숙도에 따라 다르다.
3) 생리적으로 미숙한 식물이나 표면적이 큰 엽채류는 호흡속도가 빠르고 감자, 양파 등 저장기관이나 성숙한 식물은 호흡속도가 느리다.
4) 호흡속도가 빠른 식물은 저장력이 약한 반면에 호흡속도가 낮은 작물은 증산에 의한 중량감소가 잘 조절될 수 있으므로 저장력이 강하다고 할 수 있다.

(3) 물리적·생리적 장해와 호흡속도

원예산물이 물리적·생리적 장해를 받았을 경우에 호흡속도는 상승하므로 호흡은 해당 작물의 온전성을 타진하는 수단으로도 이용할 수 있고 호흡의 측정은 원예생산물의 생리적 변화를 합리적으로 예측할 수 있게 해 준다.

(4) 원예생산물별 호흡속도

1) 과일의 경우
   복숭아 > 배 > 감 > 사과 > 포도 > 키위 순으로 빠르다.
2) 채소의 경우
   딸기 > 아스파라거스 > 완두 > 시금치 > 당근 > 오이 > 토마토 > 무 > 수박 > 양파 순으로 빠르다.

(5) 호흡속도의 특징

① 호흡속도는 해당 작물의 온전성을 타진하는 수단이 된다.
② 호흡속도는 물리적·생리적 영향을 받았을 때 증가한다.
③ 호흡속도는 저장가능기간에 영향을 준다.
④ 호흡속도는 주위온도가 높아지면 빨라진다.
⑤ 호흡속도는 내부성분의 변화에 영향을 준다.

⑥ 호흡속도가 상승하면 저장기간이 단축된다.

04 에틸렌

❶ 의의와 발생

(1) 의 의
에틸렌은 기체형태로 존재하는 식물호르몬으로서 과실의 숙성 및 잎이나 꽃의 노화를 촉진시키므로 숙성호르몬 또는 노화호르몬이라고 부르기도 한다.

(2) 발 생
1) 대부분의 원예산물은 수확 후 노화가 진행되거나 과실이 익는 동안 에틸렌이 생성되고 또한 외부에서의 옥신처리나, 스트레스, 상처 등에 의해서 발생한다.
2) 원예산물을 취급하는 과정에서 상처나 불리한 조건에 처하면 조직으로부터 에틸렌이 발생하는데 이는 산물의 품질을 나쁘게 변화시키는 요인으로 작용한다.
3) 에틸렌은 일단 생성되면 스스로 생합성을 촉진시키는 자기촉매적 성질이 있다.
4) 엽록소(클로로필)를 분해하는 작용을 한다.

❷ 에틸렌 발생과 저장성

(1) 에틸렌 발생과 저장성
에틸렌은 식물의 노화를 촉진시켜 저장성을 약화시키는데

(2) 에틸렌 발생과 과피

---

① 에틸렌은 호흡과 노화를 촉진한다.
② MA저장은 에틸렌 발생을 촉진한다.
③ STS(silver thiosulfate)는 에틸렌 작용을 억제한다.
④ 에틸렌은 엽록소의 분해를 촉진하고 카로티노이드의 합성을 유도한다.

➡ ②

13회 기출문제

에틸렌에 관한 설명으로 옳지 않은 것은?

① 수용체는 세포벽에 존재한다.
② 코발트이온에 의해 생성이 억제된다.
③ 무색이며 상온에서 공기보다 가볍다.
④ 식물의 방어기작과 관련이 있다.

➡ ①

11회 기출문제

품목별 에틸렌처리시 나타나는 효과로 옳지 않은 것은?

① 떫은감-탈삽 ② 바나나-숙성
③ 오렌지-착색 ④ 참다래-경화

➡ ④

13회 기출문제

다음 원예산물에서 에틸렌에 의해 나타나는 증상이 아닌 것은?

① 결구상추의 중록반점
② 브로콜리의 황화
③ 카네이션의 꽃잎말림
④ 복숭아의 과육섬유질화

➡ ④

9회 기출문제

다음 설명 중 옳은 것은?

① 프로필렌이나 아세틸렌 처리로 과실의 호흡이 증가될 수 있다.

② 원예산물에서 호흡급등과 에틸렌 증가시점은 일치한다.
③ 식물호르몬인 ABA는 에틸렌과 상호작용을 하지 않는다.
④ ACC합성효소는 에틸렌합성과 관련이 없다.

▶ ①

10회 기출문제

원예산물의 수확 후 대사 조절 방법과 효과가 옳지 않은 것은?

① 에테폰처리 : 고추의 착색억제
② 에탄올처리 : 감의 탈삽촉진
③ 중온열처리 : 결구상추의 갈변억제
④ UV처리 : 포도의 레스베라트롤 함량 증가

▶ ①

14회 기출문제

원예산물의 성숙 과정에서 착색에 관한 설명으로 옳지 않은 것은?

① 고추는 캡사이신 색소의 합성으로 일어난다.
② 사과는 안토시아닌 색소의 합성으로 일어난다.
③ 토마토는 카로티노이드 색소의 합성으로 일어난다.
④ 바나나는 가려져 있던 카로티노이드 색소가 엽록소의 분해로 전면에 나타난다.

▶ ①

12회 기출문제

원예산물 저장 시 에틸렌 제어에 사용되는 물질로 옳지 않은 것은?

① 오존
② 1-MCP

5ppm 에틸렌 농도에서 양배추의 경우에는 엽록소 분해에 의한 황백화 현상이 나타나기도 하고 오이, 수박 등은 과육이나 과피가 물러지는 현상이 발생한다.

(3) 에틸렌 발생 억제 방법

따라서 농산물을 신선한 상태로 유지하기 위해서는 에틸렌의 합성을 낮추어야 하는데 이를 위해서 CA 저장법이 많이 이용되고 있다.

❸ 원예생산물별 에틸렌발생과 보관시 주의사항

1) 에틸렌이 다량 발생하는 품목으로는 토마토, 바나나, 복숭아, 참다래, 사과, 배 등이 있고 에틸렌 발생이 미미한 과실에는 포도, 딸기, 귤, 신고배, 엽근채류 등이 있다.
2) 엽근채류는 에틸렌 발생이 매우 적지만 주위의 에틸렌에 의해서 쉽게 피해를 받아 상추나 배추는 조직이 갈변하고 당근은 쓴맛이 나며 오이는 과피의 황화를 촉진한다.
3) 따라서 에틸렌을 다량 발생하는 품목은 그렇지 않은 다른 품목과 같은 장소에 저장하거나 운송되지 않도록 주의하여야 한다.

❹ 에틸렌 이용과 숙성촉진

1) 호흡상승과는 익으면서 에틸렌의 생성과 호흡이 증가한다. 따라서 에틸렌 처리에 의해서 생합성이 촉진되지만 비호흡상승과는 에틸렌 생성이 촉진되지 않는다.
2) 에틸렌은 엽록소분해촉진과 안토시아닌 또는 카로티노이드 색소의 합성을 유도하므로 감귤류, 고추, 토마토의 착색증진에 이용되기도 하는데 이것이 에틸렌 숙성촉진작용의 실용적 이용이다.

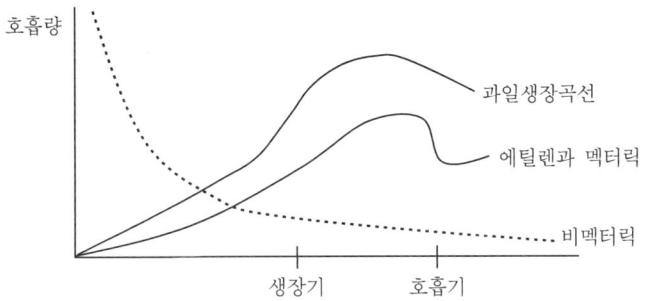

과일의 숙성과 에틸렌발생 패턴(클라이멕터릭, 비클라이맥터릭)

❺ 에틸렌(에세폰)의 농업적 이용(재배적측면)

에틸렌은 기체로서 처리가 곤란하여 합성호르몬인 에세폰을 이용하여 다음과 같이 현장에서 이용한다.
 1) 과일의 성숙, 수확촉진 및 착색촉진제
 2) 파인애플의 개화유도
 3) 오이, 호박 등의 암꽃 발생 유도
 4) 종자의 발아촉진
 5) 정아우세타파로 곁눈의 발달 조장
 6) 신장 생장 억제와 비대 생장 촉진
 7) 이층형성(離層形成)촉진으로 낙엽이나 낙과 발생
 8) 맹아 촉진과 휴면타파

❻ 에틸렌 발생 억제와 제거

(1) 에틸렌 발생 억제

STS, NBA, I-MCP, ethanol은 에틸렌이 세포막의 에틸렌 수용체와의 결합을 방해하므로 에틸렌의 작용을 억제하는 효과가 있으며 6% 이하의 저농도산소도 에틸렌 합성차단 효과가 있다.

(2) 에틸렌 제거
 1) 에틸렌의 제거방법에는

③ 염화칼슘
④ 과망간산칼륨
➡ ③

참 고

- **STS(silver thiosulfate)**
 1) 티오황산은이라 하는데 이는 에틸렌 작용의 억제제로 사용한다.
 2) 가장 효과적인 노화억제물질이지만 환경오염물질로 유럽에서는 사용을 규제하고 있다.

9회 기출문제

저장고 내에 발생된 에틸렌을 제거하는 방법만을 고른 것은?

> ㄱ.1-MCP 처리 ㄴ.AVG처리
> ㄷ.과망간산칼륨 처리 ㄹ.활성탄처리

① ㄱ, ㄴ
② ㄱ, ㄹ
③ ㄴ, ㄷ
④ ㄷ, ㄹ
➡ ④

11회 기출문제

원예산물의 성숙단계에서 나타나는 생리적 현상으로 옳지 않은 것은?

> ㄱ.CA저장한다.
> ㄴ.저장적온이 유사한 품목은 혼합저장한다.
> ㄷ.과망간산칼륨, 오존, 변형활성탄을 사용한다.
> ㄹ.저장고 내부를 소독하여 부패미생물 발생을 억제한다.

① ㄱ, ㄷ ② ㄴ, ㄹ
③ ㄱ, ㄷ, ㄹ ④ ㄴ, ㄷ, ㄹ
➡ ③

10회 기출문제

에틸렌 수용체에 결합하여 에틸렌 작용을 억제시키는 화합물은?

① 1-MCP(1-methylcyclopropene)
② ABA(abscisic acid)

③ 오존(O_3)
④ 이산화티타늄(TiO_2)

🡆 ①

3회 기출문제

원예작물의 증산작용에 대한 설명이 아닌 것은?

① 저장고 내의 온도와 과실 자체의 품온의 차이가 클수록 증산이 많아진다.
② 같은 작목에서 표면적이 작을수록 증산이 많아진다.
③ 저장고 내의 풍속이 빠를수록 증산이 많아진다.
④ 저장고 내의 습도가 낮을수록 증산이 많아진다.

🡆 ②

5회 기출문제

저장 중인 원예산물의 증산(蒸散)에 대한 설명으로 틀린 것은?

① 상대 습도가 낮을수록 감소한다.
② 큐티클층이 두꺼울수록 감소한다.
③ 온도가 높을수록 증가한다.
④ 표면적이 클수록 증가한다.

🡆 ①

10회 기출문제

원예산물의 저장 중 수분손실에 관한 설명으로 옳지 않은 것은?

① 저장온도가 낮을수록 적다.
② 저장상대습도가 높을수록 적다.
③ 표피가 치밀한 작물일수록 적다.
④ 용적대비 표면적이 큰 작물일수록 적다.

🡆 ④

15회 기출문제

저장중 원예산물의 증산작용에 관한 설명으로 옳지 않은 것은?

① 상대습도가 높으면 증가한다.

① 흡착식
② 자외선 파괴식
③ 촉매분해식 등이 있으며

2) 흡착제로는
① 과망간산칼륨($KMnO_4$), zeolite
② 목탄, 활성탄
③ 오존, 자외선 등이 이용되고 있다.

05 증산작용

❶ 증산의 의미

1) 수분은 신선한 과일이나 채소의 경우 중량의 70~95%를 차지하는 가장 많은 성분이고 신선한 농산물의 저장 생리에서 매우 중요하다.
2) 증산이란 식물체에서 이렇게 중요한 수분이 빠져 나가는 현상을 말하는데
3) 이러한 증산작용은 식물생장에는 필수적인 대사작용이지만 수확 후의 농산물에 있어서는 여러 가지 나쁜 영향을 미친다.

❷ 증산작용이 농산물에 미치는 영향

1) 일반적으로 증산으로 인한 농산물의 중량 감소는 호흡으로 발생하는 중량 감소의 10배 정도나 된다.
2) 더구나 대부분 채소는 수분함량이 채소 중량의 90% 이상 되는데 증산이 많아질 경우 농산물의 생체중이 5~10%까지 줄어들며 상품성이 크게 떨어지는 현상이 발생한다.

3) 상품성이 떨어지는 구체적 내용을 보면 생산물의 모양, 질감 등에서 등급의 저하를 가져와 총수입을 감소시킨다.

❸ 증산의 증감

1) 증산속도는 주위의 습도가 낮고 온도가 높을수록 증가한다.
2) 대기의 수증기압과 식물 자체의 수증기압의 차이가 클 때 속도는 증가한다.
3) 상대습도가 낮을수록 증가한다.
4) 온도가 높을수록 증가한다.
5) 원예산물의 표면적이 클수록 증가한다.
6) 큐티클층이 두꺼울수록 감소한다.

✔ 참고

항 목	증산속도
주위의 습도가 낮다.	증가
주위의 온도가 높다.	증가
식물 자체의 수증기압의 차이가 클 때	증가
상대습도가 낮을수록	증가
온도가 높을수록	증가
원예작물의 표면적이 클수록	증가
큐티클층이 두꺼울수록	낮다

❹ 증산작용의 억제

(1) 상대습도를 올린다.

대기 중의 수증기압과 농산물 자체의 수증기압 차이를 줄여 저장산물의 수분증산을 억제하기 위해서 상대습도를 올린다.

(2) 고습도 유지

원예산물을 보관하는 저장고의 습도를 높여준다. 즉 고습도를

---

② 온도가 높을수록 증가한다.
③ 광(光)이 있으면 증가한다.
④ 공기 유속이 빠를수록 증가한다.

➡ ①

14회 기출문제

저장 중인 원예산물의 증산작용에 관한 설명으로 옳지 않은 것은?

① 온도를 낮추면 증산이 감소한다.
② 기압을 낮추면 증산이 증가한다.
③ CO_2 농도를 높이면 증산이 감소한다.
④ 키위나 복숭아처럼 표피에 털이 많으면 증산이 증가한다.

➡ ④

13회 기출문제

저장고 습도관리에 관한 설명으로 옳지 않은 것은?

① 과실저장 시 상대습도는 85~95%로 하는 것이 좋다.
② 저장고 내 상대습도의 상승은 원예산물의 증산을 촉진시킨다.
③ 저장고의 습도를 유지하기 위해 바닥에 물을 뿌리거나 가습기를 이용한다.
④ 상대습도가 100%가 되면 수분 응결 등에 의해 곰팡이 번식이 일어나기 쉽다.

➡ ②

7회 기출문제

원예산물의 수분손실률과 가장 거리가 먼 것은?

① 공기유동 ② 대기압력
③ 상대습도 ④ 질소농도

유지한다.

(3) 저온 유지
저온을 유지시킨다.

(4) 공기유통의 최소화
실내공기유통을 최소화시킨다.

(5) 단열 및 방습처리
저장식 벽면의 단열 및 방습처리를 한다.

(6) 질소농도
질소농도와는 무관하다.

(7) 온도차이 최소화
증발기의 코일과 저장고 내 온도차이를 최소화한다.

(8) 표면적을 넓힌다.
유닛쿨러의 표면적을 넓힌다.

(9) 필름포장
플라스틱 필름포장을 한다.

6회 기출문제

배를 저온저장할 때 증산에 의해 중량이 감소하는 것을 줄이기 위한 방법으로 옳지 않은 것은?

① 저장식 벽면의 단열 및 방습처리
② 유닛쿨러(unit cooler)의 표면적 축소
③ 실내 공기유동의 최소화
④ 증발기 코일(coil)과 저장고 내 온도 차이의 최소화

➡ ②

9회 기출문제

저장중인 원예산물의 증산작용을 억제하는 방법이 아닌 것은?

① 저장고 내에 생석회를 비치한다.
② 저장고 내 상대습도를 높인다.
③ 저장고 내 온도를 낮춘다.
④ 저장고 송풍기의 풍속을 낮춘다.

➡ ①

제2장 기출문제 연구

■■■ 기출문제

2회기출

1. 수확한 작물의 호흡작용과 연관하여 올바르게 설명한 것은?

① 수확 후에 호흡을 억제시키면 대부분 상품성이 저하된다.
② 호흡속도는 작물의 유전적 특성과 무관하다.
③ 호흡시 발생되는 호흡열은 작물을 부패시키는 원인이 된다.
④ 작물의 호흡은 대기의 산소와 이산화탄소 농도에 영향을 받지 않는다.

정답 및 해설 ③

수확 후에 호흡을 억제시키면 상품성이 좋아지고 호흡속도는 작물의 유전적 특성과 관련된다. 그러나 호흡시 발생되는 호흡열은 작물을 부패시키는 원인이 되지만 작물의 호흡은 대기의 산소와 이산화탄소 농도에 영향을 미친다.

6회기출

2. 원예산물의 기계적 장해(물리적 손상)에 의해 나타나는 현상은?

① 호흡량의 변화가 없다.
② 중량감소가 둔화된다.
③ 에틸렌발생량이 증가한다.
④ 부패발생률에 영향을 미치지 않는다.

정답 및 해설 ③

원예산물의 물리적 손상에 의해서 에틸렌 발생량이 증가하므로 ③이 정답이다.

4회기출

3. 호흡급등 현상에 대해 바르게 설명한 것은?

① 완숙에서 노화의 단계로 갈 때 점점 호흡이 증가하는 현상이다.
② 에틸렌 생성과는 관련이 없고 조절이 불가능하다.
③ 모든 원예산물은 호흡급등 현상을 나타낸다.

④ 사과, 토마토에서 명확하게 나타난다.

정답 및 해설 ④

완숙에서 노화의 단계로 갈 때 호흡이 증가하는 현상이 아니고 에틸렌 생성과는 관련이 있고 모든 원예산물이 호흡급등 현상을 나타내는 것이고 사과, 토마토에서 호흡급등현상이 나타나므로 ④가 정답이다.

3회기출

4. 원예산물 수확 후의 활발한 호흡이 품질에 미치는 영향을 틀리게 설명한 것은?

① 저장물질의 소모에 의해서 노화가 빨라진다.
② 식품으로서의 영양가가 저하된다.
③ 단맛, 신맛 등 품질성분이 향상된다.
④ 호흡열에 의한 품질열화가 촉진된다.

정답 및 해설 ③

활발한 호흡이 품질에 미치는 영향은 저장물질의 소모에 의해서 노화가 빨라지고 식품으로서의 영양가가 저하되며 호흡열에 의한 품질열화가 촉진되므로 ①,②,④는 맞고 ③은 틀리다.

1회기출

5. 원예작물의 수확 후 호흡작용을 가장 올바르게 설명한 것은?

① 호흡속도는 온도와 밀접한 관련이 있다.
② 수확 후 호흡작용으로 신선도가 더 좋아진다.
③ 호흡속도가 빠를수록 저장성이 증대된다.
④ 호흡률이 높은 작물은 저장성이 높다.

정답 및 해설 ①

호흡속도는 온도와 밀접한 관련이 있다. 즉 온도가 높을수록 호흡속도가 빠르다. 따라서 정답은 ①이다.

4회기출

6. 원예산물의 호흡속도에 대한 설명으로 맞는 것은?

① 호흡속도는 주위 온도가 높아지면 느려진다.
② 호흡속도는 내부성분의 변화에 영향을 주지 않는다.

③ 호흡속도는 저장 가능기간에 영향을 준다.
④ 호흡속도는 물리적인 장해를 받았을 때 감소한다.

정답 및 해설 ③

호흡속도는 주위 온도가 높아지면 빨라지므로 ①은 틀리고 내부성분의 변화에 영향을 주므로 ②도 틀리며 물리적인 장해를 받았을 때 증가하므로 ④도 틀리다. 저장기간에 영향을 준다는 ③이 정답이다.

1회기출

7. 그림에서 ⓐ형의 호흡특성과 연관하여 올바르게 설명한 것은?

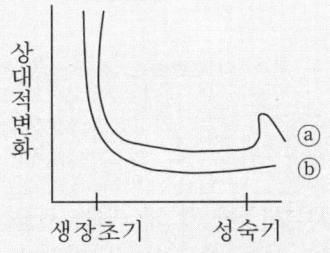

① 포도, 오렌지가 속하며 호흡급등 현상이 미미하다.
② 사과, 밀감이 속하며 호흡급등시 과실 크기가 증가한다.
③ 딸기, 오이가 속하며 호흡급등시 색변화가 많이 일어난다.
④ 사과, 복숭아가 속하며 수확 후 이용목적에 따른 수확기 판정의 근거가 된다.

정답 및 해설 ④

ⓐ형의 호흡특성은 호흡급등 현상으로 ④의 사과, 복숭아가 해당한다.

4회기출

8. 원예산물의 성숙과정 중 에틸렌 작용을 바르게 설명한 것은?

① 당도 감소
② 조직 강화
③ 저장성의 증가
④ 클로로필의 분해

정답 및 해설 ④

원예산물의 성숙과정 중 에틸렌 작용의 특성은 ④ 클로로필의 분해이지 ① 당도 감소나 ② 조직 강화나

③ 저장성의 증가는 아니다.

5회기출

9. 저장고 내 에틸렌 축적으로 인한 원예산물의 품질 변화로 옳은 것은?

① 참다래의 과피 건조
② 당근의 쓴 맛
③ 무의 바람들이
④ 카네이션의 일소(日梳)

정답 및 해설 ②

저장고 내 에틸렌 축적으로 인한 원예산물의 품질 변화는 ② 당근의 쓴 맛이다.

2회기출

10. 사과와 배를 같은 저장고에 저장하였을 때 예상되는 사항을 올바르게 설명한 것은?

① 사과와 배는 호흡속도가 같기 때문에 호흡열도 같다.
② 사과에서 발생되는 에틸렌 가스에 의해 배가 장해를 받을 가능성이 있다.
③ 배와 사과는 에틸렌 발생량이 비슷하기 때문에 같이 저장해도 괜찮다.
④ 사과와 배는 동결온도가 차이가 많이 나기 때문에 저장고에서 적재 위치를 다르게 해야 한다.

정답 및 해설 ②

사과와 배를 같은 저장고에 저장하였을 때는 사과에서 발생되는 에틸렌 가스에 의해 배가 장해를 받을 가능성이 있어서 정답은 ②이다.

2회기출

11. 에틸렌의 생리작용과 관련하여 연계성이 없는 것은?

① 착색과 성숙의 촉진
② 맹아억제와 착색촉진
③ 조직의 연화와 노화촉진
④ 엽록소의 파괴와 이층형성촉진

정답 및 해설 ②

에틸렌의 생리작용과 관련하여 ① 착색과 성숙이 촉진되고 ③ 조직의 연화와 노화촉진되며 ④ 엽록소의 파괴와 이층형성은 촉진되지만 ② 맹아억제와 착색촉진은 아니다.

6회기출

12. 에틸렌이 원예작물의 생리에 미치는 영향으로 옳지 않은 것은?

① 토마토의 착색을 촉진한다.
② 아스파라거스의 줄기연화를 촉진한다.
③ 호박의 암꽃 발생을 유도한다.
④ 감자의 맹아를 촉진한다.

정답 및 해설 ②

에틸렌이 원예작물의 생리에 미치는 영향은 ① 토마토의 착색을 촉진하고 ③ 호박의 암꽃 발생을 유도하며 ④ 감자의 맹아를 촉진하지만 ② 아스파라거스의 줄기를 경화시킨다.

5회기출

13. 에틸렌에 대한 설명으로 틀린 것은?

① 산소 농도가 낮으면 에틸렌 합성이 억제된다.
② $AgNO_3$는 에틸렌 작용을 억제한다.
③ 자신의 생합성을 촉진하는 특징이 있다.
④ 1-MCP는 에틸렌 작용을 촉진한다.

정답 및 해설 ④

④ 1-MCP는 에틸렌 작용을 촉진하는 것이 아니라 억제한다.

5회기출

14. 에틸렌 발생이 촉진되는 원인과 관계가 먼 것은?

① 진동, 충격, 압상
② 병해 또는 장해
③ 수분 스트레스

④ 저농도의 산소

정답 및 해설 ④

에틸렌 발생은 ① 진동, 충격, 압상과 ② 병해 또는 장해이며 ③ 수분 스트레스이지만 ④ 저농도의 산소는 아니다.

1회기출

15. 다음 중 저장고 내에서 발생된 에틸렌을 제거하는 올바른 방법이 아닌 것은?

① 과망간산칼륨($KMnO_4$) 이용
② 생석회(CaO) 이용
③ 오존(O_3) 이용
④ 자외선(UV light) 이용

정답 및 해설 ②

저장고 내에서 발생된 에틸렌을 제거하는 방법은 ① 과망간산칼륨을 이용한다든지 ③ 오존을 이용하거나 ④ 자외선을 이용하지만 ② 생석회를 이용하지 않는다.

3회기출

16. 원예작물의 증산작용에 대한 설명이 아닌 것은?

① 저장고 내의 온도와 과실 자체의 품온의 차이가 클수록 증산이 많아진다.
② 같은 작목에서 표면적이 작을수록 증산이 많아진다.
③ 저장고 내의 풍속이 빠를수록 증산이 많아진다.
④ 저장고 내의 습도가 낮을수록 증산이 많아진다.

정답 및 해설 ②

원예작물의 증산작용은 ① 저장고 내의 온도와 과실 자체의 품온의 차이가 클수록 증산이 많아지고 ③ 저장고 내의 풍속이 빠를수록 증산이 많아지며 ④ 저장고 내의 습도가 낮을수록 증산이 많아지지만 ② 같은 작목에서 표면적이 작을수록 증산이 많아지는 것이 아니라 증산이 작아진다.

5회기출

17. 저장 중인 원예산물의 증산(蒸散)에 대한 설명으로 틀린 것은?

① 상대 습도가 낮을수록 감소한다.

② 큐티클층이 두꺼울수록 감소한다.
③ 온도가 높을수록 증가한다.
④ 표면적이 클수록 증가한다.

정답 및 해설 ①

저장 중인 원예산물의 증산은 ② 큐티클층이 두꺼울수록 감소하고 ③ 온도가 높을수록 증가하며 ④ 표면적이 클수록 증가하지만 ① 상대 습도가 낮을수록 감소하는 것이 아니라 증가한다.

4회기출

18. 저온저장고 내에서 원예산물의 증산을 억제하는 방법으로 적절하지 않는 것은?

① 감압저장
② 저온 유지
③ 고습도 유지
④ 플라스틱필름 포장

정답 및 해설 ①

저온저장고 내에서 원예산물의 증산을 억제하는 방법은 ② 저온 유지 ③ 고습도 유지 ④ 플라스틱필름 포장이지만 ① 감압저장은 아니다.

6회기출

19. 배를 저온저장할 때 증산에 의해 중량이 감소하는 것을 줄이기 위한 방법으로 옳지 않은 것은?

① 저장식 벽면의 단열 및 방습처리
② 유닛쿨러(unit cooler)의 표면적 축소
③ 실내 공기유동의 최소화
④ 증발기 코일(coil)과 저장고 내 온도 차이의 최소화

정답 및 해설 ②

배를 저온저장할 때 증산에 의해 중량 감소를 줄이는 방법은 ① 저장식 벽면의 단열 및 방습처리나 ③ 실내 공기유동을 최소화시키거나 ④ 증발기 코일과 저장고 내 온도 차이를 최소화하는 것이지만 ② 유닛쿨러의 표면적을 확대시켜야 한다.

MEMO

농산물 품질관리사 대비

제 3장 | 품질구성과 평가

01 품질구성요소

- 원예작물의 품질 구성 요인
- 외적 요인: – 시각적 요인: 색깔, 광택, 크기 및 모양, 상처
  – 촉각적 요인: 질감
  – 후각 및 미각적 요인: 향기, 맛
- 내적 요인: – 영양적 가치: 비타민, 광물질 등
  – 독성: 솔라닌 등
  – 안전성: 농약잔류 등

❶ 품질구성의 외적 요인

(1) 외 관
과실의 외형을 결정하는 양적인 요인으로 크기·무게·길이·둘레·직경·부피 등이 있는데 일반적으로 크기로 객관적 구분을 한다.
   1) 크기
      ① 재배작물별로 보면 당근은 뿌리의 직경과 길이로, 사과는 직경(크기) 또는 무게로 품질이 결정되며 부피로 결정하는 것은 일정 크기의 용기에 담기는 재배작물의 무게나 개수로 구분 또는 결정된다.
      ② 포장의 경우 각 작물의 크기는 허용기준 이내의 편차범위에 있어야 하며 서로 다른 크기의 작물이 함께 포장되면 전체적인 품질이 떨어진 것으로 여긴다.
   2) 모양과 형태
      ① 작물모양형태에서 동일종품종은 유사형태를 지닌다.
      ② 즉 정상적인 재배환경에서 자란 작물의 형태는 대체로 유

2회 기출문제

원예작물 품질 구성 요인과 관련된 설명으로 잘못된 것은?
① 품질은 내적요인과 외적 요인으로 나눌 수 있다.
② 크기와 모양은 선별 및 포장에 있어 중요한 요인이 된다.
③ 품질의 외적요인에는 영양적가치, 질감, 색깔, 풍미 등이 있다.
④ 색깔을 기준으로 선별하는 시스템은 맛과 항상 일치하지 않는다.
➡ ③

4회 기출문제

원예산물의 외적 품질 구성요인으로 짝지어진 것은?
① 모양, 영양가 ② 향기, 당도
③ 크기, 색상 ④ 질감, 수분
➡ ③

11회 기출문제

원예산물의 품질은?

| ㄱ.결함 | ㄴ.당도 |
| ㄷ.모양 | ㄹ.색 | ㅁ.경도 |

① ㄱ, ㄴ, ㄷ   ② ㄱ, ㄷ, ㄹ
③ ㄴ, ㄷ, ㅁ   ④ ㄴ, ㄹ, ㅁ
➡ ②

13회 기출문제

Hunter 'a'값이 −20일 때 측정된 부위의 과색은?
① 적색 ② 황색 ③ 녹색 ④ 흑색
➡ ③

14회 기출문제

Hunter L, a, b 값에 관한 설명으로 옳지 않은 것은?
① 과피색을 수치화하는데 이용한다.
② L 값이 클수록 밝음을 의미한다.
③ 양(+)의 a 값은 적색도를 나타낸다.
④ 양(+)의 b 값은 녹색도를 나타낸다.

▶ ④

7회 기출문제

토마토에서 색차계를 이용하여 과실적도 부분의 Hunter a값을 측정한 결과는 아래와 같다. 이 결과를 바탕으로 토마토의 품질을 가장 적절하게 설명한 것은?

구분	Hunter a값
A토마토	24
B토마토	−23

① A토마토의 경도가 B토마토보다 낮다.
② B토마토가 A토마토보다 더 적색을 나타낸다.
③ A토마토의 당도가 B토마토보다 낮다.
④ B토마토의 방향성 성분종류가 A토마토보다 많다.

▶ ①

10회 기출문제

원예산물의 연화(softening)와 관련 있는 인자로 옳게 짝지은 것은?

ㄱ. 탄닌   ㄴ. 펙틴   ㄷ. 헤미셀룰로오스   ㄹ. 플라보노이드

① ㄱ, ㄴ   ② ㄴ, ㄷ   ③ ㄴ, ㄹ   ④ ㄷ, ㄹ

▶ ③

8회 기출문제

과실의 조직감과 관련이 없는 것은?
① 수분함량   ② 경도
③ 세포벽구성물질   ④ 색도

▶ ④

6회 기출문제

과일의 조직감에 영향을 미치는 이화학적

사한 모습을 보인 반면에 동일 또는 유사한 외형에서 벗어난 작물은 기형으로 취급되며 내적 품질에 관계없이 형태적 측면에서 품질이 낮은 것으로 평가된다.

3) 색 상
  ① 재배작물의 색상은 소비자에게 가장 강하게 느껴지는 품질결정 요인 중의 하나이다.
  ② 보편적으로 사용되는 객관적 색판정지표는 Munshell, CIE 및 Hunter 색도 등 세가지 색체계에 기준을 두고 있으며 이 중 Hunter 색도는 명도(L값), 적녹색도(a값), 황청색도(b값)로 구성하며 수치와 색도간 연관성이 비교적 명료하여 널리 쓰인다.

✔ **참 고**

(1) Munshell색체계
  1) 표준 chart를 이용하여 육안으로 표준색과 비교한다.
  2) 예를 들면 산물의 색을 5G8/3(5G : 색상, 8 : 명도, 3 : 채도)로 표시할 수 있는데
  3) 이는 산물의 특정색을 표현하는데 적합하지만 신선농산물의 색도변화나 수치화된 기준선을 제시하기는 부족하다.
(2) CIE색체계
  1) 빨강(X), 노랑(Y), 파랑(Z)의 3원색의 혼합도를 표시하는 방법이며
  2) 즉 $X = \dfrac{X}{X+Y+Z}$, $Y = \dfrac{Y}{X+Y+Z}$, $Z = \dfrac{Z}{X+Y+Z}$ 의 3차극치에 의한 색표체계에서 출발한다.
  이 단점을 보완한 방법이 CIE L*, a*, b*체계이다.
  3) L*은 명도를 나타내는데 0~100의 수치를 적용하는데 100에 가까울수록 흰색을 나타내며 a*는 녹색 안의 적색 정도를 표시한다. −40~+40으로 표시하는데 −값이 크면 녹색, +값이 크면 적색을 말하고 0은 회색을 뜻한다. b*는 청색에서 황색 정도를 말하는데 a*와 같이 표시하고 −값이 크면 청색, +값이 크면 황색을 나타낸다.
(3) Hunter Lab Color System
  CIE, L*, a*, b* 색체계와 유사하지만 계산식이 달라서 같은 값이라도 측정값이 다소 차이가 있다.

③ 원예생산물의 미숙단계에서는 엽록소가 많지만 성숙해가면서 엽록소는 파괴되고 그 작물의 독특한 색깔이 형성되는데 토마토과실은 주황색 색소인 리코핀이 발현되고 딸기는 적색색소인 안토시아닌이 발현되며 바나나는 주황색의 카로티노이드가 발현된다.

✓ 리코핀(라이코핀, lycopene)

1) 카로티노이드의 일종으로 적색을 나타내고 토마토나 감 같은 붉은 색의 과실에 포함되어 있다.
2) 토마토 과실 중의 리코핀은 20~24℃에서 가장 잘 발현되고 30℃에서는 억제된다.

(2) 조직감

1) 조직감은 촉감에 의해 느껴지는 원예산물의 경도의 정도를 말하는데 원예작물의 조직감에는 세포벽의 구조 및 조성, 세포의 팽압, 저장양분인 전분, 프락탄 등이 관여한다.
2) 이외에 조직감을 측정하는 기기에는 Magness-Taylor 압력 측정기, Effgi Fruit Penetrometer, UC Fruit Firness Tester, Deformation Tester, 물성분석기 등이 있다.
3) 경도의 단위는 뉴톤(Newton ; N)을 사용하며 장비의 눈금이 파운드나 킬로그램으로 표시되어 있으면 뉴톤으로 환산하여 표기한다.
4) 원예작물의 조직감은 수분, 전분 등의 복합체 및 세포벽을 구성하는 펙틴류와 섬유질의 함량 등의 구성성분에 따라서 결정되는데 복합체 등의 함량이 낮을수록 조직은 연하다.
5) 질감에 궁극적으로 영향을 끼치는 구조적 요인으로는 세포벽 구성물(전분, 효소, 펙틴) 및 그것들과 결합된 다당류와 리그닌 등이 있다.
6) 조직감은 원예산물의 식미의 가치를 결정하는 중요한 요인이며 수송력에도 많은 영향을 미친다.
7) 원예생산물의 일반적인 질감평가는 경도로서 표시할 수 있으며 신선작물의 경우 가공식품과 달리 조직의 단단함 정도가 경도를 의미한다고 할 수 있다.

(3) 풍미(맛, 향기)

1) 대체적으로 풍미는 원예생산물의 조직을 입에 넣어 씹을 때 입과 코로 인지할 수 있는 맛과 향기를 의미한다.
2) 맛을 구성하는 기본적인 기준은 단맛, 신맛, 짠맛, 쓴맛, 떫은 맛 등의 5가지로 나타낼 수 있다.

요인이 아닌 것은?
① 단백질함량   ② 수분함량
③ 세포벽구성물질   ④ 과육경도
▶ ①

10회 기출문제

원예산물의 품질평가 방법으로 옳지 않은 것은?
① 당도는 굴절당도계를 이용하고, °Brix로 표시한다.
② 경도는 경도계를 이용하고, Newton(N)으로 표시한다.
③ 산도는 산도계를 이용하고, mmho·cm⁻¹로 표시한다.
④ 과피색은 색차계를 이용하고, Hunter 'L', 'a', 'b'로 표시한다.
▶ ②

10회 기출문제

원예산물의 맛과 관련 있는 성분이 아닌 것은?
① 과당(fructose)
② 나린진(naringin)
③ 구연산(citric acid)
④ 라이코펜(lycopene)
▶ ④

14회 기출문제

원예산물의 경도와 연관성이 큰 품질 구성 요소는?
① 조직감   ② 착색도
③ 안전성   ④ 기능성
▶ ①

8회 기출문제

원예산물의 품질평가내용으로 옳지 않은 것은?
① 비파괴 당도측정시 표준오차는 SEP로 표현할 수 있다.
② 경도의 단위는 N으로 표현할 수 있다.
③ 색도의 단위는 Hunter 'L', 'a', 'b'값으로 표현할 수 있다.

④ 굴절당도계의 당도표시는 °RB로 표현할 수 있다.

▶ ④

14회 기출문제

원예산물의 풍미를 결정짓는 인자는?

① 크기, 모양 ② 색도, 경도
③ 당도, 산도 ④ 염도, 밀도

▶ ③

13회 기출문제

딸기와 포도의 주요 유기산을 순서대로 나열한 것은?

① 구연산, 주석산 ② 사과산, 옥살산
③ 주석산, 구연산 ④ 옥살산, 사과산

▶ ①

15회 기출문제

원예산물의 풍미를 결정하는 요인을 모두 고른 것은?

| ㄱ. 당도 | ㄴ. 산도 |
| ㄷ. 향기 | ㄹ. 색도 |

① ㄱ, ㄴ ② ㄱ, ㄴ, ㄷ
③ ㄴ, ㄷ, ㄹ ④ ㄴ, ㄷ, ㄹ

▶ ②

12회 기출문제

원예산물의 색과 관련이 없는 성분은?

① 시트르산(citric acid)
② 클로로필(chlorophyil)
③ 플라보노이드(flavonoid)
④ 카로티노이드(carotenoid)

▶ ①

① 단맛 : 단맛은 가용성 당의 함량에 의해서 결정되는데 과실류에서는 일반적으로 굴절 당도계를 이용한 당도로 표시한다.
② 신맛 : 원예생산물이 가지고 있는 유기산의 함량에 의하여 결정되는데 사과·복숭아는 사과산(능금산), 포도의 주석산, 밀감류·딸기의 구연산 등이 그 예이며 산도측정은 수산화나트륨(NaOH) 용액이 사용된다.
③ 짠맛 : 신선한 원예산물의 주요성분은 아니나 절임류 식품에서는 주요 맛성분으로 소금의 양에 의해서 결정된다.
④ 쓴맛 : 원예생산물에 특정한 조건이나 생리적 장해가 발생했을 때 조직이 나타내는 맛이다. 예를 들면 당근이 에틸렌에 노출될 때 이소쿠마린을 합성하여 쓴맛을 나타내는 경우 등이다.
⑤ 떫은 맛 : 이외에 떫은 맛이 있는데 이는 성숙하지 않는 원예작물에서 나타나는 맛으로 가용성 탄닌과 관련되어 있다.

3) 원예산물의 향기는 외적 품질과 연관되어 있는 경우가 있지만 실제적으로는 맛과 같이 중요한 품질요인으로 보지 않는다.

4) 적정산도(TA)는 과즙에 녹아 있는 유기산의 상대적 함량을 측정하는 것으로 이는 일정한 부피의 과즙에 0.1N NaOH를 이용하여 pH 8.2까지 적정할 때 얻어지는 산의 부피를 구하는 것인데 계산공식은 다음과 같다.

$$TA = \frac{\text{사용된 NaOH 양} \times \text{NaOH 노르말농도} \times \text{acid meq. factor(산밀리당량)} \times 100}{\text{ml juice titrated(측정할 과즙의 양)}}$$

❷ 품질구성의 내적 요인

품질을 구성하는 내적 요인으로는 영양적 가치, 천연독성물질, 미생물오염, 잔류농약 등이 있다.

(1) 영양적 가치

1) 원예생산물은 인간에게 필요한 여러 가지 영양물질 중 섬유소, 무기원소(Na, K, Ca, Fe, P 등), 약간의 탄수화물과

비타민 등을 공급해 주는 중요한 공급원이다.

2) 이 중에서도 원예생산물은 섬유소와 비타민의 중요한 공급원인데 섬유소는 소화되지 않지만 대장의 활동을 강화하여 변비를 방지하는 역할을 한다.

3) 원예생산물은 비타민 중 수용성 비타민의 중요한 공급원으로 이는 직접적인 형태 또는 전구 물질의 형태로 공급되는데 비타민은 수확 후 관리가 부적절할 때 많이 감소하는 경향을 보인다.

4) 원예생산물은 인간에게 필요한 여러 가지 영양 물질을 공급해 주는 중요한 공급원이기는 하지만 영양적 가치는 눈에 보이지 않는 품질요인으로 소비자가 작물을 선택할 때 크게 고려하지 않은 경향이 있다.

(2) 천연 독성물질

1) 농산물에 함유되어 있는 성분 중 천연독성물질은 다음과 같다.
   ① 오이의 쿠쿠비타신(cucurbitacin)과 알칼로이드, 상추의 락투시린(lactucirin) 같은 배당체는 쓴맛을 내는 독성물질이다.
   ② 근대나 토란 같은 근채류의 성숙과정에서 영양적인 불균형에 의해 수산염이 생성된다.
   ③ 배추나 양배추 같은 십자화과에서도 재배과정에서 글루코시놀레이트(glucosinolate)가 축적될 수 있다.
   ④ 감자는 괴경(덩이줄기)이 광(光)에 노출되면 솔라닌(solanine)이 축적되는데 이것이 고농도일 경우 인체에 치명적일 수 있다.
   ⑤ 고구마에서는 이포메아마론(ipomeamarone)이 축적될 수 있다.
   ⑥ 병든 작물에서는 곰팡이에 의해 생성되는 진독균(mycotosxin)과 박테리아에서 분비되는 독소(toxin)가 발생된다.
   ⑦ 보리에는 아플로톡신(붉은곰팡이), 수수에는 청산(HCl)과 같은 독성이 있다.
   ⑧ 파라퀴트(paraquat)는 제초제 그라목손의 원료로 대단한 독성이 있다.

7회 기출문제

포장용 플라스틱필름에서 나일론과 비교했을 때 폴리에틸렌에 대한 설명으로 옳지 않은 것은?
① 열접착이 좋다
② 방습성이 좋다.
③ 가스투과성이 낮다.
④ 가격이 싸다.
▶ ③

14회 기출문제

농산물의 안정성에 위험이 되는 곰팡이 독소로 옳지 않은 것은?
① 아플라톡신(aflatoxin) B_1W
② 오크라톡신(ochratoxin) A
③ 보툴리늄 톡신(botulinum toxin)
④ 제랄레논(zearalenone)
▶ ③

7회 기출문제

다음은 과실의 적정산도(TA)를 측정할 때 사용하는 공식이다. 괄호 안에 알맞은 것은?

$$TA = \frac{\text{사용된 NaOH 양} \times \text{NaOH 노르말농도} \times (\ ) \times 100}{\text{측정할 과즙의 양}}$$

① 전기전도도(Electric conductivity)
② 산밀리당량(Acid miliequvalent factor)
③ 수소이온농도(pH)
④ 산화환원계수
▶ ②

11회 기출문제

원예산물에 의해 발생할 수 있는 식중독 유발 독성 물질이 옳게 짝지어진 것은?
① 블루베리 – 고시폴(gossypol)
② 감자 – 리시닌(ricinine)
③ 양파 – 솔라닌(solanine)
④ 청매실 – 아미그달린(amygdalin)
▶ ④

10회 기출문제

다음 중 원예산물의 화학적 위해요인은?

① 마이코톡신 ② 리스테리아
③ 장염비브리오 ④ 살모넬라

➡ ①

12회 기출문제

농산물과 독소성분이 옳게 연결된 것은?

① 오이 – 솔라닌(solanine)
② 감자 – 고시폴(gossypol)
③ 콩 – 아마니타톡(amanitatioxin)
④ 복숭아 – 아미그달린(amygdalin)

➡ ④

12회 기출문제

농산물의 농약 잔류성 및 중독에 관한 설명으로 옳지 않은 것은?

① 유기인계 농약은 급성 중독이 많다.
② 유기염소계 농약은 만성 중독을 일으킨다.
③ 수확 직전에 살포할 경우 잔류할 가능성이 높다.
④ 유기염소계 농약은 유기인계 농약에 비하여 잔류성이 약하다.

➡ ④

3회 기출문제

사과의 품질요인 평가에 사용하는 기기와 관계가 먼 것은?

① 굴절당도계 ② 산도측정기
③ 경도계   ④ 염도계

➡ ④

1회 기출문제

원예작물의 과실 품질을 평가하는 방법 중 성격이 다른 하나는?

① 과피색을 구분하기 위해서 영상처리를 이용한다.
② 과실의 내부 충실도를 알기 위해서 X-Ray를 이용한다.
③ 굴절당도계를 이용하여 과실의 당

---

⑨ 청매실에는 아미그달린(amygdalin)이 있다.

2) 위와 같은 천연독성물질 외에 뿌리를 통해 흡수된 과다한 수은(Hg), 카드뮴(Cd), 납(Pb) 등의 중금속은 체내 과다축적시 치명적인 중독증상을 나타내는 것으로 알려져 있다.

(3) 미생물 오염

1) 그리고 유기질 비료와 관련하여 신선 생산물이 살모넬라(salmonella)나 리스테리아(listeria) 등의 병균에 오염될 위험을 피해야 한다.
2) 수확된 작물은 토양이나 환경으로부터 쉽게 오염되므로 수확·선별·세척과정에서 주의깊게 취급해야 한다.
3) 미생물 오염은 비위생적인 조건 하에서 수확 후 관리되거나 적정온도(대부분의 경우 0℃)보다 높은 온도에서 가공된 과일 및 채소에서 일어날 가능성이 더 높다.

(4) 잔류농약

농산물에 잔류하는 농약에 대한 소비자의 관심은 점점 증대될뿐만 아니라 농약의 잔류허용기준이 정해져 있고 신선채소에 잔류된 농약을 안전성에서 가장 중요한 요인으로 여기고 있다.

02 품질 평가

① 품질 평가

(1) 품질 평가 기준

1) 상품성과 관련된 품질 평가는 지금까지 주로
   ① 품종의 크기
   ② 부피
   ③ 모양
   ④ 색깔 등의 외적 요인을 기준으로 수행되어 왔으나
2) 최근에는
   ① 색깔
   ② 당도
   ③ 조직감
   ④ 안전성 등 산물의 외적요인과 내적 요인을 기준으로 한 품질평가가 이루어지고 있다.

② 평가방법

1) 품질평가방법은 파괴적인 방법으로 오래 전부터 사용되어 온 관능검사법(파괴적 방법)과 대형물류센터 같은 곳에서 많은 물량의 품질을 신속하게 판단할 수 있도록 정밀분석기기를 이용한 비파괴적 방법으로 구분된다.
2) 최근까지 주로 크기, 부피, 무게를 기준으로 한 비파괴적 품질 평가와 당도, 과피색 등을 구별하는 선별기가 개발되어 왔다.

③ 항목별 측정방법

(1) 경도

과실의 단단한 정도를 알아보기 위해서는 경도계를 이용하여

도를 측정한다.
④ 과실의 생리장해를 판별하기 위하여 MRI를 이용한다.
▶ ③

5회 기출문제

굴절 당도계에 대한 설명으로 틀린 것은?
① 빛이 통과할 때 과즙 속에 녹아 있는 고형물에 의해 굴절되는 원리를 이용한다.
② 과즙의 pH를 7.0으로 조정한 후 측정한다.
③ 온도에 따라 과즙의 당도가 달라진다.
④ 측정 결과 단위는 °Brix로 표현할 수 있다.
▶ ②

13회 기출문제

원예산물의 품질을 측정하는 기기가 아닌 것은?

① 경도계   ② 조도계
③ 산도계   ④ 색차계
▶ ②

13회 기출문제

굴절당도계에 관한 설명으로 옳은 것을 모두 고른 것은?

> ㄱ. 증류수로 영점보정한 후 측정한다.
> ㄴ. 측정치는 과즙의 온도에 영향을 받는다.
> ㄷ. 측정된 당도 값은 °Brix 또는 %로 표시한다.
> ㄹ. 가용성 고형물에 의해 통과하는 빛의 속도가 빨라진다.

① ㄱ, ㄷ   ② ㄴ, ㄷ
③ ㄱ, ㄴ, ㄷ ④ ㄱ, ㄴ, ㄷ, ㄹ
▶ ③

2회 기출문제

품질평가 방법과 관련하여 올바르지 못한 것은?

① 과실의 내부결함을 판정하기 위하여 비파괴 측정기를 이용하여 측정한다.
② 과실의 단단한 정도를 알아내기 위하여 경도계로 측정한다.
③ 과실의 당도를 측정하기 위하여 요오드반응을 실시한다.
④ 과실의 객관적인 맛을 평가하기 위하여 관능평가를 실시한다.

➡ ③

8회 기출문제

원예산물의 품질평가방법에 관한 설명으로 옳은 것은?

① 굴절당도계로 측정시 당도는 온도에 영향을 받지 않는다.
② MRI나 근적외선은 품질을 평가할 수 없다.
③ 비파괴 품질평가 방법에는 X-ray 방법이 있다..
④ 산도계는 농약의 잔류량을 측정할 수 있다.

➡ ③

3회 기출문제

원예산물의 품질평가에 있어서 화학적 분석법과 비교할 때 비파괴검사법의 장점이 아닌 것은?

① 신속하다.
② 숙련된 기술자를 필요로 하지 않는다.
③ 동일 시료를 반복해서 사용할 수 있다.
④ 화학적 분석법보다 정확도가 높다.

➡ ④

측정한다.

(2) 당도

과실의 당도를 측정하는데는 굴절당도계를 이용한다.
① 굴절당도계는 빛이 통과할 때 과즙 속에 녹아 있는 고형물에 의해서 굴절되는 원리를 이용한다.
② 온도에 따라서 과즙의 당도가 달라진다.
③ 측정단위는 °Brix이다.

(3) 과피색

영상처리를 통해서 과피색을 구분한다.

(4) 내부충실도

X-ray를 이용해서 과실의 내부충실도를 측정한다.

(5) 생리장해

MRI를 이용해서 과실의 생리장해를 측정한다.

❹ 관능검사법

1) 관능검사법은 검사원의 주관적인 판단에 의하여 품질을 평가하는 방법이다.
2) 보통 맛, 색깔, 질감, 크기와 모양 등을 보고 상품성 등을 평가하는 방법인데, 이 중 맛, 질감, 상품성 등은 씹을 때 느낌에 의하여 해당 농산물의 품질을 판단하므로 관능검사법은 파괴적인 방법으로 분류한다.

❺ 비파괴 품질평가방법

(1) 의 의

비파괴 품질평가방법이란 해당 농산물의 품질평가를 비파괴적으로 실시하는 방법으로 비파괴적 방법에 의한 평가요인은 색, 모양, 크기 등의 외양, 질감과 향미 등이 있다.

(2) 비파괴품질평가방법

1) 지금까지 이용되고 있는 비파괴 품질평가방법에는
   ① 광학적 특성 이용방법 (근적외선)
   ② X-ray 이용방법
   ③ MRI 이용방법
   ④ 경도측정 방법
   ⑤ 음향 또는 초음파 이용 기술 등이 있다.
2) 비파괴적 품질평가방법은 파괴적 평가방법에 비해서 다음과 같은 장점을 가지고 있다.
   ① 빠르고 신속하게 할 수 있다.
   ② 동일한 시료를 반복해서 사용할 수 있다.
   ③ 숙련된 검사원을 필요로 하지 않는다.

13회 기출문제

다음 중 원예작물의 비파괴적 품질평가에 이용되지 않은 것은?

① NIR ② MRI ③ HPLC ④ X-ray

▶ ③

7회 기출문제

사과의 비파괴 당도선별에 가장 많이 이용되는 것은?

① 로드 셀(Load cell)
② 음파센서
③ 근적외선
④ CCD(Charged coupled device)센서

▶ ③

12회 기출문제

GMO에 관한 설명으로 옳지 않은 것은?

① GMO는 유전자 변형 농산물을 말한다.
② 우리나라는 GMO 식품 표시제를 시행하고 있다.
③ 미생물 Agrobacterium은 GMO 개발에 이용된다.
④ GMO 표시 대상 품목에는 감자, 콩, 양파가 있다.

▶ ④

9회 기출문제

근적외선의 반사 분광을 이용한 비파괴 선별법으로 평가할 수 있는 품질 인자는?

① 무게 ② 경도 ③ 색도 ④ 당도

▶ ④

10회 기출문제

원예산물의 비파괴 측정 선별법에 관한 설명으로 옳지 않은 것은?

① 전수조사가 어렵다.
② 선별속도가 빠르다.
③ 설치·운용 비용이 높다.
④ 당도 등 내부품질을 측정할 수 있다.

▶ ①

MEMO

제3장 기출문제 연구

■■■ 기출문제

[2회기출]
1. 원예작물 품질 구성 요인과 관련된 설명으로 잘못된 것은?

① 품질은 내적요인과 외적 요인으로 나눌 수 있다.
② 크기와 모양은 선별 및 포장에 있어 중요한 요인이 된다.
③ 품질의 외적요인에는 영양적가치, 질감, 색깔, 풍미 등이 있다.
④ 색깔을 기준으로 선별하는 시스템은 맛과 항상 일치하지 않는다.

정답 및 해설 ③

원예작물 품질 구성 요인과 관련하여 ① 품질은 내적요인과 외적 요인으로 나누고 ② 크기와 모양은 선별 및 포장에 있어 중요한 요인이 되며 ④ 색깔은 맛과 항상 일치하지 않지만 ③ 영양적 가치는 품질의 내적 요인으로 판단된다.

[4회기출]
2. 원예산물의 외적 품질 구성요인으로 짝지어진 것은?

① 모양, 영양가
② 향기, 당도
③ 크기, 색상
④ 질감, 수분

정답 및 해설 ③

①의 모양은 외적 요인, 영양가는 내적요인이다.
②의 향기는 외적 요인, 당도는 내적 요인이다.
③의 크기, 색상은 외적 요인이다. 따라서 정답이다.
④의 질감은 외적 요인, 수분은 내적 요인이다.

[1회기출]
3. 원예산물의 품질은 다양한 요인에 결정된다. 다음 중 외관 품질결정 지표로 널리 이용되는 항목으로 짝지어진 것은?

① 크기, 함수율
② 색상, 크기
③ 색상, 에틸렌 발생량
④ 경도, 증산속도

정답 및 해설 ②

①에서 크기는 외적 요인이나 함수율은 내적 요인이다.
②의 색상과 크기는 외적 요인이다. 따라서 정답이다.
③ 색상은 외적 요인이나 에틸렌 발생량은 내적 요인이다.
④ 경도는 외적 요인이나 증산속도는 작물의 내적 요인이다.

4회기출
4. 토마토 과실에 함유된 색소가 아닌 것은?

① 카로티노이드
② 엽록소
③ 라이코펜
④ 안토시아닌

정답 및 해설 ④

① 카로티노이드 ② 엽록소 ③ 라이코펜은 토마토와 관련된 색소이나 ④ 안토시아닌은 아니다.

6회기출
5. 과일의 조직감에 영향을 미치는 이화학적 요인이 아닌 것은?

① 단백질함량
② 수분함량
③ 세포벽구성물질
④ 과육경도

정답 및 해설 ①

과일의 조직감에 영향을 미치는 이화학적 요인은 ②,③,④이나 ① 단백질 함량은 아니다.

2회기출

6. 과실의 품질구성 요소 중 조직감과 가장 관련이 깊은 성분은?

① 단백질
② 지 질
③ 무기성분
④ 펙 틴

정답 및 해설 ④

과실의 조직감과 관련이 깊은 성분은 ④ 펙틴이다.

3회기출

7. 원예산물의 맛을 결정하는 주요성분이 틀리게 연결되어 있는 것은?

① 단맛 - 전분
② 신맛 - 가용성 유기산
③ 쓴맛 - 알칼로이드
④ 떫은맛 - 가용성 탄닌

정답 및 해설 ①

② 신맛은 가용성 유기산, ③ 쓴맛은 알칼로이드 ④ 떫은 맛은 가용성 탄닌이나 ① 단맛은 전분이 아니라 당분이다.

5회기출

8. 다음 원예작물과 대표적인 유기산을 옳게 짝지은 것은?

① 포도 - 구연산
② 사과 - 주석산
③ 딸기 - 구연산
④ 복숭아 - 주석산

정답 및 해설 ③

딸기는 구연산이다.

6회기출

9. 과일과 채소의 유기산 함량을 나타내는 적정산도를 측정할 때 사용하는 화합물은?

① 황산구리($CuSO_4$)
② 요오드화칼륨(KI)
③ 과망간산칼륨($KMnO_4$)
④ 수산화나트륨(NaOH)

정답 및 해설 ④

유기산 함량을 나타내는 적정산도를 측정할 때 사용하는 화합물은 ④ 수산화나트륨이다.

1회기출

10. 농산물에 함유되어 있는 성분 중 인체에 유해한 성분은?

① 플라보노이드(flavonoid)
② 솔비톨(sorbitol)
③ 솔라닌(solanine)
④ 타닌(tannin)

정답 및 해설 ③

농산물에 함유되어 있는 성분 중 인체에 유해한 성분은 ③ 솔라닌이나 ① 플라보노이드 ② 솔비톨 ④ 타닌은 아니다.

4회기출

11. 다음 중 농산물 품질관리사 위해요소가 아닌 것은?

① 비소(As)
② 대장균 O157 : H7
③ 아스코르빈산(ascorbic acid)
④ 파라쿼트(paraquat)

정답 및 해설 ③

① 비소 ② 대장균 O157 ④ 파라쿼트는 농산물 품질관리대상 위해요소에 해당되지만 ③ 아스코르빈산은 비타민C의 다른 이름이다.

1회 기출
12. 농산물의 품질을 구성하는 요소와 관계가 가장 먼 것은?

① 수입농산물
② 안전성
③ 조직감
④ 풍 미

정답 및 해설 ①

수입농산물이다.

2회 기출
13. 원예산물의 품질과 가장 거리가 먼 것은?

① 영양학적 가치
② 안전성
③ 외 관
④ 포장규격

정답 및 해설 ④

① 영양학적 가치 ② 안전성 ③ 외관 등은 원예산물의 품질과 관련되지만 ④ 포장규격은 관련이 되지 않는다.

3회 기출
14. 사과의 품질요인 평가에 사용하는 기기와 관계가 먼 것은?

① 굴절당도계
② 산도측정기
③ 경도계
④ 염도계

정답 및 해설 ④

① 굴절당도계 ② 산도측정기 ③ 경도계는 사과의 품질요인 평가에 사용하는 기기에 해당되지만 ④ 염도계는 사과의 품질평가에 사용되는 기기가 아니다.

| 수확 후 품질관리론 |

1회 기출

15. 원예작물의 과실 품질을 평가하는 방법 중 성격이 다른 하나는?

① 과피색을 구분하기 위해서 영상처리를 이용한다.
② 과실의 내부 충실도를 알기 위해서 X-Ray를 이용한다.
③ 굴절당도계를 이용하여 과실의 당도를 측정한다.
④ 과실의 생리장해를 판별하기 위하여 MRI를 이용한다.

정답 및 해설 ③

①,②,④는 원예작물의 과실 품질을 평가하는 방법 중 비파괴 방법에 해당되지만 ③ 굴절당도계를 이용하여 과실의 당도를 측정하는 방법은 파괴방법에 해당되어 ③의 성격이 다르다.

5회 기출

16. 굴절 당도계에 대한 설명으로 틀린 것은?

① 빛이 통과할 때 과즙 속에 녹아 있는 고형물에 의해 굴절되는 원리를 이용한다.
② 과즙의 pH를 7.0으로 조정한 후 측정한다.
③ 온도에 따라 과즙의 당도가 달라진다.
④ 측정 결과 단위는 °Brix로 표현할 수 있다.

정답 및 해설 ②

굴절당도계는 빛이 통과할 때 과즙 속에 녹아 있는 고형물에 의해 굴절되는 원리를 이용하여 ①은 맞고 온도에 따라 과즙의 당도가 달라지므로 ③도 맞으며 측정 결과 단위는 °Brix로 표현할 수 있으므로 ④도 맞지만 ②는 틀려서 정답이다.

2회 기출

17. 품질평가 방법과 관련하여 올바르지 못한 것은?

① 과실의 내부결함을 판정하기 위하여 비파괴 측정기를 이용하여 측정한다.
② 과실의 단단한 정도를 알아내기 위하여 경도계로 측정한다.
③ 과실의 당도를 측정하기 위하여 요오드반응을 실시한다.
④ 과실의 객관적인 맛을 평가하기 위하여 관능평가를 실시한다.

정답 및 해설 ③

① 과실의 내부결함을 판정하기 위하여 비파괴 측정기를 이용하여 측정하고 ② 과실의 단단한 정도를 알

아내기 위하여는 경도계로 측정하며 ④ 과실의 객관적인 맛을 평가하기 위하여 관능평가를 실시하지만 ③ 과실의 당도를 측정하기 위하여는 요오드반응이 아니라 당도계를 실시한다.

3회 기출

18. 원예산물의 품질평가에 있어서 화학적 분석법과 비교할 때 비파괴검사법의 장점이 아닌 것은?

① 신속하다.
② 숙련된 기술자를 필요로 하지 않는다.
③ 동일 시료를 반복해서 사용할 수 있다.
④ 화학적 분석법보다 정확도가 높다.

정답 및 해설 ④

비파괴검사법은 ① 신속하고 ② 숙련된 기술자를 필요로 하지 않고 ③ 동일 시료를 반복해서 사용할 수 있지만 ④ 화학적 분석법보다 정확도가 낮다.

MEMO

농산물 품질관리사 대비

제 4 장 | 세 척

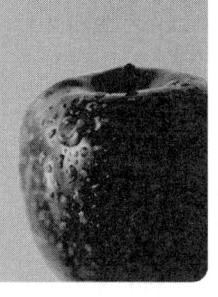

(출처 : 농촌진흥청사이버홍보관)

01 세척과 살균

세척이란 수확된 원예생산물에 부착 또는 섞여 있는 흙먼지와 같은 이물질을 건식, 습식 방법으로 제거하는 것이다.

❶ 건식 세척법

수확 후 농산물에 섞여 있는 흙, 모래, 작은 돌, 곤충류의 배설물 등의 이물질을 다음과 같이 제거하는 방법이다.

(1) 체에 의한 이물질의 분리·제거

수확물 중에 섞여 있는 이물질 등을 크기에 따라 체로 분리·제거한다.

(2) 송풍에 의한 이물질의 분리·제거

수확물 중에 섞여 있는 비중이 다른 이물질 등을 바람을 이용하여 분리·제거한다.

(3) 자석에 의한 이물질의 분리·제거

수확물 중에 섞여 있는 쇠붙이 등을 자석의 성질을 이용하여 분리·제거한다.

(4) X선에 의한 이물질의 분리

수확물에 섞여 있는 이물질 등을 X선을 이용하여 분리한다.

참 고

- 세척 ┬ 건식세척법
       └ 습식세척법

❷ 습식세척법

수확 후 농산물에 섞여 있는 흙, 모래, 배설물 등의 이물질을 물로 제거해 주는 방법으로 표면에 묻어 있는 불순물 제거에 효과적이다.

(1) 담금에 의한 세척
수확물을 물에 담궈서 돌, 흙과 같은 무거운 이물질은 물에 가라 앉히고 가벼운 이물질은 물에 띄워 흘려버리는 방법이다.

(2) 분무에 의한 세척
고압의 분무세척기를 이용하여 수확물에 붙어있거나 섞여 있는 이물질 등을 제거하는 방법이다.

(3) 부유에 의한 세척
수확물과 수확물에 붙어있거나 섞여 있는 이물질의 비중에 따른 부력의 차이를 이용하여 이물질 등을 제거하는 방법이다.

(4) 초음파 세척
담금에 의한 세척원리를 이용하여 이물질 등을 제거하는 방법이다.

❸ 살 균

1) 물로 세척한 다음 자외선(ultraviolet)을 이용하여 세균, 곰팡이, 효모와 같은 미생물을 죽여서 살균의 효과를 높인다.
2) 자외선 중에서 파장이 0~400nm인 것이 화학작용이 강하다.

✓ **nm**
10^{-9}미터를 말하며 나노메타라 읽는다. ($\frac{1}{10억}$m)

❹ 탈 수

세척 후 수확물에 남아 있는 수분을 회전판 등을 이용해 제거한다.

8회 기출문제

원예산물 세척에 관한 설명으로 옳지 않은 것은?

① 세척의 효과를 높이기 위해 건조를 하지 않고 바로 출하한다.
② 세척시 압상을 줄이기 위해 유속을 조절해야 한다.
③ 살균소독을 위한 세척수의 종류에는 염소수, 오존수 등이 있다.
④ 미생물뿐만 아니라 농약도 일부 제거한다.

➡ ①

9회 기출문제

신선편이 농산물의 살균소독용 세척수가 아닌 것은?

① 증류수
② 오존수
③ 전해수
④ 염소수

➡ ①

12회 기출문제

부력차이를 이용한 세척방법으로 비중이 큰 이물질을 제거하는데 효과적인 것은?

① 분무세척
② 부유세척
③ 침지세척
④ 초음파세척

➡ ②

02 농산물별 세척방법

❶ 근채류

1) 수확시에 당근, 감자, 무 등에 묻어 있는 이물질을 제거하기 위해서 세척은 필수적이나
2) 세척으로 인하여 향후 수분손실이나 곰팡이 증식이 발생할 수 있으므로 작물의 세척시점과 소비시점이 길지 않아야 한다.

❷ 엽채류

1) 취급과정에서 생긴 상처부위에 따라 곰팡이의 증식정도가 달라지므로 유의해서 세척한다.
2) 곰팡이의 억제제로 클로린(염소) 100ppm 정도를 사용한다.

✓ **ppm(parts per million)**
1) 100만분의 1을 비율로 미량의 농도를 표시하는 단위
2) 즉 농도의 단위로 1 ppm은 100만분의 1이다.

❸ 과채류

1) 세척 후 과일을 닦게 되면 이물질을 제거하거나 광택을 낼 수 있는 장점이 있는 반면에
2) 다른 한편으로는
   ① 상처를 낼 수 있고
   ② 손상된 세포를 통하여 숙성을 촉진시키고
   ③ 에틸렌 발생을 증가시켜 부패를 촉진하는 요인이 되기도 한다.

15회 기출문제

신선편이 농산물의 제조 시 살균소독제로 사용되는 것은?

① 안식향산
② 소르빈산
③ 염화나트륨
④ 차아염소산나트륨

➡ ④

03 세척수 활용 및 처리과정

1) 수확 후 농산물의 세척에 사용되는 물은 음용수기준 이상이어야 한다.
2) 폐기물처리시설이 필요한 경우 폐기물처리시설은 작업장과 떨어진 곳에 설치·운영되어야 한다.
3) 폐수처리시설은 작업장과 떨어진 곳에 설치·운영되어야 한다. 다만, 단순세척을 할 경우에는 폐수처리시설을 갖추지 않을 수 있다.
4) 오존수 세척공정에서 발생하는 오존가스는 세척실 밖으로 배출시켜야 한다.
5) 절단채소를 세척할 때 염소수의 농도는 비절단채소에 비해 낮게 처리한다.

6회 기출문제

농식품의 안전성을 위한 세척수의 활용 및 처리과정에 대한 설명으로 옳지 않은 것은?

① 차아염소산나트륨(NaOCl) 용액은 pH 7 이상을 유지한다.
② 오존수로 세척하면 미생물을 제거할 수 있다.
③ 오존수 세척공정에서 발생하는 오존가스는 세척실 밖으로 배출시켜야 한다.
④ 절단채소를 세척할 때 염소수의 농도는 비절단채소에 비해 낮게 처리한다.

▶ ①

10회 기출문제

원예산물의 전처리 기술 중 세척에 관한 설명으로 옳지 않은 것은?

① 세척수는 음용수 기준 이상의 수질이어야 한다.
② 건식세척에는 체, 송풍, 자석, X선 등이 사용된다.
③ 오존수 사용 시 작업실에는 환기시설을 갖추어야 한다.
④ 분무세척법은 침지세척법에 비해 이물질 제거 효과가 낮다.

▶ ④

MEMO

제4장 기출문제 연구

■■■ 기출문제

6회 기출
1. 농식품의 안전성을 위한 세척수의 활용 및 처리과정에 대한 설명으로 옳지 않은 것은?

① 차아염소산나트륨(NaOCl) 용액은 pH 7 이상을 유지한다.
② 오존수로 세척하면 미생물을 제거할 수 있다.
③ 오존수 세척공정에서 발생하는 오존가스는 세척실 밖으로 배출시켜야 한다.
④ 절단채소를 세척할 때 염소수의 농도는 비절단채소에 비해 낮게 처리한다.

정답 및 해설 ①
② 오존수로 작물을 세척하면 미생물을 제거할 수 있고 ③ 세척공정에서 발생하는 오존가스는 세척실 밖으로 배출시켜야 하며 ④ 절단채소를 세척할 때 염소수의 농도는 비절단채소에 비해 낮게 처리하지만 ①은 틀리다

MEMO

농산물 품질관리사 대비

제 5장 | 선 별

01 선별의 개념

① 의 의

1) 농산물의 선별이란 품목별로 객관적인 품질평가기준에 따라 품목별로 등급을 분류하는 것을 말한다.
2) 선별은 분류된 등급에 상응하는 품질을 보증함으로써 농산물의 균일성으로 상품가치를 높이고 유통상의 상거래질서를 공정하게 유지하여 준다.

02 선별방법

① 기계적 선별

(1) 무게에 따른 선별

농산물 무게의 차이에 의해서 선별하는 것으로 기계식 또는 전자식 자동계측기를 이용하는데 크기에 따른 선별이 정확하다고 할 수 있다.

(2) 크기에 따른 선별

농산물 크기의 차이에 의해서 선별하는 것으로 다단식 회전원통체 선별기, 롤러선별기 등을 이용한다.

(3) 모양에 따른 선별

농산물 무게와 크기가 비슷한 것을 모양의 차이에 따라 선별하는 것으로 원판분리기 등을 이용한다.

(4) 색채에 따른 선별

농산물의 숙성도에 따른 색채의 차이를 빛의 반사나 투과성을 이용해서 선별하는 것으로 색체선별기, 광학선별기 등이 있다.

❷ 품목별 선별기 이용 비교

(1) 스프링식 중량선별기

과실을 중량별로 선별하는 기기로 중량에 오차가 생길 수 있어 감귤과 같은 작은 수확물보다는 크기가 큰 사과, 배, 토마토, 참외 등의 선별에 이용된다.

(2) 전자식 중량선별기

수확된 과실의 중량의 차이를 선별하는 것으로 정밀전자센서를 이용하는데 중량의 오차가 작아 스프링식 선별기보다 정밀도가 좋으며 사과, 배, 토마토 등의 선별에 이용된다.

(3) 드럼식 형상선별기

수확된 과실의 크기 차이를 구멍의 크기가 다른 회전통을 이용해서 선별하는 것으로 우리나라에서 가장 많이 이용하는데 감귤, 방울토마토, 매실 등과 같이 크기가 작은 과실선별에 이용된다.

(4) 광학적 선별기

수확된 과실의 숙도, 색깔, 크기에 의한 등급판별에 이용되는 선별기로 전자센서, 컴퓨터제어기 등으로 구성된다.

(5) 비파괴 과실당도 측정기

수확된 과실을 파괴하지 않고 해당 과실의 당도, 산도 등을 측정한다.

8회 기출문제

수확 후 관리단계에서 농산물의 등급지정, 비상품과 제거, 그리고 규격화를 목적으로 하는 것은?

① 선별
② 포장
③ 수송
④ 저장

▶ ①

12회 기출문제

과일의 크기를 선별하는 대표적인 장치는?

① 원판선별기 ② 롤러선별기
③ 광학선별기 ④ 스펙트럼선별기

▶ ②

2회 기출문제

후지 사과의 선별기 도입시 고려될 수 없는 방식은?

① 전자식 중량선별기
② 드럼식 형상선별기
③ 색채선별기
④ X선 선별기

▶ ②

7회 기출문제

현재 우리나라 산지유통센터(APC)에서 이용하는 과실류의 선별인자에 해당되지 않는 것은?

① 모양
② 점도
③ 당도
④ 산도

▶ ②

(6) 절화류 선별기

CCD카메라와 컴퓨터 등의 영상처리를 이용해서 절화류를 선별하는 것으로 꽃의 크기, 개화상태 등의 선별조건의 설정이 가능하다.

9회 기출문제

원예작물의 수확 후 선별에 관한 설명으로 옳지 않은 것은?

① 수출할 경우 국립농산물품질관리원의 농산물표준규격에 따라야 한다.
② X-ray를 이용하는 광학선별기는 내부결함을 판별할 수 있다.
③ 원통형 스크린 선별기는 감귤의 크기 선별에 유용하다.
④ 품질의 등급화와 균일화를 이룰 수 있어 원예산물의 상품화에 기여한다.

▶ ①

MEMO

제5장 기출문제 연구

■■■ 기출문제

2회 기출

1. 후지 사과의 선별기 도입시 고려될 수 없는 방식은?

   ① 전자식 중량선별기
   ② 드럼식 형상선별기
   ③ 색채선별기
   ④ X선 선별기

정답 및 해설 ②

후지 사과의 선별기 도입시 방식은 ① 전자식 중량선별기 ③ 색채선별기 ④ X선 선별기 등이 해당되지만 ② 드럼식 형상선별기는 고려될 수 없는 방식이다.

MEMO

농산물 품질관리사 대비

제6장 | 예 냉

01 예냉 개념과 적용품목

❶ 의 의

1) 예냉은 수확한 원예생산물을 수송 또는 저장하기 전의 전처리 과정으로서 수확 후 바로 원예생산물의 품온을 내려서 생리작용을 억제하므로써 품질변화를 방지하는 것을 말한다.
   즉, 수확 직후 과실의 품질을 유지하기 위하여 포장열을 제거하고 급속히 품온을 낮추는 것을 말한다.
2) 특히 여름철에 수확한 원예생산물을 포장·유통할 경우 호흡열로 품질이 손상되므로 예냉의 중요성은 매우 크다고 할 수 있다.
3) 따라서 호흡량을 줄임으로써 저장양분의 소모를 감소시키고 저장력을 증가시킨다.
4) 예냉을 위하여 호흡량을 억제하는 냉각작업으로서 저온유통체계를 활성화시키는 특징이 있다.

❷ 예냉적용 품목

다음과 같은 품목은 예냉적용대상이다.
1) 수확기의 기온에 관계없이 호흡작용이 격심한 품목
2) 한낮 또는 여름철 등 주로 고온기에 수확되는 품목
3) 인공적으로 높은 온도(하우스재배 등)에서 수확된 시설 채소류
4) 절화(切花) 또는 선도 저하가 빠르면서 부피에 비하여 가격이

> **참 고**
>
> • 품온(品溫)
>   청과물 자체의 온도를 말하는데 과일의 경우에는 과온이라고도 한다.
>
> **3회 기출문제**
>
> 다음의 원예산물 중 예냉 효과가 가장 적은 품목은?
> ① 에틸렌 발생을 많이 하는 품목
> ② 호흡활성이 높은 품목
> ③ 한낮 또는 여름철에 수확한 품목
> ④ 수분 증산이 비교적 적은 품목
> ➡ ④
>
> **13회 기출문제**
>
> 원예산물의 수확 후 처리기술인 예냉의 목적이 아닌 것은?
> ① 호흡감소
> ② 과실의 조기 후숙
> ③ 포장열 제거
> ④ 엽록소분해 억제
> ➡ ②

> **4회 기출문제**
>
> 예냉 효과가 가장 낮은 품목은?
> ① 호흡속도가 낮아 장기간 저장이 가능한 품목
> ② 호흡작용이 활발한 품목
> ③ 고온기에 수확되는 품목
> ④ 선도저하가 빠르면서 부피에 비해 가격이 비싼 품목
>
> ➡ ①

> **2회 기출문제**
>
> 차압식 예냉 방법의 설명으로 거리가 먼 것은?
> ① 작물의 증발잠열을 이용하여 예냉하는 방법이다.
> ② 예냉의 효과를 높이기 위하여 작물에 알맞은 예냉상자를 사용하는 것이 바람직하다.
> ③ 예냉시 냉기 유속을 조절하기 위한 차압시트가 필요하다.
> ④ 강제통풍예냉과 비교하여 예냉시간을 단축시키는 장점이 있다.
>
> ➡ ①

비싼 품목
5) 에틸렌 발생을 많이 하는 품목
6) 수분 증산이 비교적 많은 품목

02 예냉방식

과실에 널리 이용되는 예냉방법으로는 외온예냉식, 인공예냉식이 있는데 이 중 인공예냉식에는 다음과 같은 방법이 있다.

❶ 차압통풍식

1) 예냉에는 약 2~6시간 정도 소요되고 공기의 압력차를 이용하고 차압팬에 의해 흡기 및 배기가 되는 예냉방식이다.
2) 장점은
   ① 약간의 경비로 기존 저온저장고의 개조가 가능하다.
   ② 강제대류에 의하므로 냉각능력을 증대시킬 수 있다.
   ③ 냉각속도는 강제통풍에 비해 빨라 예냉효과가 좋고 냉각불균일도 비교적 적다.
3) 단점은
   ① 포장용기 및 적재방법에 따라 냉각편차가 발생하기 쉽다.
   ② 골판지 상자에 통기구멍을 내야 하므로 압축강도가 낮아진다.

[터널식 차압 예냉장치]

(출처 : 농촌진흥청사이버홍보관)

❷ 진공예냉식

1) 원예산물에서 증발잠열을 빼앗는 원리를 이용하여 냉각하는 방식이다.

✔ **잠열(潛熱)**
1) 온도는 변하지 않고 상태가 변하면서 출입하는 열을 말한다.
2) 0℃의 얼음이 0℃의 물로 변한다든지, 100℃의 물이 100℃의 수증기로 변하는 것이다.

2) 장점은
① 20~40분의 빠른 속도로 냉각되고 온도편차가 적다.
② 높은 선도유지로 당일 출하가 가능하고 엽채류에서 효과가 크다.

✔ **예냉방식 중 냉각속도가 가장 빠른 것은?**
진공예냉식이다.

3) 단점은
① 설치비가 많이 든다.
② 예냉 후 저온유통시스템이 필요하다.
③ 시설의 대형화가 요구된다.

[진공식예냉장치]
(출처 : 농촌진흥청사이버홍보관)

12회 기출문제

진공냉각방식에 의한 예냉에 관한 설명으로 옳지 않은 것은?
① 차압통풍냉각방식에 비하여 설치비가 고가이다.
② 엽채류에 효과가 좋다.
③ 예냉속도는 느리나 온도편차가 적다.
④ 수분의 증발잠열에 의한 온도저하 방식이다.
▶ ③

13회 기출문제

다음 중 수확 후 관리기술에 관한 설명으로 옳지 않은 것은?
① 과실류는 엽채류에 비해 표면적비율이 높아 진공 예냉한다.
② 배는 예건을 통해 과피흑변을 억제할 수 있다.
③ 저장온도가 낮을수록 미생물증식이 낮다.
④ 배는 사과에 비해 왁스층 발달이 적어 수분손실에 유의해야 한다.
▶ ①

10회 기출문제

원예산물의 예냉을 위한 냉각방식에 관한 설명으로 옳은 것은?
① 진공냉각방식은 과채류에 주로 이용된다.
② 냉풍냉각방식은 냉각속도가 늦다.
③ 냉수냉각방식은 미생물 오염에 안전하다.
④ 차압통풍냉각방식은 적재효율이 높다.
▶ ②

❸ 강제통풍식

1) 예냉에는 약 12~20시간 정도 소요되는 예냉방식이다.
2) 장점은
   ① 온도 편차가 적고 예냉 후 저온저장고로 이용할 수 있다.
   ② 저온저장고에 비하여 냉각능력과 순환송풍량을 증대시킬 수 있다.
   ③ 시설이 비교적 간단하다.
3) 단점은
   ① 예냉속도가 비교적 늦다.
   ② 가습장치가 없을 경우 과실의 수분손실을 가져올 수 있는 단점이 있다.

❹ 냉수냉각식

1) 냉수샤워나 냉수침지에 의해 30분~1시간의 냉각속도로 냉각하고 세척효과도 있는 예냉방식으로 시금치, 브로콜리, 무, 당근 등에 이용된다.
2) 장점으로는
   ① 예냉과 함께 세척 효과도 있다.
   ② 냉각부하가 큰 수박을 비롯하여 무, 당근 등과 같은 근채류에 많이 이용된다.
   ③ 예냉 중에는 감모현상이 없으며 오히려 시듦현상이 회복된다.
   ④ 설비비가 싸고 운영비용도 낮다.
3) 단점으로는
   ① 골판지 상자 등 물에 약한 포장재는 사용이 불가능하다.
   ② 물기를 제거해야 하고 제거하지 않으면 부패가능성이 크다.

❺ 빙냉식

잘게 부순 얼음을 원예산물 상자에 담아 냉각시키는 방법이다.

8회 기출문제

원예산물의 예냉의 장점으로 옳지 않은 것은?
① 품온을 낮춘다.
② 에틸렌 생성을 증가시킨다.
③ 저장기간을 증가시킨다.
④ 미생물의 증식을 억제한다.

▶ ②

1회 기출문제

다음 예냉방식 중 냉각속도가 가장 빠른 것은?
① 저온실 냉각
② 강제통풍식 냉각
③ 실외 냉각
④ 냉수 냉각

▶ ④

03 예냉의 효과

❶ 일반적 효과

원예산물은 수확 후 즉시 예냉처리를 하므로써 다음과 같은 효과를 얻을 수 있다.

(1) 수분손실 억제

수확한 원예산물을 예냉하므로써 증산작용에 의한 수분손실을 억제하여 시드는 것을 방지한다.

(2) 호흡활성 억제 및 에틸렌 생성 억제

호흡급등형 과실을 예냉 함으로써 호흡활성과 에틸렌 생성을 억제한다.

(3) 병원균의 번식 억제

병원균은 상온에서 번식속도가 빠르기 때문에 예냉을 함으로써 병원균의 번식을 억제한다.

(4) 유통과정에서의 수분 손실 감소 효과

유통과정의 농산물을 예냉 함으로써 수분손실을 감소시킨다.

✓ **예냉의 효과**
1) 증산에 의한 수분손실 억제
2) 호흡과 에틸렌 생성 억제
3) 병원균 번식 억제
4) 수분 손실 감소

❷ 품목별 예냉효과 비교

(1) 예냉효과가 높은 품목

예냉효과가 높은 품목에는 사과, 포도, 오이, 딸기 등이 있다.

관련기출문제

다음 중 예냉효과와 거리가 먼 것은?
① 호흡속도를 낮춘다.
② 에틸렌생성을 높인다.
③ 병원균의 번식을 억제한다.
④ 저장기간을 늘린다.

 ②

관련기출문제

다음 중 대체적으로 예냉효과가 적은 품목끼리 짝지어진 것은?

① 딸기 – 오이
② 배추 – 상추
③ 고구마 – 감자
④ 복숭아 – 브로콜리

▶ ③

(2) 예냉효과가 낮은 품목

예냉효과가 낮은 품목에는 감귤, 마늘, 양파, 감자 등이 있다.

❸ 예냉효율

예냉효율은 생산물의 온도저하속도를 의미하며 생산물과 냉각매체와의 접촉성, 생산물의 품온과 냉각매체와의 온도차이, 냉각매체의 이동속도, 냉각매체의 물리적 성상, 생산물 표면의 기하학적 구조 등에 의하여 결정된다.

제6장 기출문제 연구

■■■ 기출문제

[3회 기출]

1. 다음의 원예산물 중 예냉 효과가 가장 적은 품목은?

① 에틸렌 발생을 많이 하는 품목
② 호흡활성이 높은 품목
③ 한낮 또는 여름철에 수확한 품목
④ 수분 증산이 비교적 적은 품목

정답 및 해설 ④

① 에틸렌 발생을 많이 하는 품목 ② 호흡활성이 높은 품목 ③ 한낮 또는 여름철에 수확한 품목은 예냉효과가 큰 품목이지만 ④ 수분 증산이 비교적 적은 품목은 예냉효과가 적은 품목이다.

[4회 기출]

2. 예냉 효과가 가장 낮은 품목은?

① 호흡속도가 낮아 장기간 저장이 가능한 품목
② 호흡작용이 활발한 품목
③ 고온기에 수확되는 품목
④ 선도저하가 빠르면서 부피에 비해 가격이 비싼 품목

정답 및 해설 ①

② 호흡작용이 활발한 품목 ③ 고온기에 수확되는 품목 ④ 선도저하가 빠르면서 부피에 비해 가격이 비싼 품목은 예냉효과가 높은 품목이지만 ① 호흡속도가 낮아 장기간 저장이 가능한 품목은 예냉효과가 낮은 품목이다.

[2회 기출]

3. 차압식 예냉 방법의 설명으로 거리가 먼 것은?

① 작물의 증발잠열을 이용하여 예냉하는 방법이다.
② 예냉의 효과를 높이기 위하여 작물에 알맞은 예냉상자를 사용하는 것이 바람직하다.

| 수확 후 품질관리론 |

③ 예냉시 냉기 유속을 조절하기 위한 차압시트가 필요하다.
④ 강제통풍예냉과 비교하여 예냉시간을 단축시키는 장점이 있다.

정답 및 해설 ①

① 작물의 증발잠열을 이용하여 예냉하는 방법은 차압식 방식이 아니라 진공예냉식이고 ②,③,④는 맞는 내용이다.

1회 기출
4. 다음 예냉방식 중 냉각속도가 가장 빠른 것은?

① 저온실 냉각
② 강제통풍식 냉각
③ 실외 냉각
④ 냉수 냉각

정답 및 해설 ④

예냉방식 중 냉각속도가 가장 빠른 것은 진공예냉식이지만 다음에서는 ④ 냉수냉각이 가장 빠르다.

농산물 품질관리사 대비

제 7 장 | 저장전처리

01 예 건

❶ 의 의

1) 수확한 과실을 바로 저장고에 보관하면 저장고 내의 과습으로 인하여 과피흑변현상 같은 생리장해가 발생한다.

✓ **과피흑변현상**

   1) 과실의 표피가 흑갈색으로 변하는 현상이다.
   2) 과피흑변현상은 저온저장시에 과습으로 인한 생리장해현상이다.

2) 따라서 수확 직후에 과습으로 인한 부패를 방지하기 위해 식물의 외층을 미리 건조시켜 내부조직의 수분 증산을 억제시키는 방법을 예건이라 한다.

❷ 품목별 예건

(1) 마늘양파

수확 직후 수분함량이 85% 정도인 마늘과 양파는 예건을 통해서 수분 함량을 약 65% 정도까지 감소시키면 부패를 막고 응애와 선충의 밀도를 낮추어 저장기간을 길게 할 수 있다.

(2) 단 감

현재 우리나라 일반 농가에서는 예냉시설부족으로 예건을 실시하여 수확 후 과실의 호흡작용을 안정시키고 과피의 수분을 제거함

10회 기출문제

원예산물의 수확 후 관리 방법과 효과가 옳지 않은 것은?

① 예건 : 딸기의 연화 억제
② 큐어링 : 감자의 부패 억제
③ 방사선 조사 : 마늘의 맹아 억제
④ 칼슘처리 : 사과의 고두병 억제

▶ ①

3회 기출문제

마늘이나 양파를 장기간 저온저장할 때 알맞은 상대습도 조건은?

① 90~95%
② 80~90%
③ 65~75%
④ 40~55%

▶ ③

으로 곰팡이의 발생을 억제하고 과피가 탄력적으로 되어 상처발생이 어렵다.

(3) 배

수확 직후 나무그늘 등 통풍이 잘 되고 직사광선이 닿지 않는 곳을 택하여 예건한 후 기온이 낮은 아침에 저장고에 입고시키면 부패율과 호흡량을 줄이고 신선도를 장시간 유지시킬 수 있다.

02 맹아(萌芽, 움돋이) 억제

❶ 맹아의 의의

양파, 마늘, 감자 등은 어느 정도의 기간이 지나 휴면이 끝난 양파, 마늘, 감자 등에서 싹이 자라는 것을 맹아라 한다.

❷ 맹아억제방법

양파, 마늘, 감자 등이 저장 중 맹아가 발생하면 상품가치가 급속히 저하되므로 맹아의 발생을 방지하기 위하여 NAA, MH 등을 사용한다.

(1) MH 처리

양파는 수확 약 2주 전에 0.2~0.25%의 MH를 엽면 살포하면 생장점의 세포분열이 억제되면서 맹아의 생장을 억제한다.

(2) 방사선처리

적당량의 방사선 조사로 생장점 조직의 세포분열을 저해하여 맹아를 억제할 수 있으며 양파, 마늘, 감자 등에 이용되고 있다.

(3) 클로르프롬펜 사용

❸ 씨감자의 맹아촉진제

씨감자의 맹아촉진제로 일반적으로 지베렐린이 쓰인다.

관련기출문제

다음 중 맹아억제의 방법과 가장 관련이 적은 것은?

① 에틸렌처리
② MH(마하)처리
③ 방사선 조사
④ 클로로프로팜처리

➡ ①

11회기출문제

양파의 수확 후 맹아와 관련된 설명으로 옳은 것은?

① 맹아신장 억제를 위한 저장온도는 약 10℃이다.
② 맹아신장 억제를 위한 방사선 조사는 휴면기 이후에 실시한다.
③ 수확 후 일정기간 휴면기간이 있으므로 바로 맹아신장하지 않는다.
④ MH(maleic hydrazide)는 잔류허용기준이 없는 친환경 맹아신장 억제제이다.

➡ ③

03 반감기(半減期)

❶ 의 의

1) 반감기는 예냉효율의 지표가 되는 것으로 예냉효율은 반감기 개념을 이용하여 표시한다.
2) 방사성 물질의 반감기는 방사성 물질의 양이 반으로 줄어드는 데 소요되는 시간을 의미하는 것과 마찬가지로
3) 예냉에서 말하는 반감기는 원예산물의 온도를 처음 온도에서 목표하는 온도까지 반감되는데 소요되는 시간을 의미한다.

❷ 예

예를 들어 과일의 현재 품온 30℃와 최종목표온도 0℃의 차이인 30℃의 반에 해당되는 15℃까지 낮추는데 소요시간을 예냉의 반감기라 한다.

1) 반감기가 짧을수록 예냉이 빠르게 이루어진다고 한다.
2) 예를 들어 단감의 품온 반감시간은 50분 정도이며 목표온도까지 떨어지는데 6~8시간이 소요된다.

6회 기출문제

여름에 수확한 복숭아를 예냉과정을 거쳐 유통시키고자 한다. 0℃ 저온실에서 차압통풍식으로 예냉을 할 때 온도반감기가 1시간이라면 품온이 32℃인 과일을 4℃까지 낮추기 위한 이론적인 예냉 소요시간은?

① 2시간
② 3시간
③ 4시간
④ 8시간

▶ ②

9회 기출문제

예냉시 반감기에 관한 설명으로 옳지 않은 것은?

① 반감기가 짧을수록 예냉 속도가 빠르다.
② 반감기 개념으로 볼 때 예냉이 진행될수록 온도 저하 폭이 커진다.
③ 7℃ 물로 25℃ 원예산물을 9℃까지 예냉하고자 할 때 17℃가 될 때까지의 시간이다.
④ 냉각매체의 온도가 낮을수록 반감기가 짧아진다.

▶ ②

---

04 큐어링(curing : 치유)

❶ 의 의

1) 특히 땅속에서 자라는 감자, 고구마는 수확시 많은 상처를 입게 되고 마늘, 양파 등 인경채류는 잘라낸 줄기부위가 제대로

아물고 바깥의 보호엽이 제대로 건조되어야 병균의 침입을 방지하고 장기저장할 수 있다.
2) 따라서 수확시 원예 생산물이 받은 상처를 아물게하거나 코르크층을 형성시켜 수분증발 및 미생물의 침입을 줄이는 방법을 큐어링이라 한다.

❷ 농산물별 큐어링

(1) 감 자
감자는 수확 후 온도 15~20℃, 습도 85~90%에서 2주일 정도 큐어링하여 코르크층이 형성되면 수분 손실과 부패균의 침입을 막을 수 있다.

(2) 고구마
고구마는 수확 후 1주일 이내에 온도 30~33℃, 습도 85~90%에서 4~5일간 큐어링한 후 열을 방출시키고 저장하면 상처가 잘 치유되고 당분 함량이 증가한다.

(3) 양파와 마늘
① 양파와 마늘은 보호엽이 형성되고 건조가 잘 되어야 저장 중 손실이 적다.
② 일반적으로 밭에서 1차 건조시키고 저장 전에 선별장에서 완전히 건조시켜 입고하고 온도를 낮추기 시작한다.

(4) 생강
부패억제를 위하여 큐어링 처리를 해야 한다.

14회 기출문제

감자 수확 후 큐어링이 저장 중 수분 손실을 줄이고 부패균의 침입을 막을 수 있는 주된 이유는?

① 슈베린 축적
② 큐틴 축적
③ 펙틴질 축적
④ 왁스질 축적

▶ ①

6회 기출문제

원예산물의 큐어링(Curing)에 대한 설명으로 옳지 않은 것은?

① 고구마, 감자, 생강에 사용된다.
② 산물에 따라 적정 온도, 습도, 시간을 설정한다.
③ 손상부위의 표면조직을 단단하게 한다.
④ 빙결점 부근으로 품온을 낮게 한다.

▶ ④

9회 기출문제

다음 원예산물의 수확 후 관리방법으로 옳은 것은?

① 신고배는 저장중 탈피를 막기 위해 변온 관리를 한다.
② 후지사과는 밀증상 방지를 위해 수확 시기를 늦춘다.
③ 생강은 부패억제를 위해 큐어링처리를 한다.
④ 양파는 건조 방지를 위해 상대습도 90% 이상에서 저장한다.

▶ ③

MEMO

제7장 기출문제 연구

■■■ 기출문제

3회 기출

1. 마늘이나 양파를 장기간 저온저장할 때 알맞은 상대습도 조건은?

① 90~95%
② 80~90%
③ 65~75%
④ 40~55%

정답 및 해설 ③

마늘이나 양파를 장기간 저온저장할 때 알맞은 상대습도는 ③ 65~75%이다.

6회 기출

2. 여름에 수확한 복숭아를 예냉과정을 거쳐 유통시키고자 한다. 0℃ 저온실에서 차압통풍식으로 예냉을 할 때 온도반감기가 1시간이라면 품온이 32℃인 과일을 4℃까지 낮추기 위한 이론적인 예냉 소요시간은?

① 2시간
② 3시간
③ 4시간
④ 8시간

정답 및 해설 ②

32℃를 16℃로 낮추기 위한 소요시간은 1시간, 16℃를 8℃로 낮추기 위한 소요시간은 다시 1시간, 8℃를 4℃까지 낮추기 위한 예냉소요시간은 다시 1시간, 따라서 총 ② 3시간이다.

1회 기출

3. 큐어링(curing : 치유)을 해야 하는 작목으로 바른 것은?

① 마늘, 샐러리
② 양파, 고추

③ 감자, 양파
④ 고구마, 토마토

정답 및 해설 ③

큐어링을 해야 하는 작목으로 바른 것은 ③ 감자, 양파이다.

5회 기출
4. 큐어링(curing)이 필요한 원예작물로 옳게 짝지은 것은?

① 고구마 - 감자
② 마늘 - 수박
③ 당근 - 양파
④ 오이 - 무

정답 및 해설 ①

문제에서 큐어링이 필요한 원예작물은 ① 고구마, 감자이다.

농산물 품질관리사 대비

제 8장 | 포 장(包裝)

01 의의와 기능분류

❶ 의 의

1) 포장이란 적절한 용기나 재료를 사용하여 해당 수확물을 감싸서 외부접촉을 차단하고 위생적으로 장기간 보관할 수 있도록 둘러싸 주는 것을 말한다.
2) 포장재의 물리적 강도, 외부와의 차단성과 수확물 성분과의 반응에 따른 안전성이 중요하다.

❷ 기 능

포장은 운송과 소비에 이르는 과정에서 물리적인 충격, 병충해, 미생물 등에 의한 오염과 광선, 온도, 습도 등에 의한 변질을 방지하는 기능을 한다.

❸ 분 류

포장은 크게 외포장과 내포장으로 분류할 수 있다.

(1) 외포장

외포장은 농산물을 수송·하역·보관하는데 외부압력이나 부적합한 환경으로부터 보호하기 위해 포장하는 것을 말한다.

(2) 내포장

내포장은 농산물 개개의 손상을 방지하기 위해 외포장 내부에

5회 기출문제

원예산물을 포장하는 목적이 아닌 것은?
① 물리적 충격 방지
② 해충, 미생물, 먼지에 의한 오염 방지
③ 적정 온습도 관리
④ 홍수 출하 방지

▶ ④

14회 기출문제

겉 포장재와 속포장재의 기본요건에 관한 설명으로 옳지 않은 것은?
① 겉 포장재는 수송 및 취급이 편리하여야 한다.
② 겉 포장재는 외부의 환경으로부터 상품을 보호해야한다.
③ 속포장재는 상품 간 압상, 마찰을 방지할 수 있어야 한다.
④ 속포장재는 기능성보다는 심미성을 우선으로 한 재질을 선택해야 한다.

▶ ④

포장하는 것을 말하는데 내포장 재료는 비닐이나 타원형 등의 칸막이 감이 많이 쓰인다.

02 포장재의 구비조건

❶ 지지력(支持力)

취급과 수송 중 내용물을 보호할 수 있는 지지력을 갖추어야 한다.

❷ 방수성과 방습성

수분, 습기 등의 물리적 힘에 영향을 받지 않는 방수성과 방습성이 우수해야 한다.

❸ 내용물의 비유동성

포장 내에서 내용물의 움직임이 없어야 한다.

❹ 무공해성과 투과성

독성이 있거나 오염제를 함유치 않은 무공해성으로 호흡가스의 충분한 투과성을 지닌 소재를 사용하여야 한다.

❺ 차단성

빛이나 외부열을 차단할 수 있어야 한다.

❻ 취급의 용이성

13회 기출문제

원예산물 포장상자에 관한 설명으로 옳지 않은 것은?

① 상품성 향상 및 정보제공의 기능이 있다.
② 충격으로부터 내용물을 보호해야 한다.
③ 저온고습에 견딜 수 있어야 한다.
④ 모든 품목의 포장상자 규격은 동일하다.

➡ ④

11회 기출문제

농산물 포장상자에 관한 설명으로 옳지 않은 것은?

① 통기구가 없는 상자를 이용한다.
② 저온고습에 견딜 수 있어야 한다.
③ 다단적재시 하중을 견딜 수 있어야 한다.
④ 팔레타이징(palletizing) 효율을 고려하여 크기를 결정한다.

➡ ①

무게, 크기, 모양이 취급과 판매에 적합하고 봉합과 개봉이 편리하여야 한다.

⑦ 빠른 예냉성과 내열성

내용물의 빠른 예냉 및 내열성을 갖추어야 한다.

⑧ 처분이나 재활용의 용이성

포장재는 처분하거나 재활용하기에 용이한 것이 좋다.

03 필름 종류별 가스투과성

저밀도폴리에틸렌(LDPE) 〉 폴리스틸렌(PS) 〉 폴리프로필렌(PP) 〉 폴리비닐클로라이드(PVC) 〉 폴리에스터(PET)

필름종류	가스투과성(ml/㎡·0.025mm·1day)		포장내부
	이산화탄소	산소	이산화탄소:산소
저밀도폴리에틸렌(LDPE)	7,700~77,000	3,900~13,000	2.9~5.9
폴리비닐클로라이드(PVC)	4,263~8,138	620~2,248	3.6~6.9
폴리프로필렌(PP)	7,700~21,000	1,300~6,400	3.3~5.9
폴리스티렌(PS)	10,000~26,000	2,600~2,700	3.4~5.8
폴리에스터(PET)	180~390	52~130	3.0~3.5

14회 기출문제

다음 농산물 포장재 중 기계적 강도가 높고 산소투과도가 가장 낮은 것은?

① 저밀도 폴리에틸렌(LDPE)
② 폴리에스테르(PET)
③ 폴리스티렌(PS)
④ 폴리비닐클로라이드(PVC)

▶ ②

10회 기출문제

원예산물 포장에 일반적으로 사용되고 있는 PP(polypropylene) 필름의 특징이 아닌 것은?

① 연신 등 가공이 쉽다.
② 방습성이 높다.
③ 산소투과도가 낮다.
④ 광택 및 투명성이 높다.

▶ ③

11회 기출문제

원예산물 포장시 저산소에 의한 이취발생 위험이 가장 낮은 포장소재는? (단, 포장재 두께는 동일함)

① 폴리비닐클로라이드(PVC)
② 폴리에스터(PET)
③ 폴리프로필렌(PP)
④ 저밀도 폴리에틸렌(LDPE)

▶ ④

04 포장재료

❶ 주재료와 부재료

수확물을 둘러싸거나 담는 재료인 종이, 플라스틱필름, 포대 등을 주재료라 하고 포장하는데 보조적으로 사용하는 접착제, 테이프, 끈 등을 부재료라 한다.

❷ 골판지

(1) 의의
① 골판지는 물결모양으로 골이 진 판지의 한쪽 또는 양쪽에 다른 판지를 붙인 것이다.
② 국내에서 가장 많이 사용하고 있는 외포장재로 사과, 배 등의 과일과 당근, 오이 등의 채소, 그리고 화훼류의 포장에 사용된다.
③ 골판지는 강도가 강하고 완충성이 뛰어나며 무공해이고 봉합과 개봉이 편리하다.

(2) 시험방법
KS 1502(외부포장용 골판지), KS A1059(상업포장용 골판지)

(3) 강도의 저하요인
① 골판지는 수분을 흡수하면 강도가 떨어지므로 장기간 수송이나 습한 조건에서 사용할 경우는 방습처리를 해야 한다.
② 골판지 상자의 통기공이나 적재하중은 강도저하요인이 된다.

❸ PE, PP, PVC

1) PE(polyethylene)는 가스투과도가 높아서 채소류와 과일의 포장재료로 많이 사용된다.
2) PP(polypropylene)는 방습성, 내열·내한성, 투명성이 높아 투

4회 기출문제

원예산물 포장용 골판지 상자의 시험방법과 거리가 먼 것은?

① 인장강도
② 파열강도
③ 압축강도
④ 수분함량

➡ ④

13회 기출문제

원예산물의 외부포장용 골판지의 품질기준이 아닌 것은?

① 인장강도
② 압축강도
③ 발수도
④ 파열강도

➡ ①

15회 기출문제

신선 농산물의 MA포장재료로 적합한 것은?

ㄱ. PP   ㄴ. PET
ㄷ. LDPE ㄹ. PVDC

① ㄱ, ㄷ   ② ㄱ, ㄹ
③ ㄴ, ㄷ   ④ ㄴ, ㄹ

➡ ①

명포장과 채소류의 수축포장에 이용되고
3) PVC(polyvinyl chloride)는 채소류, 과일, 식품포장에 사용된다.

④ 기능성 포장재

포장기능 뿐만 아니라 저장효과를 동시에 얻을 수 있게 다양한 기능성 물질을 포장재 제조시 포장재에 첨가한 포장재를 말한다.

(1) 방담 필름
필름에 첨가제를 분사시켜 결로현상을 방지해서 부패균의 발생을 방지하는 기능을 한다.

(2) 항균 필름
곰팡이 등 유해 미생물에 대한 항균력있는 물질을 코팅한 필름이다.

(3) 고차단성 필름
차단성은 수분, 산소, 질소, CO_2와 저장산물의 고유한 향을 내는 유기화합물까지도 포함하고 있다.

(4) 키토산 필름
키토산은 유해균의 성장을 억제하는 효과가 있는데 이러한 키토산이용 기능성 필름이다.

(5) 미세공필름
포장 내부의 습도유지를 위해 미세한 공기구멍이 있어 수증기 투과도를 높인 필름이다.

7회 기출문제

포장용 플라스틱필름에서 나일론과 비교했을 때 폴리에틸렌에 대한 설명으로 옳지 않은 것은?

① 열접착성이 좋다
② 방습성이 좋다.
③ 가스투과성이 낮다.
④ 가격이 싸다.

▶ ③

11회 기출문제

원예산물의 저장 및 유통시 자주 발생하는 결로현상의 주원인은?

① 이산화탄소 농도 차이
② 원예산물의 수분 함량
③ 공기 유속
④ 품온과 외기의 온도차

▶ ④

6회 기출문제

다음 농산물 포장재 중 동일조건에서 산소투과도가 가장 낮은 것은?

① 폴리스티렌(PS)
② 폴리에스터(PET)
③ 폴리비닐클로라이드(PVC)
④ 저밀도폴리에틸렌(LDPE)

▶ ②

05 포장규격

1) 겉포장의 길이, 너비는 한국산업표준에서 정한 수송포장 계열 치수 69개 모듈(1,100mm×1,100mm)과 골판지상자, 지대, PE대, PP대, 그물망의 농산물용 포장치수로 하고 높이는 해당 농산물의 포장이 가능한 적정 높이로 한다.

✔ **모듈**
건축물의 각 부분의 상대적인 균형을 측정하는 기준이 되는 척도

2) 농산물의 포장은 농산물 표준규격의 규정에 의한 포장규격의 거래단위를 적용하되 5kg 미만의 농산물을 포장할 때는 농산물 표준규격의 규정에 의한 포장규격의 거래단위와 다른 거래단위를 적용할 수 있다.

06 MA(Modifide Atmoshpere) 포장

❶ MA포장의 의의

1) MA포장이란 수확 후 호흡하는 원예농산물을 고분자 필름으로 밀봉하여 포장내 산소와 이산화탄소의 농도를 바꾸어 주는 포장 단위를 말한다.
2) 원예농산물을 자연적 호흡 또는 인위적인 기체조성으로 산소 소비와 이산화탄소의 방출로 포장 내에 적절한 대기가 조성되도록 하는 방법이다.

❷ MA포장의 원리

1) 필름포장 내에서 지나치게 산소농도가 낮고 이산화탄소의 농도가 높게 되면 이취 등이 발생하는 고이산화탄소 장해가 발생하게 되므로
2) 이산화탄소의 투과도를 산소투과도의 3~5배에 이르게 하여
3) 포장된 농산물의 대사과정에 영향을 주거나 부패균의 활성을 억제하여 농산물의 저장수명을 연장시키는 포장방법이다.

❸ MA포장용 필름의 조건

(1) 투과도
필름의 이산화탄소투과도가 산소투과도보다 높아야 한다.

(2) 투습도
필름이 투습도가 있어야 한다.

(3) 강도
필름의 인장강도와 내열강도가 높아야 한다.

(4) 유해물질 방출
포장내에 유해물질을 방출하지 않아야 한다.

(5) 유의사항
1) 지나친 차단성은 이산화탄소 축적에 따른 생리적 장해와 결로현상에 의한 미생물 증식의 위험성이 있다.
2) 속포장에 플라스틱 필름을 사용하는 경우는 저산소 장해, 이산화탄소 장해, 과습에 따른 부패 등에 따른 포장재를 선택하거나 가스 투과성을 고려하여야 한다.

❹ MA포장시 고려할 사항

MA포장시 저장효과를 최대로 하기 위해서 고려할 사항은 다음과 같다.
① 필름종류·두께·재질

11회 기출문제

MA포장재를 선정할 때 고려할 사항으로 가장 거리가 먼 것은?
① 저장고의 상대습도
② 필름의 기체 투과도
③ 저장온도
④ 원예산물의 호흡속도
➡ ①

14회 기출문제

원예산물의 MA 포장용 필름 조건으로 옳지 않은 것은?
① 인장강도가 높아야 한다.
② 결로현상을 막을 수 있어야 한다.
③ 외부로부터의 가스차단성이 높아야 한다.
④ 접착작업과 상업적 취급이 용이해야 한다.
➡ ③

8회 기출문제

수확 후 수분손실을 낮추는 직접적인 방법은?

ㄱ. MA저장   ㄴ. 유기산처리
ㄷ. 저온저장   ㄹ. 지베렐린처리

① ㄱ, ㄷ   ② ㄱ, ㄹ
③ ㄴ, ㄷ   ④ ㄴ, ㄹ

➡ ①

3회 기출문제

MA 포장시 고려할 사항과 관계가 먼 것은?

① 호흡량   ② 저장고의 규모
③ 에틸렌 발생량과 감응도
④ 필름의 두께 및 재질

➡ ②

4회 기출문제

MA저장 시 저장 효과를 최대로 하기 위해 고려할 사항으로 가장 거리가 먼 것은?

① 필름종류
② 원예산물의 호흡속도
③ 원예산물의 에틸렌 감응도
④ 저장고의 냉각방식

➡ ④

13회 기출문제

원예산물의 저장 중 수분손실 관한 설명으로 옳은 것은?

① 과실은 화훼류와 혼합저장하면 수분손실이 적다.
② 저온 및 MA 저장하면 수분손실이 적다.
③ 냉기의 대류속도가 빠르면 수분손실이 적다.
④ 부피에 비하여 표면적이 넓은 작물일수록 수분손실이 적다.

➡ ②

② 원예산물의 호흡속도
③ 원예산물의 호흡량
④ 원예산물의 에틸렌 발생량
⑤ 원예산물의 에틸렌 감응도

❺ 수동적·능동적 포장

(1) 수동적 MA포장
원예농산물의 자연적 호흡에 의한 산소소비와 이산화탄소의 방출로 포장 내에 적절한 대기가 조성되도록 하는 방법이다.

(2) 능동적 MA포장
1) 수동적 MA포장방식으로는 포장 내의 적절한 대기조성에 한계가 있으므로 포장 내부의 공기를 인위적으로 원하는 농도의 가스로 채워주는 포장방법이다.
2) 능동적 MA포장에는 포장재 표면에 계면활성제를 처리하여 결로현상을 방지하는 방담필름과 항균물을 첨가한 항균필름 등이 이용된다.

❻ MA 포장의 효과

(1) 숙성 및 노화지연
사과와 같은 호흡급등형 과실의 숙성 및 노화지연

(2) 수분손실 억제
엽채류와 과채류에서의 수분손실 억제

(3) 에틸렌 발생감소
에틸렌 발생의 감소

(4) 장해억제
저온장해 등과 같은 생리적 장해 억제

(5) 병충해 억제
병충해 발생 억제

(6) 품질유지효과

흡착물질을 첨가하여 품질유지효과를 보기도 한다.

(7) 단감의 PE필름 저장

저밀도 PE필름 MA저장으로 4~5개월 장기 저장이 가능하다.

❼ MA 저장의 이용

(1) 필름포장

(2) 피막제

1) 왁스 및 동식물성 유지류 등이 산물의 저장, 수송, 유통 중 품질유지를 위하여 사용되고 있다.
2) 피막제의 도포는 경도와 색택을 유지하고 산함량 감소를 방지하는 효과를 볼 수 있다.
3) 과일의 색감 증가나 표면의 광택증진 등 외관을 향상시키는 왁스처리가 실용화되어 있다.
4) 부분적 위축과 상처 및 장해 현상을 유기하기도 하므로 작물의 종류에 따라 적합한 피막제를 선택하여야 한다.

(3) 기능성 포장재의 개발

2회 기출문제

필름을 이용한 MA포장에서 관찰되는 현상으로 볼 수 없는 것은?

① 호흡을 억제한다.
② 경도변화가 적다.
③ 수분감소를 억제한다.
④ 에틸렌 발생이 증가한다.

➡ ④

9회 기출문제

MA저장시 발생할 수 있는 장해가 아닌 것은?

① 과피의 갈변
② 조직의 수침
③ 이취발생
④ 칼슘함량의 감소

➡ ④

11회 기출문제

수확 후 원예산물에 피막제를 처리하는 목적으로 옳지 않은 것은?

① 경도 유지 및 감모를 막는다.
② 과실의 착색을 증진시킨다.
③ 증산을 억제하여 시들음을 막는다.
④ 과실 표면에 광택을 주어 상품성을 높인다.

➡ ②

MEMO

제8장 기출문제 연구

■■■ 기출문제

5회 기출
1. 원예산물을 포장하는 목적이 아닌 것은?

① 물리적 충격 방지
② 해충, 미생물, 먼지에 의한 오염 방지
③ 적정 온·습도 관리
④ 홍수 출하 방지

정답 및 해설 ④

원예산물을 포장하는 목적은 ① 물리적 충격 방지 ② 해충, 미생물, 먼지에 의한 오염 방지 ③ 적정 온·습도 관리이지만 ④ 홍수 출하 방지는 목적이 아니다.

4회 기출
2. 원예산물 포장용 골판지 상자의 시험방법과 거리가 먼 것은?

① 인장강도
② 파열강도
③ 압축강도
④ 수분함량

정답 및 해설 ①

골판지 상자의 시험방법은 ② 파열강도 ③ 압축강도 ④ 수분함량이지만 ① 인장강도는 아니다.

3회 기출
3. 수송 중 골판지상자의 강도저하의 요인과 가장 관련이 적은 것은?

① 수 분
② 적재하중
③ 통기공
④ 온 도

정답 및 해설 ④

수송 중 골판지상자의 강도저하의 요인과 관련이 큰 것은 ① 수분 ② 적재하중 ③ 통기공이지만 ④ 온도는 아니다.

2회 기출

4. 농산물의 MA포장재 중 가스투과도가 가장 높은 것은?

① 폴리에틸렌(polyethylene)
② 염화비닐(PVC)
③ 폴리프로필렌(polypropylene)
④ 나일론(nylon)

정답 및 해설 ①

MA포장재 중 가스투과도가 가장 높은 것은 ① 폴리에틸렌이다.

6회 기출

5. 다음 농산물 포장재 중 동일조건에서 산소투과도가 가장 낮은 것은?

① 폴리스티렌(PS)
② 폴리에스터(PET)
③ 폴리비닐클로라이드(PVC)
④ 저밀도폴리에틸렌(LDPE)

정답 및 해설 ②

포장재 중 동일조건에서 산소투과도가 가장 낮은 것은 ② 폴리에스터이다.

3회 기출

6. MA 포장시 고려할 사항과 관계가 먼 것은?

① 호흡량
② 저장고의 규모
③ 에틸렌 발생량과 감응도
④ 필름의 두께 및 재질

정답 및 해설 ②

MA 포장시 고려할 사항은 ① 호흡량 ③ 에틸렌 발생량과 감응도 ④ 필름의 두께 및 재질이지만 ② 저장고의 규모는 아니다.

4회 기출

7. MA 저장 시 저장 효과를 최대로 하기 위해 고려할 사항으로 가장 거리가 먼 것은?

① 필름종류
② 원예산물의 호흡속도
③ 원예산물의 에틸렌 감응도
④ 저장고의 냉각방식

정답 및 해설 ④

MA저장 시 저장 효과를 최대로 하기 위해서는 ① 필름종류 ② 원예산물의 호흡속도 ③ 원예산물의 에틸렌 감응도이지만 ④ 저장고의 냉각방식은 아니다.

2회 기출

8. 필름을 이용한 MA포장에서 관찰되는 현상으로 볼 수 없는 것은?

① 호흡을 억제한다.
② 경도변화가 적다.
③ 수분감소를 억제한다.
④ 에틸렌 발생이 증가한다.

정답 및 해설 ④

필름을 이용한 MA포장에서 관찰되는 현상은 ① 호흡을 억제하고 ② 경도변화가 적고 ③ 수분감소를 억제하지만 ④는 아니다.

MEMO

농산물 품질관리사 대비

제 9 장 | 저 장

01 저장의 개념과 기능

❶ 의의와 목적

1) 원예작물은 수확한 후에도 호흡작용을 계속해서 당분, 산 및 기타 영양분 등이 소모되고, 품질이 변하게 되는데
2) 저장이란 식품의 품질이 위와같이 변하지 않도록 하는 것을 말한다.
3) 원예작물의 화학성분, 물리적 성분 및 조직적 상태 등의 성상이 변치 않도록 하는 수단이 저장의 궁극적인 목적이라 할 수 있다.

✔ **저장의 목적**

1) 원예작물의
   ① 화학성분
   ② 물리적 성분
   ③ 조직적 상태의 변화를 막기 위해서
2) 즉, 원예작물의 품질의 저하를 막는데 있다.

❷ 기 능

(1) 신선도 유지
원예작물이 소비될 때까지 신선도를 유지하게 한다.

(2) 연중 소비 가능

3회 기출문제

원예산물의 저장성을 증진시키기 위한 전처리로서 거리가 먼 것은?

① 예냉
② 치유(curing)
③ 왁스처리
④ 에틸렌처리

▶ ④

> **2회 기출문제**
>
> 수분활성(Aw, Water activity)에 대한 설명 중 가장 올바른 것은?
> ① 수분활성은 식품을 건조시키거나 염이나 당을 첨가할 때 높아진다.
> ② 수분함량이 10%로 건조된 원예산물은 Aw를 높여준다.
> ③ Aw 0.8 이상에서는 미생물이 번식하지 못한다.
> ④ 미생물이 생육에 필요한 물의 활성정도를 나타내는 지표이다.
> ▶ ④

계절성이 높은 농산물을 장기간 저장하여 연중 소비를 가능하게 한다.

(3) 수급조절

수확시기에 홍수출하에 의한 가격하락 방지와 유통량의 수급을 조절할 수 있다.

(4) 가공산업 발전

수출이나 가공에 농산물을 연중 지속적으로 공급하므로서 수출산업이나 가공산업을 발전시킨다.

(5) 수요 확대

장거리 수송을 가능하게 하여 수요를 확대할 수 있다.

③ 수분활성도 (Aw, Water activity)

(1) 의의

수분활성도(Aw)란 미생물이 생육에 필요한 물의 활성 정도를 나타내는 지표이다.

(2) 범위

0에서 1까지의 범위를 갖는데 1에 가까울수록 미생물이 번식하기 좋은 환경이 되므로 건조·냉동소금 첨가 등으로 Aw를 낮춰서 저장해야 한다.

02 저장력에 영향을 미치는 주요 요인

① 수확 후의 온도

1) 온도는 수확된 원예작물의 저장력에 중요한 영향력을 미친다.
2) 저장 중 온도가 높으면 과실의 호흡작용이 왕성해져 영양성분이 많이 소비되고 부패균의 활동이 왕성해져 저장력을 저하시키므로 0℃가 적당하지만 품목에 따라 차이가 있다.

② 수확 후의 습도

저장 중인 저장고의 습도가 낮아지면 위조현상이 나타나고 표피가 건조하지만 너무 습하면 부패과가 발생하므로 85~90%의 습도유지가 적당하다.

✓ **위조(萎凋)현상**
1) 토양의 수분함량이 점차 감소하여 식물이 수분부족으로 시들고 마르는 현상을 말한다.
2) 즉, 식물체의 수분이 결핍하여 식물체가 시들고 마르는 현상을 말한다.

③ 재배 중 온도와 강우

재배기간 중의 온도와 강우도 저장력에 영향을 미치는데 과일은 건조하고 높은 온도조건에서 재배된 것은 저장력이 강하다.

④ 재배 중 토양조건

경사지는 일반적으로 배수가 잘 되므로 평지에서 생산된 과실보

10회기출문제

원예산물의 부패에 관한 설명으로 옳지 않은 것은?
① 저온장해 발생 시 부패가 쉽다.
② 상대습도가 낮을수록 곰팡이 증식이 쉽다.
③ 물리적 상처는 부패균의 감염 통로가 된다.
④ 수분활성도가 높을수록 부패가 쉽다.

▶ ②

10회기출문제

원예산물의 저장 중 수분손실에 관한 설명으로 옳지 않은 것은?
① 저장온도가 낮을수록 적다.
② 저장상대습도가 높을수록 적다.
③ 표피가 치밀한 작물일수록 적다.
④ 용적대비 표면적이 큰 작물일수록 적다.

▶ ④

14회기출문제

저장 과정에서 과도하게 증산되어 사과의 과피가 쭈글쭈글해지는 수확 후 장해는?
① 고두병   ② 밀증산
③ 껍질덴병 ④ 위조증산

▶ ④

다 저장력이 강하다.

❺ 재배 중 비료조건

1) 질소의 과다 사용은 과실을 크게는 하지만 맛이 없어지고 고두병을 발생시키며 저장력을 저하시킨다.
2) 과다한 칼륨(K)성분은 사과의 과피에 반점을 생기게 하고 충분한 칼슘은 과실을 단단하게 하여 저장력을 높인다.

❻ 품종과 수확시기

1) 일반적으로 만생종은 조생종에 비해서 저장력이 강하다.
2) 장기저장용 과일의 수확은 일반적으로 적정수확시기보다 일찍 수확하는 것이 저장력을 높인다.

13회 기출문제

원예산물 저장고 관리에 관한 설명으로 옳지 않은 것은?

① 저장고 내의 고습을 유지하기 위해 과망간산칼륨 또는 활성탄을 처리한다.
② 저장고 내부를 5% 차아염소산나트륨 수용액을 이용하여 소독한다.
③ CA저장고는 저장고 내부로 외부공기가 들어가지 않도록 밀폐한다.
④ CA저장고는 냉각장치, 압력조절장치, 질소발생기를 구비한다.

➡ ②

8회 기출문제

원예산물의 호흡을 억제할 수 있는 방법으로 옳지 않은 것은?

① 상온저장   ② MA저장
③ 예냉   ④ CA저장

➡ ①

8회 기출문제

원예산물 저장에 관한 설명으로 옳지 않은 것은?

① 사과는 저온장해를 받지 않으므로 0℃부근에 저장해도 문제가 없다.
② 배는 과피흑변을 일으키기 때문에 저온저장 전에 예건을 실시한다.
③ 1-MCP 처리된 사과는 상온에서 저장해도 저온저장과 비슷한 저장기간을 갖는다.
④ CA저장은 산소농도를 낮추고 이산화탄소농도를 높여서 저장하는 방법이다.

➡ ③

03 저장방법

❶ 저장방법의 종류

저장방법에는
1) 상온저장
2) 저온저장
3) CA저장 등이 있다.

❷ 상온저장

(1) 의 의
상온저장은 외기의 온도변화에 따라 외기의 도입·차단이나 강제송풍처리, 보온·단열, 밀폐처리 등으로 냉장시설 없이 저장하는 방법으로 보통저장이라고도 하는데 자연 그대로의 15℃ 정도의 저장이다.

(2) 종 류
1) 움저장
   배수가 잘 되는 곳에 땅을 파고 고구마나 배추 등의 작물을 넣고 위로 거적을 덮고 흙을 덮어서 한·서를 막는 저장이다.
2) 지하저장고
   동굴 같은 곳의 굴에 농산물을 저장하고 입구를 닫아 저온을 유지시켜 저장하는 방법이다.
3) 환기저장
   지상부나 반지하부에 감자나 고구마 같은 농산물을 보관한 후 저온의 외부공기를 대류작용을 이용해서 저장하는 방법이다.

8회 기출문제

원예산물의 장해제어방법으로 옳지 않은 것은?
① 깐마늘의 녹변 – 저온저장
② 유통중 물리적 장해 – 포장완충제 이용
③ 병충해 발생 – 저장고 훈증
④ 감자의 부패 – 큐어링
➡ ①

9회 기출문제

원예산물 저온저장고의 냉장용량 결정시 고려할 사항이 아닌 것은?
① 냉매 교체주기 ② 저장고단열정도
③ 원예산물 품온 ④ 저장할 품목
➡ ①

8회 기출문제

원예산물의 장해에 관한 설명으로 옳은 것은?
① 복숭아는 0℃이하의 저온저장에서 정상적으로 숙성이 이루어진다.
② 사과의 과육갈변과 배의 과심갈변은 고농도 이산화탄소에 의해 일어난다.
③ 포도는 산소농도 5~10%상태에서 무기호흡의 알코올발효가 진행된다.
④ 바나나는 1~2℃에서 저온장해를 받지 않는다.
➡ ②

6회 기출문제

배를 저온저장할 때 증산에 의해 중량이 감소하는 것을 줄이기 위한 방법으로 옳지 않은 것은?
① 저장식 벽면의 단열 및 방습처리
② 유닛쿨러(unit cooler)의 표면적 축소
③ 실내 공기유동의 최소화
④ 증발기 코일(coil)과 저장고 내 온도 차이의 최소화
➡ ②

04 저온저장

① 의 의

저온저장이란 냉장시설을 이용해서 저장고 안의 온도를 동결점 이상의 온도로 조절하여 원예생산물을 저장하는 방법이다.

② 효 과

1) 수확후 작물의 호흡·대사작용을 감소시킨다.
2) 수확한 작물의 저장양분의 소모를 줄인다.
3) 미생물의 증식과 부패균의 활동을 억제한다.
4) 효소에 의한 산화작용과 갈변현상을 억제시킨다.
5) 증산작용을 감소시켜 수분손실을 억제한다.

③ 저장적온과 저온장해

1) 채소나 과일의 종류에 따라 저장적온은 다르다.
    ① 동결점~0℃ : 브로콜리, 당근, 상추, 시금치, 양파, 셀러리 등
    ② 0~2℃ : 아스파라거스, 사과, 배, 복숭아, 포도, 매실 등
    ③ 3~6℃ : 감귤
    ④ 7~13℃ : 바나나, 오이, 가지, 수박, 애호박, 감자 등
    ⑤ 13℃ 이상 : 고구마, 생강, 미숙 토마토 등
2) 저장적온이 높은 채소나 과일인 바나나, 오이, 고구마, 감자 등을 낮은 온도에 저장할 경우 장해를 입기 쉽다.

12회 기출문제

농산물의 저장 시 발생하는 저온장해 증상에 관한 설명으로 옳지 않은 것은?

① 고구마는 쉽게 부패한다.
② 애호박은 수침현상이 발생한다.
③ 복숭아는 과육의 섬유질화가 발생한다.
④ 사과는 과육부위에 밀증상이 발생한다.

➡ ④

11회 기출문제

원예산물의 저온장해(chilling injury)에 관한 설명으로 옳지 않은 것은?

① 온대작물에 비해 열대작물이 더 민감하다.
② 세포외 결빙이 세포내 결빙보다 먼저 발생한다.
③ 대표적인 증상으로 함몰, 갈변, 수침 등이 있다.
④ 간헐적 온도상승처리로 저온장해를 억제할 수 있다.

➡ ②

12회 기출문제

다음 중 0~4℃에서 저장할 경우 저온장해가 일어날 수 있는 원예산물만을 옳게 고른 것은?

ㄱ. 오이 ㄴ. 망고 ㄷ. 양배추
ㄹ. 녹숙토마토 ㅁ. 아스파라거스

① ㄱ, ㄴ, ㄹ   ② ㄱ, ㄷ, ㅁ
③ ㄴ, ㄷ, ㄹ   ④ ㄴ, ㄷ, ㅁ

➡ ①

10회 기출문제

원예산물의 신선도 유지를 위한 저장관리에 관한 설명으로 옳지 않은 것은?

① 에틸렌이 축적되면 품질저하를 초래한다.
② 아열대산은 온대산에 비해 저장온도가 낮아야 한다.
③ 저장고의 습도유지를 위해 바닥에

05 CA저장 (Controlled Atmosphere Storage)

❶ CA저장 의의

1) CA저장은 저온저장고 내부의 공기조성을 인위적으로 조정하여 대기조성(대략 N_2 78%, O_2 21%, CO_2 0.03%)과는 다른 공기조성을 갖는 조건을 만들어 원예생산물을 저장하는 것을 말한다.
2) 일반적으로 산소는 8% 이하 그리고 이산화탄소 (CO_2)는 1% 이상으로 만들어 주는 것이다.

❷ 원리 및 특징

1) 호흡은 원예산물 내 저장양분이 소모되면서 이산화탄소와 열을 발산하는 대사작용으로 산소가 필수적이다.
2) CA저장은 이러한 원예생산물의 호흡이론에 근거하여 저장기간을 연장하는 방식이다.
3) 따라서 저장양분의 소모를 줄이려면 호흡작용을 억제하여야 하며 이를 위해서는 산소를 줄이고 이산화탄소를 증가시킴으로써 가능하다.

❸ 이산화탄소 및 에틸렌 농도 제어

1) CA저장고 내 이산화탄소의 농도는 무한정으로 증가시켜서는 안 되고 일정수준까지 증가시키다가 장해가 발생하는 시점에서는 제거해 주어야 할 뿐만 아니라 숙성호르몬으로 일컫는 에틸렌가스의 제거가 수반되어야 한다.
2) 에틸렌가스의 제거방식으로는 흡착식, 자외선 파괴식, 촉매분해식 등이 있는데 이 중에서 경제적 타당성이 있는 촉매분해

물을 뿌리거나 가습기를 이용한다.
④ 저장고의 공기흐름을 원활하게 하기 위해 적재용적률은 60%~65%로 한다.

 ②

15회 기출문제

CA저장고에 관한 설명으로 적합하지 않은 것은?

① 저장고의 밀폐도가 높아야 한다.
② 저장 대상 작물, 품종, 재배조건에 따라 CA조건을 적절하게 설정하여야 한다.
③ 장시간 작업 시 질식 우려가 있으므로 외부 대기자를 두어 내부를 주시하여야 한다.
④ 저장고내 산소 농도는 산소발생장치를 이용하여 조절한다.

▶ ④

13회 기출문제

원예산물의 장해에 관한 설명으로 옳지 않은 것은?

① 장미는 수확 직후 물에 꽂아 꽃목 굽음을 방지한다.
② 포도는 저온저장 중 유관속 조직 주변이 투명해지는 밀증상이 나타난다.
③ 가지, 호박, 오이는 저온저장 중 과실의 표면이 함몰되는 수침현상이 나타난다.
④ 금어초는 줄기를 수직으로 세워 물올림하여 줄기 굽음을 방지한다.

▶ ①

12회 기출문제

공기세척식 CA저장 설비로 옳지 않은 것은?

① 가스분석기 ② 에틸렌발생기
③ 질소공급장치 ④ 탄산가스흡수기

▶ ②

11회 기출문제
CA저장에 관한 설명으로 옳지 않은 것은?
① 곰팡이 등 부패균의 번식이 억제된다.
② 호흡 및 에틸렌 생성 억제 효과가 있다.
③ 생리장해 억제를 위해 주기적인 환기가 필요하다.
④ 수호가시기에 따라 저산소 및 고이산화탄소 장해에 대한 내성이 달라진다.
➡ ③

13회 기출문제
원예산물의 저장에 관한 설명으로 옳은 것은?
① 선박에 의한 장거리 수송 시 CA저장은 불가능하다.
② MA포장 시 필름의 이산화탄소 투과도는 산소 투과도보다 낮아야 한다.
③ 소석회는 저장고 내 산소를 제거하는 데 이용된다.
④ CA저장 시 드라이아이스를 이용하여 이산화탄소 농도를 증가시킬 수 있다.
➡ ④

9회 기출문제
CA저장시 사과의 내부갈변의 주요 원인은?
① 일시적인 고온 노출
② 칼슘부족
③ 고농도 이산화탄소
④ 높은 상대습도
➡ ③

식이 많이 이용되고 있다. 그리고 흡착제로는 과망간산칼륨, 오존, 자외선 등이 이용되고 있다.

4 CA저장의 효과

1) 작물의 노화를 방지한다.
2) 작물에 따라서 저온 장해와 같은 생리적 장해를 개선한다.
3) 조절된 대기가 곰팡이의 발생률을 감소시킨다.

5 CA저장의 문제점

1) 토마토 등 일부작물에서 고르지 못한 숙성을 야기할 수 있다.
2) 감자의 흑색심부, 상추의 갈색반점과 같은 생리적 장해를 유발할 수 있다.
3) 낮은 산소 농도에서 혐기적 호흡의 결과로 이취를 유발할 수 있다.

6 CA저장의 장점·단점

(1) 장 점
① 엽록소 분해억제 및 노화지연
② 발근 등 생리현상 억제
③ 저장기간 증대
④ 호흡작용의 감소
⑤ 미생물 번식억제

(2) 단 점
① 시설비와 유지비가 많이 든다.
② 공기조성이 부적절할 경우 장해를 일으킨다.
③ 저장고를 자주 열 수 없어 저장물의 상태를 파악하기 힘들다.

제9장 기출문제 연구

■■■ 기출문제

[3회 기출]
1. 원예산물의 저장성을 증진시키기 위한 전 처리로서 거리가 먼 것은?

   ① 예냉
   ② 치유(curing)
   ③ 왁스처리
   ④ 에틸렌처리

   정답 및 해설 ④

   원예산물의 저장성을 증진시키기 위한 전 처리 방법은 ① 예냉 ② 치유 ③ 왁스처리이지만 ④ 에틸렌처리는 아니다.

[2회 기출]
2. 수분활성(Aw, Water activity)에 대한 설명 중 가장 올바른 것은?

   ① 수분활성은 식품을 건조시키거나 염이나 당을 첨가할 때 높아진다.
   ② 수분함량이 10%로 건조된 원예산물은 Aw을 높여준다.
   ③ Aw 0.8 이상에서는 미생물이 번식하지 못한다.
   ④ 미생물이 생육에 필요한 물의 활성정도를 나타내는 지표이다.

   정답 및 해설 ④

   ④ 수분활성은 미생물이 생육에 필요한 물의 활성정도를 나타내는 지표이지만 ①,②,③은 아니다.

[1회 기출]
3. 저온저장한 작물을 상온상태에 출하할 때 결로(땀흘림)에 의한 품질저하가 우려된다. 이를 방지하기 위한 가장 효과적인 방법은?

   ① 밀폐 포장
   ② 저온 유통
   ③ 고온 처리

④ 비닐 포장

정답 및 해설 ②

저온저장한 작물을 상온상태에 출하할 때 결로에 의해 품질저하가 우려되는데 이를 방지하기 위한 가장 효과적인 방법은 ② 저온 유통이다.

5회 기출

4. 원예산물의 저온 유통 시스템(cold chain system)의 장점은?

① 연화 촉진
② 호흡 촉진
③ 착색 증진
④ 미생물 번식 억제

정답 및 해설 ④

원예산물의 저온 유통 시스템의 장점은 ④ 미생물 번식 억제이다.

6회 기출

5. 배를 저온저장할 때 증산에 의해 중량이 감소하는 것을 줄이기 위한 방법으로 옳지 않은 것은?

① 저장식 벽면의 단열 및 방습처리
② 유닛쿨러(unit cooler)의 표면적 축소
③ 실내 공기유동의 최소화
④ 증발기 코일(coil)과 저장고 내 온도 차이의 최소화

정답 및 해설 ②

배를 저온저장할 때 증산에 의해 중량이 감소하는 것을 줄이기 위한 방법은 ①,③,④이지만 ② 유닛쿨러의 표면적 축소는 아니다.

3회 기출

6. 다음 중 0℃ 부근의 저온에서 저장했을 때 저온장해를 입기 쉬운 작물은?

① 아스파라거스
② 샐러리
③ 양상추
④ 고구마

정답 및 해설 ④

0℃ 부근의 저온에서 저장했을 때 저온장해를 입기 쉬운 작물은 ④ 고구마이다.

2회 기출
7. CA 저장의 설명으로 틀린 것은?

① CA 저장은 산소와 이산화탄소의 농도를 조절하여 저장하는 방식이다.
② CA 저장고 건축시 가스 밀폐도는 중요한 요소로 고려되어야 한다.
③ CA 저장고는 가스 조성방식에 따라 순환식, 밀폐식 등이 있다.
④ CA 저장고 내의 산소와 이산화탄소의 농도는 작물의 호흡으로 인해 자동적으로 맞추어 진다.

정답 및 해설 ④

CA 저장은 ①,②,③은 맞지만 ④의 경우 CA 저장고 내의 산소와 이산화탄소의 농도를 인위적으로 맞추어야 한다.

5회 기출
8. CA 저장에 대한 설명으로 틀린 것은?

① 저장고를 자주 개방할 수 없어 저장산물의 상태 파악이 어렵다.
② 저장산물의 호흡에 의해 산소와 이산화탄소 농도가 변하는 원리를 이용한다.
③ 혐기적 호흡이 일어나 이취가 발생할 수 있다.
④ 저장고 내 에틸렌 가스를 제거하면 저장 효과를 높일 수 있다.

정답 및 해설 ②

CA 저장은 저장산물의 호흡에 의해 산소와 이산화탄소 농도가 변하는 원리를 이용하는 것이 아니다.

1회기출
9. CA 저장의 장점이 아닌 것은?

① 엽록소 분해억제 및 노화지연
② 저장기간 증대
③ 발근 등 생리현상 촉진으로 상품성 증대
④ 호흡작용의 감소

정답 및 해설 ③

CA 저장의 장점은 ① 엽록소 분해억제 및 노화지연 ② 저장기간 증대 ④ 호흡작용의 감소이지만 ③은 아니다.

4회기출
10. CA 저장의 장점을 틀리게 설명한 것은?

① 미생물 번식 억제
② 노화지연
③ 맹아촉진
④ 호흡억제

정답 및 해설 ③

CA저장의 장점은 ① 미생물 번식 억제 ② 노화지연 ④ 호흡억제이지만 ③ 맹아촉진은 아니다.

제10장 | 수확 후의 장해

01 생리적 장해

생산물의 수확 후 장해는 크게 생리적 장해, 기계적 장해, 병리적 장해로 구분된다.

1 온도에 의한 장해

(1) 동해장해

1) 식물세포는 물이 어는 온도보다 약간 저온에 의해서 작물의 조직 내에 결빙이 생겨 받는 피해를 동해라 하고
2) 동해에 의한 장해에는 엽채류, 사과 등의 수침현상 등이 있다.

(2) 저온장해

1) 작물에 따라서는 빙점 이상의 온도인 생육에 알맞은 적온(適溫)보다 낮은 온도에 장기간 저장하므로써 발생하는 장해로
2) 과육 변색, 토마토·고추에서의 함몰 등이 있다.

(3) 고온장해

1) 높은 온도에 저장 또는 노출되어 발생되는 장해로 사과나 배의 껍질덴병이 발생한다.
2) 바나나는 30℃ 이상에서는 정상적인 성숙이 불가능해지고 35℃ 정도에서는 토마토 색소인 라이코펜(lycopene)의 합성이 억제되어 착색이 불량해진다. 그리고 40℃가 가까이 되면 사과와 배는 숙성이나 연화가 억제되거나 지연된다.

15회 기출문제

원예산물의 저장 중 동해에 관한 설명으로 옳지 않은 것은?

① 빙점 이하의 온도에서 조직의 결빙에 의해 나타난다.
② 동해 증상은 결빙 상태일 때 보다 해동 후 잘 나타난다.
③ 세포내 결빙이 일어난 경우 서서히 해동시키면 동해 증상이 나타나지 않는다.
④ 동해 증산으로 수침현상, 과피함몰, 갈변이 나타난다.

▶ ③

13회 기출문제

원예산물의 온도장해에 관한 설명으로 옳지 않은 것은?

① 배에서 환원당은 빙점을 높일 수 있다.
② 사과에서 칼슘이온은 세포 내 결빙을 억제시킬 수 있다.
③ 토마토에서 열처리는 냉해발생을 억제시킬 수 있다.
④ 고추에서 CA저장은 냉해발생을 억제시킬 수 있다.

▶ ①

② 가스에 의한 장해

1) 고농도의 탄산가스에 의한 갈색의 함몰부분 발생
2) 저산소, 미성숙 등으로 과육 갈변현상 발생
3) 저산소와 에틸렌 가스에 의한 장해

③ 영양장해

1) 영양장해로 발생하는 저장 중인 사과의 고두병, 토마토의 배꼽썩음병 등은 칼슘의 첨가로 억제할 수 있다.
2) 칼슘 부족으로 나타나는 대표적인 장해로는 토마토, 고추, 수박의 배꼽썩음병, 사과의 고두병, 양배추의 흑심병, 배의 콜크스폿 등이 있다.

[사과 고두병 증상]

(출처 : 농촌진흥청사이버홍보관)

11회 기출문제

다음 증상에 해당하는 것은?

복숭아는 0℃의 저온에서 3주 저장 후 상온유통시 과육이 섬유질화되고 과즙이 줄어들어 조직감과 맛이 급격히 저하된다.

① 저온장해 ② 병리장해
③ 고온장해 ④ 이산화탄소장해

➡ ①

14회 기출문제

원예산물의 수확 후 가스장해에 관한 설명으로 옳지 않은 것은?

① 복숭아의 섬유질화가 대표적이다.
② 저 농도 산소 조건에서는 이취가 발생한다.
③ 고농도 이산화 탄소 조건에서는 과육갈변이 발생한다.
④ 에틸렌에 의하여 포도의 연화(노화)현상이 발생한다.

➡ ①

7회 기출문제

원예작물의 안전성에 있어 생물학적 위해요소로 옳은 것은?

① 에틸브로마이드 ② 살모넬라
③ 염소산나트륨 ④ 다이옥신

➡ ②

4회 기출문제

저온장해 증상이 맞지 않는 것은?

① 바나나의 과피변색
② 복숭아의 섬유질화
③ 참외의 수침현상
④ 토마토의 공동과

➡ ④

02 기계적 장해 (물리적 손상)

❶ 의의

기계적 장해는 물리적인 힘에 의하여 발생하는 모든 종류의 장해를 말하며 각종 영양의 손실은 물론 과일의 향미에도 크게 영향을 준다.
1) 마찰에 의한 장해
2) 압축에 의한 장해
3) 진동에 의한 장해

❷ 장해영양

1) 부패발생율이 증가한다.
2) 에틸렌 발생율이 증가한다.
3) 호흡량이 증가한다.
4) 중량감소가 두드러진다.

03 병리적 장해

1) 농산물이 수확 후 소비자의 손에 들어갈 때까지 각 병해에 의한 농산물의 피해를 말한다.
2) 병리적 장해에 의한 부패율을 줄이기 위해 수송 및 저장 중 약제처리, 환경요인 조절 등 최적의 조건을 만들어야 한다.

6회 기출문제

원예산물의 기계적 장해(물리적 손상)에 의해 나타나는 현상은?

① 호흡량의 변화가 없다.
② 중량감소가 둔화된다.
③ 에틸렌발생량이 증가한다.
④ 부패발생률에 영향을 미치지 않는다.

▶ ③

14회 기출문제

기계적 장해를 회피하기 위한 수확 후 관리 방법으로 옳은 것을 모두 고른 것은?

> ㄱ. 포장용기의 규격화
> ㄴ. 포장박스 내 적재물량 조절
> ㄷ. 정확한 선별 후 저온수송 컨테이너 이용
> ㄹ. 골판지 격자 또는 스티로폼 그물망 사용

① ㄱ, ㄷ   ② ㄴ, ㄷ
③ ㄱ, ㄴ, ㄹ   ④ ㄱ, ㄴ, ㄷ, ㄹ

▶ ④

3회 기출문제

사과의 저장 중에 보이는 고두병을 억제하기 위해서 사용하는 화학물질은?

① 붕소   ② 염화칼슘
③ 이산화황   ④ 2,4-D

▶ ②

6회 기출문제

과일을 저장할 때 발생될 수 있는 생리적 장해가 아닌 것은?

① 사과의 껍질덴병
② 사과의 적성병
③ 배의 심부병
④ 배의 과피흑변

▶ ②

04 수확 후 중요장해 종류

① 갈변현상

과일 내부가 갈색으로 변하는 현상으로
1) 사과는 탄산가스의 축적으로 내부 갈변현상이 나타나는데 밀병이 많을수록 증상이 심하다.
2) 배는 고온에 장기노출이나 장기저장으로 과심갈변현상이 나타나면서 과즙유출현상이 나타난다.
3) 단감은 저온저장 중 산소농도의 저하나 이산화탄소의 증가로 과육갈변현상이 나타난다.

② 배과피흑변

배의 과피에 짙은 흑색의 반점이 생기는 증상이고 단감은 과피가 검게 변하는 증상이다.

③ 고두병

사과의 경우 칼슘결핍으로 껍질에 갈색반점이 생기고 껍질을 벗기면 스폰지 모양이 되는 현상이다.

④ 껍질덴병

사과의 껍질이 불규칙하게 갈변되어 건조되는 증상이다.

⑤ 밀병

사과의 경우 솔비톨(solbitol)이라는 당류가 과육에 축적되어 과육의 일부가 투명해지는 증상이다.

5회 기출문제

사과 '후지'의 저장 중 생리장해의 발생과 관계가 먼 것은?

① 솔비톨(sorbitol)의 세포 간 축적
② 칼슘의 세포 내 축적
③ 적기보다 늦은 수확
④ 저장고 내 산소보다 높은 이산화탄소 농도

▶ ②

2회 기출문제

과육의 특정부위에 솔비톨(sorbitol)이 비정상적으로 축적되어 나타나는 과실의 증상은?

① 밀증상(water core)
② 내부갈변(flesh browning)
③ 과피흑변(skin blackening)
④ 일소병(sun scald)

▶ ①

10회 기출문제

사과의 밀(water core)증상에 관한 설명으로 옳지 않은 것은?

① 유관속 주변 조직이 투명해지는 현상이다.
② 솔비톨이 축적되어 정상과에 비해 당도가 높아진다.
③ 일교차가 심하거나 수확시기가 늦었을 때 나타난다.
④ 장기저장 할 경우 밀 증상 부위가 갈변되고 심하면 스펀지화 된다.

▶ ②

❻ 단감과피흑변 및 초코과

단감 중 부유 품종에서 자주 발생하는데 과피조직을 제거하면 내부는 이상이 없다. 이와는 달리 과경부에 둥글게 과육이 수침현상으로 갈변되는 현상이 있는데 이를 초코과라 불리고 있다.

05 수확 후 과실별 저장병해

8회 기출문제

원예산물의 병충해 및 미생물 발생을 억제하는 방법으로 옳지 않은 것은?

① 포도 수확 후 병충해제어를 목적으로 지베렐린을 처리한다.
② 이산화염소 훈증으로 미생물을 제어한다.
③ 선별라인에서 압축공기분사는 해충의 밀도를 줄인다.
④ 저장고 및 저장상자 소독은 저장 시 곰팡이 및 미생물의 증식을 억제한다.

▶ ①

❶ 사과

(1) 탄저병

1) 감염 초기에는 과실표면에 둥근 반점이 나타난 후 차츰 확대되어 병반에는 여러 겹의 둥근무늬가 발생하고 감염이 더욱 진행되면 병반이 함몰하면서 부패한다.
2) 이는 고온다습한 재배지에서 주로 감염되어 저장 중 발병하여 손실의 원인이 된다.

(2) 푸른곰팡이병

1) 처음에는 옅은 색의 반점이 나타나나 고온이 유지되면 급속히 확대되어 과육부분까지 부패된다.
2) 높은 습도에서는 흰색의 곰팡이가 나타난 후 차츰 푸른 빛을 띠게 되며 나중에는 병반이 청록빛을 띠면서 분말포자가 나타나기도 한다.

❷ 배

(1) 잿빛곰팡이병

1) 배 저장 중 가장 일반적으로 나타나는 병으로 부패 부위가 단단하게 갈변하며 정상조직으로부터 쉽게 분리되지 않는다.
2) 과습한 상태에서는 병반 표면에 잿빛곰팡이가 나타나며 부패부위가 향기로운 냄새가 난다.

(2) 푸른곰팡이병

잿빛곰팡이병과는 달리 부드럽고 축축한 병반이 나타나며 감염되기 쉽게 분리된다.

(3) 배얼룩과

수확 후 저온저장을 하면 과피에 먹물을 묻혀 놓은 듯한 현상이 나타난다.

③ 감귤

(1) 검은빛썩음병

주로 수송 중이나 저장 중에 나타나는데 냉장이 효과적이고 수확 후에는 2,4-D 처리가 예방에 효과적이고 10℃ 이하의 냉장에는 확산이 지연된다.

(2) 푸른곰팡이와 녹색곰팡이병

수확 후 상처에서 주로 발생하는 병으로 40℃ 정도의 연소소독제, TBZ, SOPP를 첨가하여 소독하면 방제에 효과적이다. 4℃ 이하의 냉장에서는 느리게 생장하기에 신속한 냉장이 필요하다.

(3) 탄저병

처음에는 회갈색 반점이 과피에 나타나서 빠른 속도로 과실 전체에 확산되는데 심하면 과육 내부까지 부패한다. 이 병은 수확 전에 감염되어 잠복하므로 과수원에서의 방제가 필수적이다.

④ 포도

수확 후 포도의 저장장해에는 푸른곰팡이병, 잿빛곰팡이병, 무름병 등이 있는데 이의 확산 방지에는 SO_2 처리가 효과적이다.

MEMO

제10장 기출문제 연구

■■■ 기출문제

1회 기출
1. 저장장해에 대한 설명이 올바르지 못한 것은?

① 생리장해는 저장 중 병원균 감염이 원인이다.
② 저장장해는 크게 생리장해와 기계장해, 병리장해로 나눌 수 있다.
③ 저장장해 감소를 위해 작목의 특성에 맞게 저장한다.
④ 사과 내부갈변, 배 과피흑변 등은 저장장해의 일종이다.

정답 및 해설 ①

② 저장장해는 크게 생리장해와 기계장해, 병리장해로 나눌 수 있는데 ③ 저장장해 감소를 위해 작목의 특성에 맞게 저장하고 ④ 사과 내부갈변, 배 과피흑변 등은 저장장해의 일종이나 ①은 아니다. 병리장해이다.

2회 기출
2. 수확 후 손실에 관한 설명으로 올바르지 못한 것은?

① 사과 저장 중 발생되는 내부갈변은 생리장해의 대표적인 예이다.
② 배 저장 말기에 발생되는 과심갈변은 노화의 일종으로 볼 수 있다.
③ 포도 저장 중 발생되는 부패과는 저장전 유황훈증 처리로 감소시킬 수 있다.
④ 저온장해는 빙점 이하의 온도에서 발생되는 현상으로 복숭아에서 많이 발생한다.

정답 및 해설 ④

① 사과 저장 중 발생되는 내부갈변은 생리장해의 대표적인 예이고 ② 배의 과심갈변은 노화의 일종으로 볼 수 있으며 ③ 포도 중 부패과는 저장전 유황훈증 처리로 감소시킬 수 있으나 ④는 틀리다.

1회 기출
3. 원예산물 저장 중 생리장해의 원인이 아닌 것은?

① 이산화탄소
② 온 도

③ 에틸렌
④ 미생물

정답 및 해설 ④

생리장해의 원인은 ① 이산화탄소 ② 온도 ③ 에틸렌 등이 해당되나 ④ 미생물은 해당되지 않는다.

4회 기출
4. 저온장해 증상이 맞지 않는 것은?

① 바나나의 과피변색
② 복숭아의 섬유질화
③ 참외의 수침현상
④ 토마토의 공동과

정답 및 해설 ④

저온장해 증상이 나타나는 것은 ① 바나나의 과피변색 ② 복숭아의 섬유질화 ③ 참외의 수침현상 등이나 ④ 토마토의 공동과는 아니다.

6회 기출
5. 원예산물의 기계적 장해(물리적 손상)에 의해 나타나는 현상은?

① 호흡량의 변화가 없다.
② 중량감소가 둔화된다.
③ 에틸렌발생량이 증가한다.
④ 부패발생률에 영향을 미치지 않는다.

정답 및 해설 ③

원예산물의 기계적 손상에 의해 나타나는 현상은 ③ 에틸렌발생량이 증가하지만 ①,②,④는 아니다.

3회 기출
6. 사과의 저장 중에 보이는 고두병을 억제하기 위해서 사용하는 화학물질은?

① 붕 소

② 염화칼슘
③ 이산화황
④ 2,4-D

정답 및 해설 ②

사과의 고두병을 억제하기 위해서 사용하는 화학물질은 ② 염화칼슘이다.

6회 기출
7. 과일을 저장할 때 발생될 수 있는 생리적 장해가 아닌 것은?

① 사과의 껍질덴병
② 사과의 적성병
③ 배의 심부병
④ 배의 과피흑변

정답 및 해설 ②

과일을 저장할 때 발생될 수 있는 생리적 장해는 ① 사과의 껍질덴병 ③ 배의 심부병 ④ 배의 과피흑변 등이지만 ② 사과의 적성병은 아니다(적성병균에 의해서이므로 병리적 장해)

5회 기출
8. 사과 '후지'의 저장 중 생리장해의 발생과 관계가 먼 것은?

① 솔비톨(sorbitol)의 세포 간 축적
② 칼슘의 세포 내 축적
③ 적기보다 늦은 수확
④ 저장고 내 산소보다 높은 이산화탄소 농도

정답 및 해설 ②

사과 후지의 저장 중 생리장해의 발생과 관계되는 것은 ① 솔비톨의 세포 간 축적 ③ 적기보다 늦은 수확 ④ 저장고 내 산소보다 높은 이산화탄소 농도 등이지만 ②는 아니다.

1회 기출
9. 과육의 특정부위에 솔비톨(sorbitol)이 비정상적으로 축적되어 나타나는 과실의 증상은?

① 밀증상(water core)
② 내부갈변(flesh browning)
③ 과피흑변(skin blackening)
④ 일소병(sun scald)

정답 및 해설 ①

과육의 특정부위에 솔비톨이 비정상적으로 축적되어 나타나는 과실의 증상은 ① 밀증상이다.

농산물 품질관리사 대비

제11장 | 안전성

01 식품의 안전성과 위험요소

❶ 식품의 안전성

1) 식품의 안전성은 농산물의 고품질 유지와 더불어 가장 중요한 문제로 인식되고 있다.
2) 농산물 품질관리법에는 농산물의 품질향상과 안전한 농산물의 생산공급을 위하여
   ① 농산물우수관리인증제도(품질관리법 제5조)
   ② 농산물이력추적관리제도(품질관리법 제7조의 5)등을 규정하고 있다.
3) 품질관리법 제12조의 2에서 농림수산식품부장관이나 시·도지사는 농산물의 안전관리를 위하여 농산물 또는 농산물의 생산에 이용·사용하는 농지·용수자재 등에 잔류하거나 포함되어 있는 유해물질에 대하여 안전성 조사를 실시하여야 한다.

✔ 아스코르브(빈)산(ascorbic acid)

1) 비타민 C의 별칭이다.
2) 흰색의 냄새없는 결정체로 물과 알코올에 잘 녹으며 상쾌한 신맛을 갖는다.
3) 과일과 채소에 많이 함유되어 있는데 특히 감귤이나 키위에 많다.

❷ 식품의 위험요소

식품의 안전성에 가장 큰 위협이 되고 있는 것은 미생물독소(toxin)인데 미생물독소 중 곰팡이 독소는 곰팡이가 생산하는 2차

8회 기출문제

유전자변형농산물의 안전성을 보장하기 위해 기본적으로 갖추어야 할 항목으로 옳지 않은 것은?

① 알레르기 유발물질이 들어 있지 않을 것
② 자연발생 독성물질이 증가되지 않을 것
③ 중요 영양소의 감소가 없을 것
④ 가공원료로 허용하지 않을 것

▶ ④

4회 기출문제

다음 중 농산물 품질관리상 위해요소가 아닌 것은?

① 비소(As)
② 대장균 0157 : H7
③ 아스코르빈산(ascorbic acid)
④ 파라쿼트(paraquat)

▶ ③

| 6회 기출문제 |

식품 안정성을 위협하는 유해물질로 사과 주스에서 발견될 수 있는 곰팡이 독소는?

① 파튤린(patulin)
② 소르비톨(sorbitol)
③ 솔라닌(solanine)
④ 아플라톡신(aflatoxin)

▶ ①

대사산물로서 사람이나 동물에 대하여 생리적 장해를 일으킨다.

① 옥수수, 땅콩, 쌀, 보리 등에서 검출되는 곡류독인 아플라톡신
② 밀, 옥수수 등의 곡류와 육류, 가공식품에서 검출되는 오크라톡신
③ 옥수수, 맥류 등에서 검출되고 생식기능장애, 불임 등을 유발하는 제잘레논
④ 사과쥬스에서 오염되는 것으로 알려진 파튤린 등

| 1회 기출문제 |

농식품 위해요소 중점관리제도(HACCP)의 효과와 거리가 먼 것은?

① 미생물 오염 억제에 의한 부패 저하
② 농식품의 안전성 제고
③ 생산량 증대해 의한 가격 안정성 확보
④ 수확 후 신선도 유지 기간 증대

▶ ③

| 14회 기출문제 |

HACCP 7원칙 중 다음 4단계의 실시 순서가 옳은 것은?

02 위해요소중점관리기준 (HACCP)

① 의 의

1) 식품의 원료, 제조, 가공, 조리 및 유통의 전과정에서 위해 물질이 해당 식품에 혼입되거나 오염되는 것을 사전에 방지하기 위하여 각 과정을 중점적으로 관리하는 기준을 말한다.
2) 이는 식품의 안전성을 확보하기 위한 시스템적 접근으로 농산물의 품질을 보장해 주는 수단은 아니다.

② HACCP

1) HACCP는 위해분석(HA : Hazard Analysis)과 중요관리점으로(CCP : Critical Control Point) 구성되며
2) HA는 위해가능성이 있는 생물학적, 화학적 또는 물리적 요소를 찾아 분석·평가하는 것이고
3) CCP는 해당 위해요소를 방지·제거하고 안전성을 확보하기 위하여 중점적으로 다루어야 할 관리점을 말한다.

③ 중요성

1) 농산물을 포장하고 가공하는 동안 물리적, 화학적 그리고 미생물들의 오염을 예방하는 일은 안전한 농산물의 생산에 필수적인 것이다.
2) 해썹은
   ① 자주적이고 체계적이며 효율적인 관리로
   ② 식품의 안전성을 확보하기 위한 과학적인 위생관리체계라 할 수 있다.

ㄱ. 위해분석 실시
ㄴ. 관리 기준 결정
ㄷ. 중점관리점 결정
ㄹ. 중점관리점에 대한 모니터링 방법 설정

① ㄱ → ㄴ → ㄷ → ㄹ
② ㄱ → ㄷ → ㄴ → ㄹ
③ ㄴ → ㄱ → ㄹ → ㄷ
④ ㄴ → ㄹ → ㄷ → ㄱ

▶ ②

12회 기출문제

HACCP에 관한 설명으로 옳지 않은 것은?

① 위해발생요소에 대한 사후 집중관리방식이다.
② HACCP의 7원칙 중 첫 번째 원칙은 위해요소 분석이다.
③ 식품업체에게는 자율적이고 체계적인 위생관리 확립 기회를 제공한다.
④ 식품제조 시 위해요인을 분석하여 관계되는 중요한 공정을 관리하는 체계이다.

▶ ①

참 고

● HACCP의 원칙(국제식품규격위원회-CODEX에서 설정)
(1) 위해분석(HA)을 실시한다.
(2) 중요관리점(CCP)를 결정한다.
(3) 관리기준(CL)을 결정한다.
(4) CCP에 대한 모니터링 방법을 설정한다.
(5) 모니터링 결과 CCP가 관리상태의 위반시 개선조치(CA)를 설정한다.
(6) HACCP가 효과적으로 시행되는지를 검증하는 방법을 설정한다.
(7) 이들 원칙 및 그 적용에 대한 문서화와 기록유지방법을 설정한다.

MEMO

제11장 기출문제 연구

■■■ 기출문제

4회 기출

1. 다음 중 농산물 품질관리상 위해요소가 아닌 것은?

① 비소(As)
② 대장균 O157 : H7
③ 아스코르빈산(ascorbic acid)
④ 파라쿼트(paraquat)

정답 및 해설 ③

① 비소 ② 대장균 O157 ④ 파라쿼트 등은 농산물 품질관리상 위해요소에 해당되지만 ③ 아스코르빈산은 위해요소가 아니다.

6회 기출

2. 식품 안전성을 위협하는 유해물질로 사과주스에서 발견될 수 있는 곰팡이 독소는?

① 파툴린(patulin)
② 소르비톨(sorbitol)
③ 솔라닌(solanine)
④ 아플라톡신(aflatoxin)

정답 및 해설 ①

사과주스에서 발견될 수 있는 곰팡이 독소는 ① 파툴린이다.

1회 기출

3. 농식품 위해요소 중점관리제도(HACCP)의 효과와 거리가 먼 것은?

① 미생물 오염 억제에 의한 부패 저하
② 농식품의 안전성 제고
③ 생산량 증대해 의한 가격 안정성 확보
④ 수확 후 신선도 유지 기간 증대

정답 및 해설 ③

농식품 위해요소 중점관리제도의 효과와 거리가 먼 것은 ③이다.

1회 기출
4. 식품위해요소중점관리 기준(HACCP)에서 정의하는 중요관리점(CCP)이란 무엇인가?

① 식품의 원료관리, 제조·가공·조리 및 유통의 모든 과정에서 위해한 물질이 식품에 혼입되거나 식품이 오염되는 것을 사전에 방지하기 위하여 각 과정을 중점적으로 관리하는 기준
② 한계기준을 적절히 관리하고 있는지 여부를 평가하기 위하여 수행하는 일련의 계획된 관찰이나 측정 등의 행위
③ 위해요소관리가 허용범위 이내로 충분히 이루어지고 있는지 여부를 판단할 수 있는 기준이나 기준치
④ 식품의 위해요소를 예방·제거하거나 허용수준 이하로 감소시켜 당해 식품의 안전성을 확보할 수 있는 중요한 단계 또는 공정

정답 및 해설 ④

식품위해요소중점관리 기준에서 정의하는 중요관리점이란 ④ 식품의 위해요소를 예방·제거하거나 허용수준 이하로 감소시켜 당해 식품의 안전성을 확보할 수 있는 중요한 단계 또는 공정이다.

농산물 품질관리사 대비

제12장 | 콜드체인시스템

01 개념

❶ 의의

1) 원예작물을 수확 즉시 품온을 낮춰 유통과정동안 적정 저온이 유지되도록 관리하는 체계를 콜드체인시스템(저온유통체계, Cold Chain System)이라 부른다.
2) 즉 농산물의 품질을 최대한 유지하기 위하여 작물에 알맞은 저온으로 냉각시킨 다음 저장·수송·판매에 걸쳐 일관성 있게 적정온도로 관리하는 것이다.

❷ 관리방법

1) 산지에서 출하 전까지 적정 저온에 저장할 수 있도록 저온저장고의 구비가 필요하다.
2) 저온을 유지하면서 산지에서 소비지까지 운송될 수 있는 냉장차량의 보급이 선결되어야 한다.
3) 판매하는 판매대에도 냉장시설이 설치되어야 한다.
4) 상온유통에 비해 압축강도가 큰 포장상자를 사용한다.
5) 장기수송시에는 농산물의 혼합적재가능성을 고려한다.

14회 기출문제

저온유통수송에 관한 설명으로 옳은 것은?

① 예냉한 농산물을 일반트럭이나 컨테이너를 사용하여 운송한다.
② 저장고를 구비하여 출하 전까지 저온저장을 해야 한다.
③ 상온유통에 비하여 압축강도가 낮은 포장상자를 사용한다.
④ 다 품목 운송 시 수송온도를 동일하게 적용하면 경제성을 높일 수 있다.

➡ ②

6회 기출문제

저온유통시스템에 대한 설명으로 옳지 않은 것은?

① 매장에서의 저온관리를 포함한다.
② 수확시기에 따라서 생산지 예냉이 필요하다.
③ 상온유통에 비해 압축강도가 낮은 포장상자를 사용한다.
④ 장기수송 시 농산물의 혼합적재 가능성을 고려한다.

➡ ③

③ 저온유통체계의 장점

1) 호흡을 억제시킨다.
2) 연화를 억제시킨다.
3) 미생물 증식을 억제시킨다.
4) 작물이 부패되는 것을 억제한다.
5) 작물의 상처발생을 억제시킨다.

10회 기출문제

원예산물의 신선도를 유지하기 위한 콜드체인 시스템의 관리방법으로 옳은 것은?

① 상온저장고의 구비
② 판매진열대의 실온유지
③ 냉장 컨테이너 차량의 보급
④ 방습도가 낮은 포장상자 구비

➡ ③

8회 기출문제

원예산물의 저온유통시스템 적용에 관한 설명으로 옳지 않은 것은?

① 저온장해에 민감한 원예산물은 저온장해온도 이상에서 유통을 해야 한다.
② 저온 컨테이너 이용시 컨테이너 내부의 습도조절이 필요하다.
③ 저온 컨테이너 내부는 밀폐된 공간이므로 MA처리를 해서는 안된다.
④ 저온 저장후 결로 방지를 위해 저온으로 운송한다.

➡ ③

02 저온저장고

❶ 냉장원리

1) 저온저장은 냉매가 기화되면서 주변으로부터 열을 흡수하여 주변온도를 낮추는 냉장원리를 이용한다.
2) 즉, 압축기에서 압축된 냉매가스는 응축기에서 액체로 되고 이 액화된 냉매는 팽창밸브를 거치면서 저압으로 변하고 이 저압의 냉매는 증발기 내를 흐르면서 기체로 변한다.

❷ 냉장기기

저온저장고 내 온도조절은 적정온도에서 ±0.5도를 벗어나지 않도록 온도편차를 줄이는 것이 냉장기기 설계시 중요한 일이다.
1) 압축기
2) 응축기
3) 팽창밸브
4) 냉각기
5) 제상장치

❸ 저온저장고 출고와 결로현상의 영향

저온저장했던 원예산물을 출고할 때 발생한 결로현상은 원예산물의 품온과 외기의 온도 및 습도의 차이로 발생하는데 이는
  ① 미생물의 번식을 촉진한다.
  ② 포장했던 골판지 상자의 강도가 저하된다.

6회 기출문제

저온저장고의 냉장설비에 해당되지 않는 것은?

① 응축기(condenser)
② 압축기(compressor)
③ 팽창밸브(expansion valve)
④ 질소발생기(N_2 generator)

▶ ④

1회 기출문제

저온저장고에서 증발기(유니트쿨러) 냉각코일의 온도와 저장고내 온도의 편차가 과도하게 커서 냉각코일에 성애가 많이 생길 때 예상되는 점은?

① 저장된 신선원예산물의 무게가 증가된다.
② 저장된 신선원예산물의 무게가 감소된다.
③ 저장된 신선원예산물의 무게의 변화가 없다.
④ 저장된 신선원예산물의 신선도가 증가된다.

▶ ②

3회 기출문제

저온 저장한 원예산물은 출고할 때 결로가 발생하여 자주 문제가 되는데 원예산물의 결로현상과 관계가 없는 것은?

① 수분배출에 의한 중량감소
② 미생물의 번식 촉진
③ 골판지 상자의 강도 저하
④ 원예산물 품온과 외기의 온도 및 상대습도

▶ ①

10회 기출문제

원예산물의 동해(freezing injury)에 관한 설명으로 옳지 않은 것은?

① 조직이 함몰되고 갈변된다.
② 물의 빙점보다 낮은 온도에서 발생한다.
③ 세포막의 지질 유동성 변화가 주요인이다.

④ 세포 외 결빙이 세포 내 결빙보다 먼저 발생한다.

▶ ②

2회 기출문제

저온 저장고내에서 습도를 유지시키거나 높여 주기 위한 방법 중 가장 거리가 먼 것은?

① 가습기를 설치하여 주기적으로 가습기를 가동시킨다.
② 폴리에틸렌 필름을 이용하여 팔레트 단위로 상자를 덮어 씌어준다.
③ 천정에 냉기배관(덕트)을 설치하여 습도를 유지시킨다.
④ 저장고 바닥에 물을 뿌려주어 습도를 유지시켜 준다.

▶ ③

12회 기출문제

압축식 냉동기의 냉동사이클에서 냉매의 순환 순서로 옳은 것은?

① 압축기〉응축기〉팽창밸브〉증발기
② 압축기〉팽창밸브〉증발기〉응축기
③ 증발기〉팽창밸브〉응축기〉압축기
④ 증발기〉응축기〉팽창밸브〉압축기

▶ ①

7회 기출문제

원예산물 저온저장고의 냉장용량 결정과 가장 관련이 적은 것은?

① 저장고의 크기
② 산물의 호흡열
③ 저장고내 장비열
④ 포장재의 종류

▶ ④

8회 기출문제

저온저장시설에서 냉장에 필요한 장치에 해당되는 것은?

① 팔레트   ② 응축기
③ 질소발생기 ④ 훈증기

▶ ②

④ 적정습도 유지방법

(1) 저장고 구조 및 냉장기기 조절

① 저장고 내 상대습도를 적정하게 유지할 용량의 냉장기기가 필요하다.
② 저장고 벽면의 단열처리 및 방습처리에 만전을 기한다.
③ 저장고 내 저장산물의 온도가 상승하지 않는 선에서 공기의 유동을 억제한다.
④ 환기는 가능한 한 극소화한다.
⑤ 증발기 코일의 온도와 저장고 내의 온도편차가 작아야 한다.
⑥ 냉각기의 표면적이 넓고 송풍량이 충분하여야 한다.

(2) 저장고 운영

① 저장고 바닥에 충분히 물을 뿌려준다.
② 가습기를 설치하여 주기적으로 가습기를 가동시킨다.
③ 폴리에틸렌 필름을 이용해서 저장산물 상자를 덮어준다.
④ 저장고 내에 용기는 가능한 수분흡수가 적은 것을 이용한다.

제12장 기출문제 연구

■■■ 기출문제

1회 기출

1. 콜드체인 시스템(Cold chain system)에 관한 가장 올바른 설명은?

① 저장적온에서 저장된 원예산물은 콜드체인 시스템을 적용하지 않아도 된다.
② 예냉 후 곧바로 콜드체인 시스템을 적용하면 작물이 부패된다.
③ 콜드체인 시스템은 선진국에 적합한 방식으로 국내실정에 맞지 않는다.
④ 저온컨테이너 운송은 콜드체인 시스템의 하나의 과정이다.

정답 및 해설 ④

①,②,③은 틀린 내용이지만 ④ 저온컨테이너 운송은 콜드체인 시스템의 하나의 과정이다.

6회 기출

2. 저온유통시스템에 대한 설명으로 옳지 않은 것은?

① 매장에서의 저온관리를 포함한다.
② 수확시기에 따라서 생산지 예냉이 필요하다.
③ 상온유통에 비해 압축강도가 낮은 포장상자를 사용한다.
④ 장기수송 시 농산물의 혼합적재 가능성을 고려한다.

정답 및 해설 ③

저온유통시스템에서는 ③ 상온유통에 비해 압축강도가 낮은 것이 아니라 강한 포장상자를 사용해야 한다.
①,②,④는 맞는 내용이다.

6회 기출

3. 저온저장고의 냉장설비에 해당되지 않는 것은?

① 응축기(condenser)
② 압축기(compressor)
③ 팽창밸브(expansion valve)
④ 질소발생기(N_2 generator)

정답 및 해설 ④

저온저장고의 냉장설비에 사용되는 기기는 ① 응축기 ② 압축기 ③ 팽창밸브이지만 ④ 질소발생기는 아니다.

1회 기출

4. 저온저장고에서 증발기(유니트쿨러) 냉각코일의 온도와 저장고내 온도의 편차가 과도하게 커서 냉각코일에 성애가 많이 생길 때 예상되는 점은?

① 저장된 신선원예산물의 무게가 증가된다.
② 저장된 신선원예산물의 무게가 감소된다.
③ 저장된 신선원예산물의 무게의 변화가 없다.
④ 저장된 신선원예산물의 신선도가 증가된다.

정답 및 해설 ②

② 저장된 신선원예산물의 무게가 감소된다.

3회 기출

5. 저온저장한 원예산물은 출고할 때 결로가 발생하여 자주 문제가 되는데 원예산물의 결로현상과 관계가 없는 것은?

① 수분배출에 의한 중량감소
② 미생물의 번식 촉진
③ 골판지 상자의 강도 저하
④ 원예산물 품온과 외기의 온도 및 상대습도

정답 및 해설 ①

① 수분배출에 의한 중량감소가 관계가 없다.

2회 기출

6. 저온저장고내에서 습도를 유지시키거나 높여 주기 위한 방법 중 가장 거리가 먼 것은?

① 가습기를 설치하여 주기적으로 가습기를 가동시킨다.
② 폴리에틸렌 필름을 이용하여 팔레트 단위로 상자를 덮어 씌어준다.

③ 천정에 냉기배관(덕트)을 설치하여 습도를 유지시킨다.
④ 저장고 바닥에 물을 뿌려주어 습도를 유지시켜 준다.

정답 및 해설 ③

저온 저장고내에서 습도를 유지시키거나 높여 주기 위한 방법은 ① 가습기를 설치하여 주기적으로 가습기를 가동시키거나 ② 폴리에틸렌 필름을 이용하여 팔레트 단위로 상자를 덮어 씌우고 ④ 저장고 바닥에 물을 뿌려주어 습도를 유지시켜 주나 ③은 아니다.

MEMO

농산물 품질관리사 대비

제13장 | 수송

01 수송방법

❶ 수송방법 구분

1) 수송방법은 크게
   ① 육로수송
   ② 해상수송
   ③ 항공수송으로 나누고
2) 수송기간별로는
   ① 장기수송과
   ② 단기수송으로 나눈다.
3) 보통 장기수송은 해상수송으로 그리고 단기수송은 육로수송과 항공수송이 해당된다.

❷ 장거리·단거리 수송방법

1) 장거리 수송의 경우 고가의 신선농산물을 대상으로 저온 컨테이너를 이용한 수송으로 계속적으로 수송비율이 증가하고 있다.
2) 단기간 육로수송인 경우는 냉장차를 이용하고 수송수단은 냉장 트레일러나 컨테이너를 이용하여 산지로부터 최종 목적지까지 수송되어야 하나 우리 나라의 경우 냉장차에 의한 수송은 미흡한 실정이다.

❸ 수송수단

1) 저온 및 예냉처리된 농산물은 냉동기가 부착된 냉장차를 이용하여 10℃ 이하에서 수송하는 것이 바람직하다.
2) 표준 팰릿(1,100×1,100mm)에 적재한 채로 수송하는 것이 상하차시나 보관시 지게차를 이용할 수 있어 인력이 절감되고 파손되지 않으며 쓰레기를 줄일 수 있으므로 거래가 신속하게 이루어져 시간이나 비용을 절감할 수 있는 장점이 있다.

02 일관운송체계

❶ 의 의

일관운송체계란
1) 수확포장된 농산물이
2) 생산지에서 소비지에 이르는 유통과정에서
3) 해체하거나 옮겨 쌓지 않고 팰릿에 적재한 채로 수송하는 것을 말한다.

❷ 종 류

(1) 단위화물적재시스템(ULS : Unit Load System)

규격에 맞게 포장된 농산물을 생산지에서 하역 및 운송에 적합한 단위로 조작하여 소비지까지 해체나 재포장 없이 하역·운송보관을 기계화하는 일관운송체계이다.

(2) 팰릿공용(풀)시스템

팰릿의 규격을 1,100 × 1,100mm으로 표준화해서 이 표준화로 팰릿을 공동으로 이용하므로써 운송비용을 절감하려는 제도다.

❸ 일관운송체계의 이점

1) 지게차를 이용할 수 있어 상하차시 인력이 절감된다.
2) 운송뿐만 아니라 상하차시 파손없이 작업이 이루어진다.
3) 상하차 작업이 빠르게 진행할 수 있어 경비가 절감된다.
4) 유통과정에서 발생되는 쓰레기를 줄일 수 있다.

12회 기출문제

원예산물의 적재 및 유통에 관한 설명으로 옳지 않은 것은?

① 압상을 억제할 수 있는 강도의 골판지상자로 포장해야 한다.
② 단위화 포장을 통한 팔레타이징으로 물리적 손상을 줄일 수 있다.
③ 저온 저장고의 적재용적률은 85~90%로 한다.
④ 1,100mm×1,100mm는 국내의 표준화된 팰릿규격이다.

▶ ③

MEMO

농산물 품질관리사 대비

제14장 | 신선 편이 농산물

01 개념

❶ 의 의

1) 신선편이농산물이란 수확한 농산물의 세척·세절·절단표피제거·다듬기 등을 미리 처리해서 소비자가 별도의 처리과정없이 조리하여 먹을 수 있도록 한 농산물을 말한다.
2) 신선 편이 농산물은 초기에는 단체급식, 음식점 등에 납품하기 위하여 포장단위도 매우 컸지만 지금에 와서는 소비자가 직접 구입해서 바로 소비할 수 있도록 규격이 소규모 및 다양하게 포장되고 있다.

❷ 특 성

신선편이농산물은 생산 후 운송하기 전에 세척, 세절절단, 표피와 껍질제거 등을 미리 시행하므로써
1) 호흡열이 높고
2) 에틸렌 발생이 높으며
3) 미생물 침입이 쉬워지며
4) 증산량이 증가하고
5) 펙틴량이 감소하며
6) 노출된 표면적이 크고 취급단계가 복잡하여 스트레스가 심하며 가공작업이 물리적 상처로 작용하는 특성이 있다.

5회 기출문제

신선편이(fresh-cut) 원예산물의 유통 기간이 짧아지는 원인으로 틀린 것은?

① 물리적 상처 ② 미생물 증식
③ 산물의 표면적 증가
④ 소포장 유통

▶ ④

14회 기출문제

품질관리측면에서 일반 청과물과 비교했을 때 신선편이 농산물이 갖는 특징으로 옳지 않은 것은?

① 노출된 표면적이 크다.
② 물리적이 상처가 많다.
③ 호흡속도가 느리다.
④ 미생물 오염 가능성이 높다.

▶ ③

13회 기출문제

신선편이 농산물가공에 관한 설명으로 옳지 않은 것은?

① 가공처리에 의해 호흡량이 증가하므로 가공 전 예냉처리가 선행되어야 한다.
② 화학제 살균을 대체하는 기술로 자외선 살균방법이 가능하다.
③ 오존 수는 환원력과 잔류성이 높아 세척제로 부적합하다.
④ 원료 농산물의 품질에 따라 가공 후 유통기간이 영향을 받는다.

▶ ③

12회 기출문제

신선편이(fresh-cut) 농산물의 제조 시 이용되는 소독제로 옳지 않은 것은?

① 오존(O₃) ② 차아염소산(HOCl)
③ 염화나트륨(NaCl)
④ 차아염소산나트륨(NaOCl)
▶ ③

11회 기출문제

신선편이(fresh-cut) 농산물에 관한 설명이다. ( )안에 들어갈 내용을 순서대로 옳게 나열한 것은?

> 농산물을 편리하게 조리할 수 있도록 ( ), 박피, 다듬기 또는 ( )과정을 거쳐 ( )되어 유통되는 채소류, 서류, 버섯류 등의 농산물을 대상으로 한다.

① 세척, 후숙, 멸균
② 절단, 선별, 건조
③ 세척, 절단, 포장
④ 선별, 예냉, 냉동
▶ ③

7회 기출문제

신선편이(fresh-cut) 농산물에서 주로 발생하는 갈변현상과 가장 관계가 깊은 것은?

① 전분분해효소
② 셀룰로오스분해효소
③ 폴리페놀산화효소
④ 펙틴분해효소
▶ ③

9회 기출문제

신선편이 가공공장의 오염도 관리에 관한 설명으로 옳지 않은 것은?

① 낙하균의 종류와 수를 측정하여 작업장의 오염도를 측정한다.
② Class 100은 부유균이 100개 이하인 상태를 말한다.
③ 청결구역은 준청결구역보다 압력을 높여 공기의 유입을 방지한다.
④ 제품의 내포장실은 청결구역으로 관리한다.
▶ ②

③ 신선편이농산물의 변색억제

1) 저온저장에 의한 저온으로 유지한다.
2) 항산화제를 사용한다.
3) 효소를 불활성화한다.

④ 살균소독

1) 신선편이농산물의 소독은 염소수 세척이 비용이 가장 적게 들며 전세계적으로 널리 사용하고 있다.
2) 신선편이농산물 세척시 살균 소독하는 염소수는 일반적으로 물에 유효염소가 50~200ppm 농도가 되도록 만들어 준 뒤 1~2분간 처리한다.
3) 일반적으로 신선편이농산물 세척과정에서 유리염소가 2~3ppm 이하로 떨어지면 살균효과가 거의 나타나지 않는다.
4) 필요한 NaOCl 양 = $\dfrac{(원하는\ 유효염소농도) \times (수조용량)}{(NaOCl\ \%\ 농도) \times (10,000)}$

02 상품화 공정과 주의사항

❶ 상품화 공정

신선 편이 농산물의 상품화 공정은
　　첫째, 청과물의 살균 및 세척
　　둘째, 박피 및 절단
　　셋째, 선별
　　넷째, MAP 포장시 CO_2를 충전하여 호흡을 억제시키고
　　다섯째, 적정온도에 맞게 저온저장 및 저온유통을 반드시 실시한다.

❷ 주의사항

신선 편이 농산물을 제작하는 과정에서 항시 고려해야 할 사항은 다음과 같다.
　　첫째, 농산물의 품질이 쉽게 변한다.
　　둘째, 절단, 물리적 상처, 화학적 변화 등이 초래되어 일반적으로 유통기간은 가능한 짧아야 한다.
　　셋째, 정밀한 온도관리가 중요하며 청결위생, 즉 안전성 확보가 기본 전제조건이며 제품의 품질은 향기와 영양가를 동시에 만족시킬 수 있어야 한다.

❸ 신선편이농산물 가공공장 위생관리

1) 공장 내의 작업자와 출입자의 위생관리를 철저히 한다.
2) 가공기계 및 내부 바닥을 매일 깨끗이 청소한다.
3) 세척수를 철저히 소독하여야 한다.
4) 원료반입장과 세척·절단실은 분리하여 설치한다.

4회 기출문제

신선편이(fresh-cut)농산물의 변색 억제 방법과 거리가 먼 것은?

① 효소를 불활성화시킨다.
② 저온으로 유지한다.
③ 산소 농도를 높인다.
④ 항산화제를 사용한다.

▶ ③

3회 기출문제

신선편이 농산들 가공공장에서 식중독균의 오염을 예방할 수 있는 방법이 아닌 것은?

① 세척수를 철저히 소독하여 사용한다.
② 원료반입장과 세척·절단실을 분리하지 않고 하나로 설치하여 최대한 빨리 가공한다.
③ 공장 내의 작업자와 출입자의 위생관리를 철저히 한다.
④ 가공기계 및 공장 내부 바닥 등을 매일 깨끗이 청소한다.

▶ ②

10회 기출문제

고품질 신선편이 농산물의 생산을 위해 중점관리 해야 하는 품질저하 요인으로 거리가 먼 것은?

① 조직연화　② 미생물 증식
③ 효소적 갈변　④ 영양성분 변화

▶ ④

10회 기출문제

포장된 신선편이 농산물의 이취발생과 관련이 없는 것은?

① 저산소　② 에탄올
③ 저이산화탄소　④ 아세트알데히드

▶ ③

MEMO

제14장 기출문제 연구

■■■ 기출문제

5회 기출

1. 신선편이(fresh-cut) 원예산물의 유통 기간이 짧아지는 원인으로 틀린 것은?

① 물리적 상처
② 미생물 증식
③ 산물의 표면적 증가
④ 소포장 유통

정답 및 해설 ④

신선편이 원예산물의 유통 기간이 짧아지는 원인은 ① 물리적 상처 ② 미생물 증식 ③ 산물의 표면적 증가이나 ④ 소포장 유통은 아니다.

2회 기출

2. 신선편이(fresh-cut) 농산물의 주요 생리특성이 아닌 것은?

① 펙틴량 증가
② 호흡량 증가
③ 증산량 증가
④ 에틸렌량 증가

정답 및 해설 ①

신선편이 농산물의 주요 생리특성은 ② 호흡량 증가 ③ 증산량 증가 ④ 에틸렌량 증가이나 ① 펙틴량 증가는 아니다.

4회 기출

3. 신선편이 채소의 취급온도를 높게 되면 이취가 발생한다. 그 원인이 되는 물질은?

① 에틸렌
② 아세트알데히드
③ 유기산

④ 암모니아

정답 및 해설 ②

신선편이 채소의 취급온도를 높이게 되면 이취가 발생하는데 그 원인이 되는 물질은 ② 아세트알데히드이다.

4회 기출

4. 신선편이(fresh-cut)농산물의 변색 억제 방법과 거리가 먼 것은?

① 효소를 불활성화시킨다.
② 저온으로 유지한다.
③ 산소 농도를 높인다.
④ 항산화제를 사용한다.

정답 및 해설 ③

신선편이 농산물의 변색 억제 방법은 ① 효소를 불활성화시키고 ② 저온으로 유지하며 ④ 항산화제를 사용하지만 ③ 산소 농도를 높이는 것은 아니다.

3회 기출

5. 신선편이 농산물 가공공장에서 식중독균의 오염을 예방할 수 있는 방법이 아닌 것은?

① 세척수를 철저히 소독하여 사용한다.
② 원료반입장과 세척·절단실을 분리하지 않고 하나로 설치하여 최대한 빨리 가공한다.
③ 공장 내의 작업자와 출입자의 위생관리를 철저히 한다.
④ 가공기계 및 공장 내부 바닥 등을 매일 깨끗이 청소한다.

정답 및 해설 ②

② 원료반입장과 세척·절단실을 분리하여야 한다.

각 론
품목별 수확후품질관리기술

MEMO

제 1 장 | 과실류
(사과, 배, 단감, 복숭아, 포도)

농산물 품질관리사 대비

01 사 과

❶ 수 확

(1) 사과주요 품종의 숙기표 활용

사과 주요 품종의 숙기표는 수확 시기를 예측하는 자료로 활용한다.

월별 순별 품종	7월 하	8월 상	중	하	9월 상	중	하	10월 상	중	하	11월 상
서 광		■									
선 홍			■								
산 사			■								
갈 라				■							
쓰가루				■							
홍 로					■						
추 광					■						
새나라						■					
홍 월						■					
세계일							■				
조나골드								■			
양 광								■			
홍 옥								■			
감 홍									■		
화 홍										■	
후 지											■

■ 국내육성품종　■ 외국도입품목　■ 주요재배품종

(2) 적숙기 판정

최종 수확 시기는 저장 계획(기술) 및 저장기간 등 수확후 출하프로그램에 따라 결정한다. 수확 즉시 출하용은 당도, 산도, 조직감을 측정하여 품종 고유의 풍미가 날 때 수확하여야 하며 저장용은 저장기간에 따라 7~15일 정도 빨리 수확하여야 하는데 이때는 전분지수 차트를 활용하는 것이 바람직하다.

* CA 저장용 : 저장장해 방지를 위한 적기수확 필요

❷ 수확후 처리

(1) 수확 후 품질저하 요인
① 수확 후 생리적 특성 : 수확 후에도 증산, 호흡 등 대사 작용이 계속됨
② 증산 : 수분손실 → 중량 감소, 위축 증상, 조직감 저하
③ 호흡 : 산 함량 감소, 당함량 저하 → 식미 저하
④ 숙성호르몬 에틸렌에 의한 노화 : 조직감저하, 노화관련 장해

(2) 수확후 관리기술 적용 효과
① 온도관리 : 저온을 유지함으로써 호흡, 증산 및 기타 효소활성 억제. 미생물의 증식억제 → 부패에 의한 손실감소
② 습도관리 : 수분탈취 방지 → 중량감소 저하, 조직감 유지
③ 기체환경관리 : CA환경조성 → 호흡, 에틸렌합성 및 작용억제 에틸렌 분해 및 제거 → 조직감유지, 숙성지연

❸ 선별 및 등급규격

(1) 선별 과정

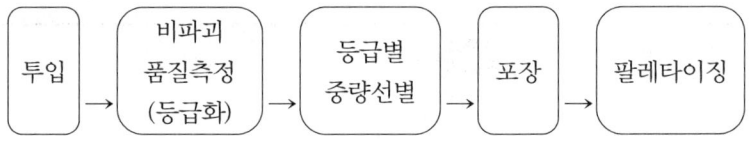

(2) 세척 사과 상품화 과정

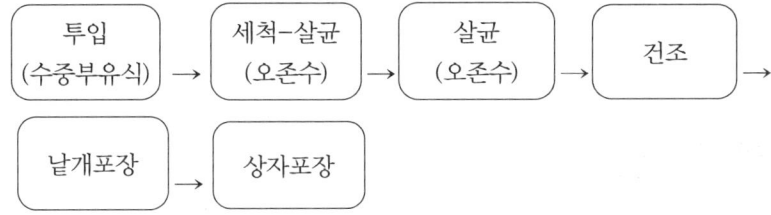

❹ 포 장

(1) 포장치수

농산물의 포장 치수는 한국산업규격(KS A1002)에서 정한 수송포장계열 치수 69개 모듈 및 농산물품질관리원에서 정한 규격에 준하며(농산물 표준규격 고시 제4조), T-11형 팔렛트(1,100×1,100㎜)의 평면 적재효율이 90%이상이 되도록 해야한다.

❺ 저장기술

표6. 저장용 사과의 적정 온습도 관리

온도 관리	수확 후 바로 입고 → 최단시간 내 0℃(살장온도)도달 → 온도편차 최소화, 적정 제상주기 설정
습도 관리	90~95% 유지를 위한 기기 설계 및 관리 필요시 가습 : 분무입자가 미세할수록 가습효과 우수

표7. 사과 주요 품종의 CA 저장 조건

품종	CA 환경		
	적정 CA 범위 (% O_2 +% CO_2)	산소 한계농도	이산화탄소 한계농도
후지	1~3 +≥ 1.0	≥ 0.5%	1.0%
일반 품종	1~3 + 1~5	≥ 1.5%	≥ 5.0%

02 배

❶ 수 확

(1) 수확기 결정

동양 배는 봉지를 씌워 재배하기 때문에 수확 시기에 접근하여도 과피색의 변화만으로 성숙상태를 정확히 결정하기 어렵기 때문에 품종별 만개 후 성숙까지의 일수를 고려하고 성숙기에 접근하여서는 과점 상태, 과실 자루의 이층 형성 정도 등을 살펴 결정한다.

표1. 주요 국내 배 품종의 성숙기

품 종	숙 기	품 종	숙 기
원 황	9. 12(나주)	화산배	9. 25(나주) 10. 03(수원)
행 수	9. 1(수원) 8. 25(나주)	감천배	10. 10(나주) 10. 20(수원)
신 고	9월말(나주) 10월초(수원)	추황배	10. 26(나주)
황금배	9. 20(수원) 9.10(나주)	만 수	10. 30(나주)

* 주)( )안의 지명은 성숙기 결정의 기준 지명임

(2) 수확방법

1) 수확은 2~3회 나누어 적숙기에 도달한 과실부터 한다.
2) 지베렐린을 처리한 과실부터 수확 – 남은 과실의 생장의 촉진된다.
3) 수확 시 과실을 가볍게 위로 들어주면 쉽게 떨어진다. 잘 떨어지지 않은 경우 과실자루의 이층이 형성되지 않은 것이므로 무리해서 수확하지 않는다.

4) 무리해서 과실을 잡아당기거나 흔들면 과실자루 부근의 과육이 상처를 받아 부패의 원인이 된다.
5) 비가 온 직후에는 수확하지 않고 2~3일 지나 과실이 마른 다음 수확한다. 과실 봉지가 젖은 상태에서 수확하면 저장 전처리를 할 때 부패균의 증식이 우려되며 특히 상처를 받은 과실은 쉽게 썩을 우려가 있다.

❷ 수확 후 처리(예건)

1) 우리나라에서 재배하는 동양 배 품종 중 일부는 수확한 다음 곧바로 저온 저장할 경우 과피 흑변 장해가 발생하여 상품가치를 상실하는 경우가 있다.
   ① 이러한 장해는 '금촌추' 품종을 육종 소재로 하여 육성한 품종으로 '신고', '추황배' '영산배' 등이다.
   ② 이들 품종은 수확한 다음 즉시 저온 저장하지 않고 저장 전처리(예건)로 수확한 과실을 그늘지고 바람이 잘 통하는 곳에서 7~10일 경과한 다음 저장한다.
2) 저장 전 처리로 과피 흑변을 예방할 수 있지만 처리기간은 해에 따라 다소 차이가 있다.
   ① 밭에 야적하여 처리할 경우 이슬을 맞지 않도록 야간에는 비닐 천으로 덮어주고 낮에는 걷어 준다.
   ② 그늘진 장소를 찾지 못할 경우에는 차광막을 설치하여 과실이 직사광에 노출되지 않도록 주의한다.
   ③ 처리 중 과실이 비에 젖지 않도록 하며,
   ④ 산간지대에서는 기온이 급격히 저하될 우려가 있으므로 노지에 야적하는 것은 바람직하지 않다.
3) 과피 흑변은 수확기 즈음하여 강우가 많았던 해에 심하기 때문에 이런 해에는 저장 전처리를 마친 다음에도 저장고 온도를 서서히 낮추어 관리하는 것이 바람직하다(저장 전처리를 마친 다음 기온을 살펴 1일 1~2°C씩 낮추어 1주일 정도에 정상적인 관리 온도로 낮춘다).
4) 외기온이 급격히 낮아질 우려가 있을 경우 또는 수확한 과실을 야적해 놓기 어려운 경우 일단 저온 저장고에 입고한 다음

냉동기를 가동하지 않고 1주일 정도 환기시킨 후 저장고 온도를 낮춘다.
5) 예건을 위하여 저장고 입고를 지나치게 늦출 경우 과피가 얼룩지는 장해가 발생할 수 있으므로 주의한다.

❸ 선 별

(1) 선별과정

1) 선별장으로 수송한 과실은 봉지 벗기기, 과실자루 제거, 기형과 및 상품가치를 상실한 과실을 제거한 다음 선별라인에 투입하고 단계적으로 이물질 또는 해충 제거, 비파괴당도 선별 및 무게선별을 거쳐 등급별로 분리한다.
2) 선별 등급에 따라 분리된 과실은 각각의 규격에 정의된 분리대로 모아져 포장 작업에 들어간다.
3) 상처를 방지하기 위하여 완충네트를 사용하기도 하는데 선별이후 낱개 포장할 때 완충네트를 벗기고 다시 씌워야 하는 이중 작업이 반복되므로 선별 능률이 떨어진다.
4) 배는 과실이 무거운 반면 육질이 약하여 선별 라인에서 손상받기 쉬우며, 트레이에서 과실이 낙하할 때 기종에 따라 낙하 강도에 차이가 있으므로 선별라인을 구성할 때 특히 주의한다.

❹ 포 장

1) 겉포장 재료는 대부분 골판지 상자를 이용하는데 파열 강도가 내수용 26kg/㎠, 수출용 35kg/㎠ 이상의 것을 이용한다.
2) 수송 중 손상을 방지하기 위한 낱개 포장은 발포 스치로폼망을 주로 이용한다.
3) 속포장은 1개, 2개, 3개씩 포장하여 겉포장 상자에 담을 수 있고 또는 2kg, 4kg씩 소포장하여 겉포장 상자에 담아 출하할

수 있다.
4) 상자 안 바닥과 상자 중간에 완충작용을 위해 깔아주는 완충 패드는 골판지, 스티로폼, PE 에어패드 등이 이용된다.
5) 배의 포장단위는 5, 7.5, 10, 15kg으로 세분화되어 있어 출하 사장에 따라 포장규격을 달리할 수 있다.

❺ 저장 기술

(1) 저장고 입고

1) 수확 용기에 담은 과실을 여러 단으로 쌓아 수송할 때 흔들림에 의한 손상은 주로 상단에 놓인 상자의 과실에서 많이 발생하므로 상단에 적재하여 수송하는 과실일수록 흔들림이 없도록 완충재를 이용하는 것이 바람직하다.
2) 저장고에 입고할 때 파레트 작업을 거쳐 지게차를 이용하면 압상이 적게 발생하지만 인력으로 적재하면 상자를 놓을 때의 충격으로 손상을 받는 경우가 흔하다.

(2) 온도

1) 조생종은 8월 중순부터 만생종은 11월 상순까지 수확하는데 조생종인 '신수', '행수' 등의 수확 시기는 8월 중순~9월 상순경으로 기온이 높은 시기이므로 수확한 과실의 온도를 적극적으로 관리하는 것이 유리하지만 중만생종은 빠르게 냉각시킬 필요가 없다.
2) 냉각방식은 저온실 냉각법을 이용하므로 배의 경우 별도의 예냉 설비를 도입하지 않아도 무방하다.
   ① 저온실 냉각을 하는 경우에도 저장고 냉각설비의 냉각용량을 고려하여 1일 입고량을 결정하는 것이 바람직하다.
   ② 저장고에 입고한 과실의 온도가 높을 경우 추가로 팬을 설치하여 찬 공기를 적극적으로 순환시켜 주면 과실의 온도가 빠르게 낮아지므로 유리하다.
3) 배의 적정 저장온도는 0~1°C로 알려져 있으나
   ① '원황'과 같은 조생종의 경우 온도를 지나치게 낮추면 오히

려 저온에 의한 장해(과육 갈변)가 발생한 사례가 보고되어 있다.
② 출하시기 조절을 위해 단기저장을 할 경우에는 이보다 높은 온도(약 4~5°C)로 관리한다.

(3) 적재 방법

1) 저장고에 적재할 때
   ① 저장 상자를 바닥에 직접 쌓지 말고 파레트를 이용할 것을 권장한다. 바닥에 저장 상자를 쌓으면 바닥을 통한 공기 순환이 원활하지 않아 저장 산물의 온도를 일정하게 유지하기 어렵다.
   ② 벽면에도 충분한 틈새(30cm)를 두어 찬 공기 순환이 원활하게 유지되도록 한다.

2) 저장고를 설계할 때
   ① 걸레받이를 벽면에 설치하여 공기순환 통로를 확보.
   ② 파레트 사이에도 일정한 간격(15cm)을 두어 바닥, 벽면, 천장을 통해 공기 순환이 원활하게 이루어지도록 유의한다.
   ③ 저장산물의 저장 상태를 수시로 관찰할 수 있도록 충분한 공간을 확보한다. 상단부(천정)에도 충분한 공간을 두어 증발기에서 냉각되어 나온 공기가 원활하게 순환할 수 있도록 한다.

(4) 습도

1) 배 저장고의 적절한 습도는 90% 내외이다.
   ① 저장고 관리 온도 편차가 클 경우 습도 관리가 매우 어려워져 저장고 내부 공기는 과습과 건조가 반복되어 품질이 좋게 유지되지 않는다.
   ② 공기가 포함할 수 있는 수증기의 양은 공기 온도가 올라갈 때는 많아지고 온도가 내려갈 때는 적어지기 때문에 온도가 상승할 때 습도가 낮아져 증산이 많아지고 온도가 내려갈 때는 적어지기 때문에 온도가 상승할 때 습도가 낮아져 증산이 많아지고 설정온도 이하로 온도가 내려가면 수증기가 응축하여 결로가 생긴다.
   ③ 응축된 수증기는 과실을 과습하게 만들어 부패를 증가시키는 원인이 된다.

2) 또한 증발기에서 나오는 공기온도가 설정온도보다 현저히 낮으면 증발기 코일에 성애가 많이 끼게 되어 자주 제상을 하게 되므로 정확한 온도 관리가 어려우며 습도도 많은 편차를 보인다.
3) 습도 관리를 정확히 하기 위해서 주의할 사항은
   ① 냉각 코일과 저장온도 사이의 편차를 줄인다.
   ② 공기순환 및 환기량 조절
   ③ 저장고 바닥 적시기
   ④ 건조가 심한 위치에 적재한 상자는 비닐 필름으로 보호
   ⑤ 가습장치 활용이다.

6 출 하

1) 배는 품종에 따라 장기저장이 가능지만 저장기간은 재배관리 상태 또는 수확 후 관리 상태에 따라 많은 차이를 보일 수 있어 작물의 저장 상태를 수시로 조사하여 최종 출하시기를 결정해야 한다.
2) 선별과 포장을 거쳐 상품화 과정을 마친 과실은 소비지로 수송할 준비를 해야 한다.
3) 장기간 저장한 과실을 다룰 때에는 특히 과실온도가 다시 올라가지 않도록 주의하여야 한다. 즉, 지정된 선과장에서 작업을 해야 함은 물론 포장을 마친 과실은 지정된 저온 저장고에 보관해서 선적할 때까지 별도의 관리를 받아야 한다. 선적이 지연될 경우 포장된 상태로 오랫동안 저장되는 경우가 있어 수출 후 과실 품질에 문제가 발생하는 경우가 종종 있으므로 수출에서는 선적계획을 준수하여야 한다.

03 단감

① 수 확

(1) 수확적기 판정

단감의 수확은 품종고유의 색깔로 착색되어 당도가 충분한 완숙된 것부터 3~4회 나누어 수확해야 한다.

① 단감은 수확시기에 비대와 착색이 급속도로 진행되므로 수확기를 판정하는 것이 무엇보다 중요하다.
② 과색, 당도, 크기, 과육경도 등을 고려하여 수확시기를 판정하도록 한다.
③ 우리나라에 주로 재배되는 부유 품종의 고유 색깔은 열매주두부(과정부), 열매꼭지부, 적도부의 색깔 정도에 따라 구분할 수 있다. 일본에서 부유 품종의 수확적기는 열매주두부(과정부)가 칼라챠트의 색도 6.0(등적색)인데 이때 열매꼭지부의 색도는 5.0(등황색)을 기준으로 하고 있으나, 우리나라에서는 일부 남부지역을 제외하고는 서리와 동해 때문에 이정도의 과색을 기대하기 어렵다.
④ 우리나라에서 재배되는 부유 품종은 과실의 적도부위가 단감색도계의 4이상으로 착색되었을 때 수확하도록 한다.
⑤ 된서리를 맞은 단감은 저장 중 쉽게 연화되므로 빨리 출하하도록 한다.
⑥ 안개나 강우에 의해 과실 표면에 수분이 맺혔을 때 수확한 과실은 맑은 날 수확하여 저장한 과실보다 오손과의 발생이 많으므로 과실표면에 수분이 있을 때에는 수확하지 않는 것이 좋다.
⑦ 지나치게 완숙한 단감은 저장력이 떨어지므로 장기저장용 단감은 완숙되기 전에 육질이 단단한 과실이 좋다.
⑧ 미숙한 과실은 완숙된 과실에 비하여 호흡량이 높아 저장 중 갈변과나 얼룩과가 되기 쉽고, 당도가 떨어져 소비자의 신뢰를 잃을 수 있으므로 저장용 단감일지라도 적당히 완

숙된 과실이 유리하다.

(2) 수확방법

감의 표피는 큐티클이란 층으로 되어있어 감의 표면이 얇은 유리로 덮여 있는 것처럼 생각하고 과실을 취급해야 한다. 특히 수확, 운반, 선과 작업시 발생한 상처는 재배 중 발생한 상처와 달리 치유가 불가능하므로 저장 중 곰팡이 등이 이 상처를 통하여 침입하여 저장병을 일으키거나, 흑점을 발생시켜 상품성을 떨어뜨리므로 장기저장을 목적으로 하는 과일은 상처가 나지 않도록 주의한다.

① 단감의 수확방법은 수확 가위를 이용하여 과실을 하나하나 따는 것이 바람직하다.
② 수확 시 꼭지나 주두는 짧게 잘라 주어야하고
③ 운반 시 플라스틱 컨테이너와 같이 단단한 용기를 사용하거나, 또는 모노레일로 운반 작업을 할 경우 진동이나 충격에 의한 압상과 발생을 주의한다.
④ 그 외 태풍피해로 낙엽이 20%이상인 과원, 병충해 피해를 심하게 받은 과원의 과실, 재배 중 탄저병 등 병해를 입은 과수원의 과실은 저장 중 저장병의 발생이 많으므로 장기저장을 피하는 것이 좋다.

❷ 수확 후 처리

(1) 예건

1) 효과
① 수확 후 과실의 호흡작용을 안정시킨다.
② 1~2% 정도의 감량이 생기는 만큼 예건하면 과피가 탄력이 생겨 상처 발생이 적고,
③ 과피의 수분을 제거하므로 곰팡이와 과피흑변의 발생을 줄일 뿐만 아니라, 저장 중 발생하는 주요 생리장해인 갈변과의 발생을 억제할 수 있다.
④ 저장 중 갈변과 발생억제와 저장력이 약한 과실을 저장 전에 골라내는 효과가 있다.

2) 기간
    ① 예건 기간은 상온에서 3일 정도가 적당하다.
    ② 강우량이 성숙기까지 많거나, 미숙 과실은 4~6일 정도 예건을 실시해야 한다.
3) 반면에 지나치게 오랫동안 과실을 상온에 방치하면 흑변과, 연화과 등의 발생이 많고 또 중량손실이 발생되므로 6일 이상 예건은 피하는 것이 좋다.
4) 예건 중 강우가 있거나, 일교차가 심하면 외기온과 과실의 온도차로 과실표면에 수분이 응결되어 과피흑변이 심하게 발생한다.
5) 예건장소는 통풍이 잘되고 온도변화가 적은 상온저장고를 활용한다. 수확된 과실을 노지에 방치하거나, 습도가 높은 곡간지의 창고에서 예건을 실시하지 않아야 한다.

(2) 저온처리(예냉)

1) 효과

저온저장 중 생리장해과 발생량을 줄이고, 과실표면의 이슬 맺힘 현상이 현저히 줄어들어 수분에 의한 흑점, 부패 등 2차 피해를 줄여 저장력을 증가시킨다. 특히 단감 수확기 가장 문제가 되는 노동력 집중과 추위가 일찍 오는 해의 경우에는 제한된 시간 내에 반드시 수확을 마쳐야 하는 시간 제약요인을 해소하기 위해 수확즉시 저온창고에 일시 보관한 후 수확이 끝나고 선과와 포장작업을 수행 하므로 노동력 분산효과도 크다.
    ① 단감에서 저온처리(예냉)는 수확후 빠른 온도저하에 의해 호흡량을 떨어뜨려 품질을 유지하는 예냉효과와
    ② 저장중 장해과 발생을 경감하는 전처리 효과,
    ③ 단감 수확기 가장 문제가 되는 노동력 집중을 해소하는 효과가 있다.
2) 저온처리 시 단감의 품온 반감시간(half cooling time)은 50분 정도이고 목표 온도까지 떨어지는데 약 6~8시간이 소요된다.
3) 저온처리 시 특히 주의할 점은 저온처리 후 온도가 다시 상승할 경우 과실표면에 이슬이 응결되면 저장 중 흑변과나 부패과 등의 피해가 발생되므로, 저온처리 된 과실은 저온

유지가 가능한 선과장에서 선과 및 포장작업이 실시되어야 한다.
4) 저온처리방법은 0°C에서 20일간 실시하는 것이 적당하다.
   ① 단감은 5°C에서 저온장해에 의한 품질저하가 가장 심하기 때문에 저온처리 온도를 5°C이상으로 하는 것은 피해야 한다.
   ② 저온처리된 단감은 상온 유통시 급격히 연화되는 저온장해가 발생하므로 이를 방지하기위하여 저온처리 후 출하되는 단감은 반드시 저밀도 폴리에틸렌 필름으로 밀봉포장 후 출하하여야 한다.

❸ 선 과

(1) 선과 시설 및 방법
1) 수확된 단감은 예냉, 예건처리 후 이병과, 기형과, 상처과, 생리장해과 등은 골라내고 색도와 무게별로 구분하여 바로 시장에 출하 하거나 저장을 하게 된다.
2) 장기저장을 위한 단감은 중간정도 크기의 과숙 되거나 미숙하지 않은 과실이 저장력이 크므로 이에 유의하여 선별해야 한다.
3) 수확 시 조금이라도 상처가 발생한 과실은 저장 중 흑점이나 곰팡이 발생에 의해 연화나 부패과가 되기 쉬우므로 조기에 출하하도록 해야 한다.
4) 방법
   ① 기계식 선과기의 종류는 중량식, 형상식, 색채 선과기 등이 있으나 대부분 농가에서는 중량식 선과기를 이용하고 있다.
   ② 최근 일부에서 비파괴 당도분석에 많은 관심을 보이고 있으나 아직 우리나라에서는 단감에서 비파괴 당도분석기를 실용화되지 않고 있다. 이는 단감의 당도가 부위별로 차이가 많고 큰 씨가 불균일하게 분포되어 있으므로 비파괴당도분석이 어렵기 때문이다.

③ 일본에서는 과색에 따라 과실등급을 나누는 색차선과작업을 수행하고 있다. 단감의 당도가 과색과 밀접한 관련이 있으므로 비파괴당도분석을 대신할 수 있기 때문이다.
④ 앞으로 당도, 색도, 형상, 중량 등의 품질을 종합적으로 고려한 비파괴 선과기 기술의 개발과 실용화가 필요하다.

④ 포 장

(1) 외포장박스

① 국내에서 유통되는 단감 포장박스의 거래단위는 5kg, 10kg, 15kg의 포장상자로 골판지 상자를 사용하고 있다.
② 최근 소포장의 선호가 높아지기 때문에 일부 농가에서 2~3kg포장박스를 사용하기도하며, 15kg포장은 사용이 줄어들고 있다.
③ 수출용 포장은 장기간의 수송에도 견딜 수 있는 강도의 포장박스를 사용해야하며, 수출시장에서 관행적으로 사용되는 1단형 박스가 도입되어야 한다.

(2) 내포장(MA 포장)

1) 단감은 다른 과실에 비해 저장력이 약하다. 이는 구조적으로 다른 과실에서 볼 수 없는 커다란 꽃받침(열매자루)을 가지고 있어 이를 통하여 전체 증산의 80%이상이 이루어져 쉽게 시들거나 연화되므로, 일찍부터 폴리에틸렌 필름을 이용한 MA 저장이 널리 연구되어 LDPE 필름 포장을 이용한 저온저장법이 일반화되어 있다.
   ① 이 저장 방법은 포장에 의해 과실의 급속한 증산을 막을 뿐 아니라,
   ② 호흡에 의하여 봉지 내의 감소되는 산소와 증가하는 이산화탄소를 필름의 두께로 조절하여 봉지 내에서 적합한 공기조성이 형성되도록 하는 것이다.
   ③ 기존의 수작업 포장 방법은 작업자에 따라 결속력의 균일성이 떨어지기 때문에 저장 중 장해과 발생이 많다.
   ④ 이외에도 포장 작업시 포장지의 부주의한 취급으로 포장지

표면에 상처가 발생하면 적절한 공기조성을 유지하지 못하므로 흑변과 등 생리장해가 유발되기도 한다.
2) 최근 낱개포장에 대한 포장의 규격과 저장방법, 자동포장기계 등이 개발되어 단감재배농가와 소비자들에게 좋은 반응을 얻고 있고, 수출시 발생하는 연화과나 생리장해과 문제를 해결하는 대안으로 제시되고 있다.
3) 단감 낱개포장
   ① 단감의 낱개 MA포장은 단감의 호흡량과 포장지의 공기 투과도를 정확히 조사하여 단감 저장에 가장 적당한 포장규격을 설정하여 저장 중 장해과 발생을 경감시켰다.
   ② 포장지의 규격설정과 열접착이 잘된 포장은 저장 중 자연진공이 형성되고 장해과의 발생 없이 장기저장이 가능하나, 작업시 포장지의 부주의한 취급이나 포장지 불량으로 구멍이 생긴 포장은 저장 중 자연진공이 되지 않으며 이러한 포장내 과실은 저장 중 흑변과나 오손과가 될 수 있다.

❺ 저장 기술

(1) 적재공간 조정 및 적재율

1) 저온 저장고 내 온도 분포를 고르게 하기 위해서는
   ① 냉각기에서 나오는 찬 공기가 저장고 전체에 고루 퍼져나가야 한다.
   ② 따라서 저장고 바닥은 물론 용기와 벽면 사이, 천장 사이에 공기통로가 확보되도록 적재해야 한다.
   ③ 팔레트 적재나 선반식 적재방식에서는 바닥면에 이미 적정 공간이 형성되므로 별 문제가 없으나 적재 팔레트와 벽면, 천장 사이는 충분한 여유를 두는 것이 좋다.
2) 일반적으로 중앙통로 50㎝, 팔레트와 벽면 및 팔레트 열간 30㎝, 천장으로부터는 50㎝ 이상의 바람 통로 공간을 확보한다.

(2) 온도 설정의 기준

저장온도는 단감의 호흡작용, 곰팡이 세균 등 미생물의 번식과

밀접한 연관이 있다.
1) 단감을 포함한 과실이나 채소작물의 저장 중 발생하는 연화장해는 저장온도가 높을 때 급속히 진행되므로 이를 억제하기 위해서는 정확한 온도관리가 필수적이다.
2) 저장고 내 온도의 기준은 단감과실 안에 온도계를 꽂아 생산물의 실제 온도(품온)을 확인하여 저장고 내 온도를 조절하는 것이 가장 안전하다.
3) 수시로 저장고에 들어가서 온도를 확인하기는 어려우므로 출입구에 샘플을 정해두고 확인하면서 저장고내 공기의 온도와 생산물의 품온과의 관계를 확인하여 경험적으로 온도를 설정하는 지속적인 관찰과 조정이 필요하다.

(3) 온도 변화(편차)의 범위

1) 저장고 내 온도는 설정온도에서 ±0.5를 벗어나지 않는 선에서 조절되는 것이 바람직하다. 단감의 저장온도를 -1.0°C라고 할 때는 실제로 ±0.5°C의 편차를 고려하여 -0.5~-1.5°C 범위에 있도록 해야 한다.
2) 저장기간 중에는 가능하면 단감이 얼지 않는 수준에서 온도를 빙점온도 부근까지 떨어뜨리게 되는데 이러한 빙온 저장시는 더욱 좁은 범위의 온도조절 개념이 필요하다.
3) 적정온도보다 낮은 저온은 저온장해나 동해를 일으키는 반면 적정온도보다 높은 온도는 저장기간을 단축시킨다.

❻ 수확 후 손실

(1) 과피흑변과

1) 단감에 있어서 과피흑변과는 재배기간 중 강우, 일조, 안개 등의 기상환경조건에 따라 오손과의 형태로 생기며 저장 중에도 발생된다.
2) 흑변과의 발생기작은
   ① 과실표면의 상처나 후기비대기의 급격한 비대성장에 의한 큐티클층의 균열 부분에 곰팡이의 감염,

② 수확기 가까운 시기에 석회보르도액과 같은 동제의 살포,
③ 과실표면의 수분과다,
④ 저장봉지의 부주의한 취급 및 포장지의 규격미달로 산소 투과도 증가에 의한 과실내 폴리페놀물질의 산화가 주된 원인이다.

3) 방지대책으로는
① 수확기 지나친 관수를 피하여 급격한 비대생장을 억제,
② 9월 이후 부터는 석회보르도액등 동제 살포를 지양한다.
③ 수확후 예건을 실시하여 과실표면의 수분을 말리고 상처과, 이병과는 반드시 골라낸다.
④ 예건시 일교차가 심하면 외기온과 과실의 온도차로 과실표면에 수분이 응결되어 과피흑변이 심하게 발생되어, 예건 장소는 통풍이 잘되고 온도변화가 적은 상온저장고를 활용해야 한다.
⑤ 필름포장 작업시 부주의한 취급으로 포장지에 미세한 상처가 발생하지 않도록 하며, 5개포장시 포장지의 두께는 0.05~0.06mm인 것을 사용하도록 하고 포장지입구는 단단히 밀봉한다.
⑥ 낱개포장 시에는 포장 작업시 열접착이 불량하여, 저장 중 자연진공이 형성되지 않은 포장에서 장기저장시 흑변과가 많이 발생되므로, 포장 작업시 열접착을 철저히 한다.

(2) 갈변과

1) 일명 초크과로 알려진 이 증상은 단감의 과정부에 원형으로 과피 뿐 아니라, 과육까지 갈변으로 변화되어 과실 전체에 피해를 준다.
2) 저온저장 중 포장지 내 산소농도가 지나치게 낮아지거나, 이산화탄소가 급격히 증가할 때 무기호흡에 의한 과육내 아세트알데하이드, 알콜 등의 유해성분이 축적되어 주로 발생된다.
3) 저장 중 저장고의 높은 온도관리, 심한 온도변화 등에 의한 호흡량 증가, 지나치게 두꺼운 필름 포장지 사용 등의 저장관리 미숙, 병충해 피해를 심하게 받은 과원이나 배수불량 과원 등의 과실, 미숙과, 상처과 등의 잘못된 재배관리로

인해 갈변을 유발시킨다.
4) 수확 후 예냉, 예건을 충분히 실시하지 않으면 많이 발생되기도 한다.

(3) 저온장해(연화)

1) 단감은 5℃수준에서 장기간 보관하거나, 0℃수준의 저온에서 보관 후 상온에서 유통하면 과숙으로 인한 연화와 구별되는 젤리화 연화가 발생된다.
   ① 동남아지역으로 수출되는 부유 단감에서 그 피해가 극심하여 저온저장된 단감의 수출시 주요 크레임 발생 원인이다.
   ② 저온을 조우한 단감을 고온에 유통 시 다량의 에틸렌이 발생되어, 이의 영향으로 저온장해현상이 발생되는 것으로 조사되었다.
2) 이를 방지하기 위하여 예냉 후 출하되는 단감이나, 저온저장된 단감은 저온유통체계를 갖추지 못하였으므로
   ① 대안으로 고온에 유통되는 단감은 저밀도폴리에틸렌필름으로 밀봉포장하거나,
   ② 에틸렌 작용 억제제 등을 처리하면 저온장해 발생을 경감시킬 수 있다.
   ③ 다른 방법으로는 수확 후 열처리 등이 있으나 아직 실용화하기에는 아직 더 많은 연구가 필요하다.

(4) 저장병

1) 저장 중 여러 종류의 곰팡이에 의한 감염으로 부패가 일어난다.
   ① 장기 저온저장 중 단감은 Penicillum속, Alternaria속, Botrytis속 등의 저온성곰팡이에 의한 장기저장시 50% 이상의 피해가 발생되기도 한다.
   ② 대부분 균들은 감의 표피를 뚫고 침입할 수 없고 상처 난 부위나 표피의 큐티클 층이 갈라진 틈으로 침입하므로 저장용 과실은 표피에 상처가 나지 않도록 특히 주의하여 취급해야 한다.
2) 저장 중 곰팡이의 피해를 방지하기 위해서는 저장고의 온도와 습도를 낮게 하고 표피에 상처가 나지 않도록 취급하며 저장고, 저장상자, 선과장 등에서 균이 감염되지 않도록 해

야 한다.
3) 저장고의 온도가 높을수록, 포장지내 산소 농도가 높고 이산화탄소 농도가 낮을수록 곰팡이와 연화과의 발생이 많다.
4) 부패과와 연화과의 방지 대책으로는
　① 저장고 온도를 가급적 낮게 유지시키고
　② 적정규격의 포장지를 사용해야한다.
　③ 병충해 피해를 심하게 받은 과원의 과실은 저장병도 많이 발생되므로 장기저장을 피하는 것이 좋다.

04 복숭아

❶ 수 확

(1) 적숙기 판정

1) 과실바탕색의 정도
   ① 과실바탕색은 과육의 무름정도와 관계가 깊다.
   ② 생식용 백육종의 수확적기는 무봉지재배 과실의 경우 과실 꼭지부 주변의 녹색이 엷어져서 녹백색으로 된 시기이고
   ③ 봉지재배 과실에는 푸른색이 거의 빠지고 담황색으로 된 시기이다.
   ④ 무봉지 재배 과실에서 녹색이 거의 없어져 황록색으로된 것은 수확시기가 지난것이다.
   ⑤ 과실바탕색에 의한 수확적기의 판정은 어렵기 때문에 일찍 수확한 과실은 실내에서 후숙시켜 과실의 바탕색과 보구력 과의 관계를 조사하여 두면 좋다.

2) 품종별 숙기
   - 백미조생 : 6월 하순 수확하며 만개 후 57~67 일경
   - 포목조생 : 7월 사순, 중순에 수확하며 만개 후 76~86일경
   - 사자조생 : 7월 중순에 수확하며 만개 후 80~90일경
   - 창방조생 : 7월 하순에 수확하며 만개 후 85~95일경
   - 백봉 : 8월 상순에 수확하며 만개 후 95~105일경
   - 대구보 : 8월 상순, 중순에 수확하며 만개 후 105~115일경
   - 유명품종 : 8월 하순에서 9월 상순에 수확하며 만개 후 115~130일경

3) 계통별 숙기
   - 백도계 : 과실 꼭지 부위의 녹색이 엷어져서 녹백색으로 되는 시기에 수확 → 미숙, 적숙 시 수확 가능
   - 황도계 : 과실 꼭지 부위의 색이 옅은 노랑색이 들 때 수확 → 적숙시 수확
   - 천도계 : 과실 면 전부가 적색이며 바탕색이 황녹색 소멸

때 수확 → 미숙 시 수확 자제

(2) 수확 방법 및 시기

1) 수확방법

복숭아 수확은 한 나무에 결과지 위치나 수관의 내외부 조건에 따라 숙도차가 크게 다르므로 수확 초기에는 2일마다 하고 최성기에는 매일 수확하는 것이 좋다.

2) 복숭아 가지 굵기에 따른 수확 요령
   - 중간 및 굵은가지 착과 과실 : 옆으로 돌려서 따기
   - 가는 가지 착과 과실 : 가지 끝을 향하여 내려서 따기

3) 복숭아는 타 과수보다 호흡량이 많은 과실이므로 온도가 높을수록 호흡작용에 의한 과실내 양분의 소모가 많아져서 신선도가 떨어지고 과실이 쉽게 물러지므로 호흡을 최대한 억제시키기 위한 온도조절이 중요하다.

4) 복숭아는 되도록 낮은 온도에서 수확하여 예냉한 후 선별, 포장을 하여야 한다. 수확은 맑은 날의 경우 온도가 낮은 오전 10시경까지 끝내는 것이 좋고, 부득이 온도가 높을 때 수확할 경우는 통풍이 잘되는 그늘진 곳이나 저온저장고 등에 옮겨 과실의 온도를 낮추어 호흡량을 적게 하여야 한다.

6) 수확기의 강우는 당도를 떨어뜨려 품질에 미치는 영향이 커서 비가 내린후에 수확한 과실은 수분을 많이 흡수하여 당도가 1~2% 낮아지고 과피가 얇아 수송력이 떨어지며 압상과 및 부패과실이 많이 생기게 되므로 비온 후 2~3일 경과 후 수확하도록 한다. 봉지가 젖었을 경우에는 봉지를 벗겨 과실의 물기를 없애고 젖은 봉지를 말려 수확한다.

❷ 수확 후 처리(예냉)

1) 과원에서 복숭아 예냉상자에 복숭아를 수확
2) 차압예냉고에 입고 및 층적
3) 차압 시트로 복숭아 예냉상자를 덮어서 차압유지
4) 차압예냉고 예냉 온도 설정 및 예냉 시간

- 미백도 : 5~8°C (3시간), 황도 : 4~5°C (4시간)
- 20평 50마력 기준 : 시료량 7.2톤 일 때 3~4시간 소요
- 차압예냉 시설이 없을시 기존 저온 저장고를 이용하여 저장고의 온도를 5°C에 맞춰놓고 10~15시간 냉각

❸ 선 별

1) 복숭아 선별방법은 대부분 달관에 의하여 결점과실(미숙과, 부패과, 병해충과, 압상과, 상처과, 부정형과 등)을 골라낸 후 착색 및 과실 크기에 따라 구분하여 선별하는데 숙달되지 않은 경우에는 균일도에 차이가 많이 생길 뿐만 아니라 객관성이 떨어진다.
2) 복숭아 선별시 작업장내의 온도 유지는 10°C 정도가 적정하며 자동 압축공기를 이용하여 과실 꼭지 부위의 충 및 과모 제거를 해야 한다.

❹ 포 장

복숭아는 과육의 특성상 연화되기 쉽고 곰팡이 등에 의해서 부패 변질되기 쉽기 때문에 포장상자를 잘 선택하여야 한다. 외포장 및 내포장의 강도가 적정해야 하며 표준규격에 맞고 개선된 포장상자를 사용하여야 한다.

❺ 저장기술

1) 복숭아는 저장성이 짧고 수확 시기를 달리하는 품종이 다양하여 저장의 의미보다 유통 중 신선도 유지 및 부패율 경감 또는 출하시기 조절에 의미가 있다.
2) 복숭아는 전형적인 클라이멕터릭 과일로서 상온에서는 호흡이 급격하게 증가하며 더욱이 물러져 부패하므로 가능한 한 빠른

시간내에 예냉과 함께 저온 유통이 필요한 과실이다.
3) 또한 저온 유통이 불가능해 예냉만 해도 상온에서 품질유지에 효과적이다. 복숭아의 품질을 최대한 유지하기 위해서는 단지 예냉의 효과만을 기대해서는 어려우며 유통과정 중의 온도조건이 중요하다.

❻ 유 통

(1) 복숭아의 유통 특성

1) 상온에서 유통시 쉽게 변질되어 부패하며 사과, 배 등과 달리 장기간 저온저장을 하면 식미도의 감소로 인해 장기 저온 저장이 곤란하며 또한 조생종부터 만생종까지 품종의 다양성으로 인해 신속한 거래가 필요한 과종이다.
2) 국내 복숭아의 유통경로는
   ① 생산자 → 산지수집상 → 도매시장(위탁상) → 도매상 → 소매상 → 소비자 순으로 유통되는데
   ② 유통과정 중 복숭아의 경우 대부분 고온기인 여름철에 유통되므로 쉽게 물러져 변질되게 된다.

(2) 유통적온

1) 복숭아는 수확 후 연화 및 부패가 빠르게 진행되므로 가능한 한 예냉처리하여 출하하는 것이 바람직하다.
2) 예냉 처리가 불가능 할 때에는 수확후에 과실 온도가 빠르게 저하하도록 하여 주고 또한 유통 중에는 주위의 통풍을 양호하게 하여 과실온도의 상승을 방지하도록 하여야 한다.
3) 유통 중의 온도 조절이 가능할 경우에는 0~3°C의 저온저장은 복숭아 과실의 품종 다양성 때문에 장기저장방법이 오히려 불리할 경우가 있으며, 만생종 복숭아 또한 장기저장 및 유통은 조생종 품종에 비해 경쟁력이 약하다.
4) 복숭아는 저온에서의 장기유통 방법보다는 품질을 양호하게 유지할 수 있는 8~10°C정도의 온도로 유통하는 것이 바람직하다.

❼ 수확 후 손실

1) 복숭아 수확후 가장 많이 일어나는 손실 유형으로는 기계적 장해가 가장 많다.
   ① 기계적 장해는 원예산물의 표피에 상처를 입거나 찢기거나 눌려져서 멍이 드는 등 물리적인 힘으로부터 받는 모든 장해를 포함한다.
   ② 수확, 선별 과정에서 선별기계나 작업도구에 의해 직접적인 상처를 입는 손실, 과실과 과실, 혹은 과실과 상자의 표면 마찰에 의한 손실, 포장 상자나 적재 용기 내에서 물리적인 힘에 의해 발생하는 압상, 출하 수송시 진동에 의한 장해 등 다양한 손실이 있다.
2) 압상의 피해를 줄이기 위한 방법
   ① 수확시 수확상자 내 2단 이상 충적을 금함
   ② 산물 반입시 반드시 부드러운 장갑을 이용하여 복숭아를 다룸
   ③ 포장 상자 내 난좌를 이용하여 흔들림이 없도록 고정

05 포 도

❶ 수 확

(1) 수확기 판정기준

1) 포도는 품종 고유의 색깔과 향기를 나타내고 당도가 충분히 축적된 때 수확하여 선별 포장 후 출하하여야 한다.
2) 포도의 성숙시기의 판단기준은 만개후 성숙일수, 착색기간, 당도 등을 종합하여 수확시기를 결정하는 것이 좋으며, 수확작업은 이른 아침부터 시작하여, 수확한 과실은 한랭사 등으로 그늘이 지게 하여 품온이 상승하는 것을 최대한 억제 한다.
3) 하루 중 수확 시간에 따라 다소 변화는 있지만, 대부분 오전 중에 수확하고 있으며, 이런 경우 포도의 품온은 25~30°C를 웃돈다.
4) 수확작업 동안에는 작은 충격에도 탈립이 생길 우려가 있으므로, 과실이 다치지 않도록 매우 부드럽게 취급해야한다.
5) 포도는 주로 과피의 착색이 약 90% 진행된 과실을 수확하여 출하하고 있으며, 과피색상의 변화는 조직의 연화와 함께 과실이 익었는지 안 익었는지를 결정하는 소비자의 중요한 구매기준이 된다.

(2) 수확시기 및 방법

1) 적포도 품종에 있어서는 색깔이 주요 판정 지표로서 과방에 착립된 전체 과립이 완전히 착색된 후, 맑은 날을 선택하되 온도가 높은 낮 시간을 피하고 저녁 때나 아침에 수확한다. 낮의 높은 온도 때 수확하면 과실의 온도가 높아 호흡량이 많고, 무게가 감소하여 수송에 견디기가 힘들다. 비가 올 때는 수확을 삼가야 하는데 이때 수확하면 당 함량이 1~2°Bx 정도 낮아지고 수송도중 열과가 되거나 썩기 쉽다.
2) 성숙한 송이부터 수확을 시작하여 한 나무에서 3~5차례

15회 기출문제

원예산물의 수확에 관한 설명으로 옳지 않은 것은?

① 포도는 열과(裂果)의 발생을 방지하기 위하여 비가 온 후 바로 수확한다.
② 블루베리는 손으로 수확하는 것이 일반적이나 기계 수확기를 이용하기도 한다.
③ 복숭아는 압상을 받지 않도록 손바닥으로 감싸고 가볍게 밀어 올려 수확한다.
④ 파프리카는 과경을 매끈하게 절단하여 수확한다.

▶ ①

| 12회 기출문제 |

수확 후 후숙에 의해 상품성이 향상되는 원예산물이 아닌 것은?

① 키위
② 포도
③ 바나나
④ 머스크멜론

▶ ②

나누어서 수확해야 하며 생식용 포도를 수확할 때 주의 할 점은 수확 시 송이 전체를 잘 관찰해서(특히 윗부분, 아랫부분) 성숙된 송이만을 수확해야 한다. 수확할 때 포도송이를 잘못 다루면 포도알이나 과분이 떨어져 상품가치가 저하되므로, 송이의 아랫부분을 받치듯이 잡고 송이자루를 가지의 가까운 부분에서 적과가위나 전정가위로 절단하여 수확용 상자에 담는다.

3) 수확용 상자는 일반적으로 나무상자나 플라스틱상자를 이용하는데 지나치게 겹쳐 담으면 송이가 상하거나 탈립 될 염려가 많으므로 대체로 2~3층 정도가 알맞다. 송이가 약하고 탈립 되기 쉬운 품종은 이보다 덜 포개어 담는 것이 좋다.

4) 포도의 수확은 오전에 마치는 것이 품질 유지에 효과적이며 수확한 후 그늘진 곳에 모은 후 선별하여 포장한다. 비가 내린 다음날 바로 수확한 과실은 수송 및 유통시 열과 및 부패가 생기기 쉽고 당 함량도 떨어지므로 비가 온 후 2~3일 지나 수확 하는 것이 좋다.

5) 수확한 포도를 장기간 방치하였다가 저장하면 과실의 줄기가 마르고 열매꼭지가 굳어져서 저장하는 동안에 알이 떨어지는 탈립현상이 심해진다. 또한 수확 시 부주의로 열매꼭지에 상처가 생기면 저장 중 탈립과 곰팡이 발생의 원인이 되므로 수확가위를 사용할 때 과립이나 과립경을 다치지 않도록 한다.

❷ 수확 후 처리(예냉)

1) 수확하여 적정온도(4~5°C)로 예냉하며
   ① 예냉상자를 이용할 경우 강제통풍식으로 4~6시간, 차압통풍식으로 1~2시간 예냉시 과실 품온이 30°C에서 4~5°C로 떨어지는 것이 적합하다.
   ② 강제통풍식은 저장고 용적의 70%, 차압통풍식은 공기 흡입구 용적에 맞춘다.

2) 예냉 후 과실 품온과 작업장의 온도 편차가 7~10°C(상대습도 60~70°C일 때)를 넘지 않도록 관리해야 하는 것이 중요하다.
3) 포도는 수확 후 급격히 수분 손실을 보여 과방 경과 과경이 갈색으로 마르고 과립은 위축증상을 보이며 저장 기간이 길어지면 탈립현상을 보인다.
   ① 따라서 포도는 수확 후 가능한 한 빠른 시간 내에 온도를 낮추어 주어야 하며,
   ② 포도는 표면에 물방울이 있을 경우 회색곰팡이 균에 의해 부패가 발생하므로 주로 강제통풍 냉각식을 이용한다.
   ③ 수확 후 바로 시장 출하를 할 경우에는 예냉 온도를 적절히 조절하여 출하 시 과립에 응결 현상이 생기지 않도록 한다.
4) 예냉 뒤 상온에 노출 시 결로현상으로 인한 상품성 손상위험이 발생하므로 온도 유지관리가 중요하고, 대기 중 상대습도에 따라 대기 상대습도가 60~70%인 경우 10~15°C를 넘는 온도범위 내에서 결로가 형성된다.

❸ 선 별

1) 포도의 선별 시 수확한 포도 중 미숙 한 포도알, 작은 포도알, 열과, 병해를 입었거나 상처 난 포도를 제거하고 송이 크기별로 선별한다(품종의 크기 및 송이의 관리상태).
2) 포도 품위등급규격은 특, 상, 보통 3등급으로 되어 있고, 송이의 크기 구분은 호칭을 2L, L, M, S로 구분, 선별한다.
3) 수확 및 선별작업은 농가에서 송이의 숙기정도에 따라 이루어지며, 일반적으로 개별선별 및 수확작업이 이루어지나, 재배규모가 큰 경우에는 인력을 동원하여 공동선별 작업을 하기도 한다. 선별량은 2인 기준으로 1일에 70~80 상자/5kg정도 진행된다.
4) 비상품과로는 포도의 송이가 작고 포도알과 알 사이의 간격이 엉성한 것과 더불어 포도알이 작거나 덜익고 모양이 균일하지 못한 것, 송이에 청색알과 껍질이 갈라진 것, 착색불량과 병·충의 피해 및 압상으로 인한 것을 말한다.

5) 캠벨얼리와 거봉의 경우 칼라차트(Color Chart)의 9~10단계를 선별 시 지표로 이용한다.

❹ 포 장

수확한 포도는 상품기준에 따라 선별 작업을 하는 동시에 송이별로 종이에 싼 후 상자에 담되, 포장 종이는 상품의 격을 높이기 위해 흰색의 유산지를 사용하는데 많은 경우 재배 시 사용한 과방봉지를 그대로 이용하기도 한다.

1) 송이별 종이 포장은 외관의 향상은 물론 수송 중 진동을 흡수하여 압상과 탈립을 줄이는 완충제 역할을 한다.
2) 시장 출하는 2kg, 5kg, 10kg 단위로 유통되고 있으며, 포장상자는 크게 골판지 상자와 스티로폼 상자로 구분된다.
   ① 골판지 상자는 윗면을 덮어 밀폐하는 대신 옆면에 환기용 구멍을 뚫어 여름철 유통 과정 중 상자 내 온도 상승에 의한 품질 저하를 방지하고 있다.
   ② 외국의 경우 완충형 주름 종이 상자나 투명 필름 부착형 종이상자 등 포장 단위에 따라 다양한 소재를 이용한다.
   ③ 국내에서도 선물용 상자들은 점차 다양해져서 거봉 품종의 경우 2kg, 5kg 작은 단위로 유통되며 포장 용기도 골판지 상자 등 여러 가지 소재가 사용된다.

❺ 저장 기술

1) 포도는 온도와 습도에 대한 반응이 민감하므로 적정 온습도 유지가 중요하다.
   ① 최적 저장조건으로 온도는 0~1℃, 상대습도는 95%이다.
   ② 저장고 내 온도편차가 ±1℃ 이내로 유지한다.
   ③ 저온저장시 선도유지 효과가 있다(상온 1~2주 →저온 2~3개월).
   ④ 포도 과립은 -2℃에서도 얼지 않으나 과경, 과방경, 당함량이 낮은 과립은 때때로 경미한 동해를 입을 우려가 있다. 유럽계

포도는 -1°C, 미국계 포도는 -0.5~1°C에 저장하며 저장고 내 상대습도는 90~95%를 유지한다.
⑤ 봉지나 종이로 싸서 물리적 손상 및 직접적인 외부환경의 노출을 피하거나 0.03~0.05㎜ PE필름으로 포장 시 호흡과 수분의 증발억제로 선도유지 효과가 나타난다.
⑥ 건조에 의한 탈립률이 우려되므로 신문지, 포장지, PE필름(0.03~0.05mm)등을 덮어놓는 것도 습도유지에 도움이 된다.
⑦ 저장고 바닥에 팰릿을 깔고 중앙통로 및 측면에 공간을 확보하고, 저장고 내 냉각기 높이 이하로 적재한다. 가장 윗 상자는 냉각기의 찬바람에 노출되므로 코팅종이 또는 PE필름으로 덮는다.
2) 장기저장시 품질확인이 필요하고 에틸렌 축적을 피하기 위해 환기필요하다.
3) 포도는 특성상 당이 많고 열과가 잘 되므로 병이 쉽게 번식하여 저장에 큰 어려움이 있으므로 반드시 철저한 선별을 하고 열과 된 과실을 저장하는 것이 좋다.
4) 산소농도 2~5% + 이산화탄소 1~3%의 CA환경이나 고농도의 일산화탄소 처리는 저장, 수송 중 품질유지에 효과적이며 유통기간이 연장되지만 일산화탄소 처리는 유통 과정 중 위험성 때문에 실용화가 어렵다.
5) 포도 저장 상자에 밀봉된 포도를 넣는 방법은 포도가 2중으로 겹쳐서 눌리지 않도록 넣어야 하며 너무 조밀하게 넣어서 포도송이끼리 압력을 받지 않도록 넣어야 한다.

❻ 출하 및 유통

(1) 출하

포도의 경우 고온기 출하 시 신선도가 저하되므로 온도가 낮은 시간대 출하하는 것이 바람직하다. 또한 진동이 적도록 수송을 해야 하고, 차량수송 시 상자적재 층수를 8~10층 쌓을 경우 골판지 상자의 인장 강도가 낮아 적재상자가 무너질수 있으므로 적재층수를 6층 이하고 낮추는 것이 바람직하다.

(2) 수송

① 수송은 상온수송과 저온수송으로 구분할 수 있다.
② 수송 중 진동, 충격, 압축 등 물리적 장해를 줄이기 위한 안전한 운전방법과 지속적인 저온유지관리가 중요하며, 저온수송 온도는 4~5°C, 상대습도는 95~100%적합하다.
③ 결로방지를 위해 공판장 내 온도를 고려하여 10~15°C 편차 범위 내에서 수송하거나 저온수송시 하차 전 중간온도 설정변경이 필요하다.
④ 팰릿 수송 시 적절한 적재는 1단(6층 상자)을 권장한다.

❼ 수확 후 손실

1) 포도의 영양성분은 저장 및 유통과정에서 다양한 환경에 접하게 되면서 구성성분의 변화가 일어나는데, 이러한 변화를 최소로 하는 저장방법이 필요하고 또한 정량화함으로써 품질변화를 예측할 수 있다.
   ① 수분손실로 인해 과방위축, 탈립촉진 등이 발생하여, 과숙한 포도는 탈립의 우려가 있다.
   ② 에틸렌은 탈리층의 형성을 촉진, 송이축의 건조 및 경화로 인한 탈립이 일어난다.
   ③ 과립내의 과다한 수분과 과피가 파열되는 열과로 인하여 잿빛 곰팡이병 및 만부병이 발생,
   ④ 수확 시 생긴 상처를 통해 미생물 감염 및 병충해 발생으로 부패를 유도,
   ⑤ 에틸렌발생으로 노화촉진, 부패등이 일어난다.
2) 성숙이 진행될 때 야간온도가 20°C 이상으로 높으면 호흡증가로 과실에 축적된 당소비가 늘어나 품질이 떨어진다.
3) 수확한 과실의 경우 증산이 많아지는 환경에 노출되면 위조에 따른 과실의 물리, 화학적 변성이 발생하여 품질이 저하되는데 이러한 경향은 건조하고 온도가 높을수록 그리고 공기의 움직임이 빠를수록 심해진다.

제 2장 | 과채류 (딸기, 토마토, 수박)

01 딸기

❶ 수 확

(1) 수확기 결정

딸기의 수확기 결정은 품종, 출하계획, 출하시장에 따라 다소 차이가 있으나 전반적으로 보구력이 낮은 과실에 속하므로 완숙한 과실을 수확하는 것은 바람직하지 않다.

1) 품종에 따라 과실경도에 차이가 크므로 이를 고려하여 육질이 단단한 품종은 더 익은 상태에서 수확하고 약한 품종은 일찍 수확하는 것이 바람직하다.
2) 수확기의 성숙상태는 착색을 기준으로 결정하는데 국내시장 출하를 기준으로 할 때 매향과 같이 경도가 높은 품종은 90%착색수준, 설향같이 경도가 낮은 품종은 80% 착색 상태를 기준으로 수확한다.
3) 완숙한 과실은 근거리 시장출하가 가능하지만 수확할 때 상처가 쉽게 발생하므로 바람직하지 않다.
4) 국내 재배품종 중 경도가 높은 품종은 매향, 금향, 육보 등이며 경도 낮은 품종은 설향, 장희 등이다.

(2) 수확할 때 주의 사항

1) 딸기는 수확과 재배관리가 동시에 이루어지는 작물이므로 수확기에 도달해서는 농약사용이 제한적이고 농약을 살포할 때에는 농약사용지침을 철저히 준수하여야 하고 농약을 살포한 기간에 수확한 과실은 폐기한다.

2) 수확 간기에는 병든 개체, 잎, 줄기, 과실 또는 화총을 제거하여 정상과를 수확할 때 오염 또는 추가 감염이 일어나지 않도록 주의해야 한다.

(3) 수확 요령

수확할 때에는 기온을 살펴 수확시간을 결정하는 것이 필요하다. 이는 기온이 높은 시간에는 과실 온도도 올라가므로 같은 숙도의 과실일지라도 조직이 약해져 손상을 받기 때문이다.

① 과실 온도가 올라가기 전에 수확을 마친다.
② 수확할 때 적숙기에 도달한 과실은 철저하게 수확하고 과실 성숙이 빠른 시기에는 수확 간격을 단축하여 과숙한 과실을 수확하지 않도록 주의한다.
③ 수확기 사이에 부패한 과실과 과숙하여 부패의 우려가 큰 과실은 미리 제거한다.
④ 병든 과실과 건전한 과실은 같은 수확용기에 담지 않는다.
⑤ 수확 용기에 지나치게 과실을 많이 담지 말아야 한다.
⑥ 착색된 과실의 중앙 부위는 손쉽게 물러지기 때문에 가급적 손을 대지 않는다.
⑦ 수확한 과실은 가급적 빨리 생산지 선별장의 그늘로 옮기며 직사광선에 노출되지 않도록 주의한다.
⑧ 수확할 때 큰 과실과 작은 과실을 구분하여 수확 용기에 담는 것이 유리하다.
⑨ 수확한 과실은 가급적 빨리 냉각시켜 온도를 낮춰준다. 특히 기온이 높은 시기에 수확하면 더욱 빠른 냉각이 요구된다. 수확한 과실의 냉각이 지연된 시간에 반비례하여 품질이 낮아지기 때문이다.

❷ 수확 후 처리(예냉 및 결로방지)

수확한 과실의 냉각이 지연될수록 품질저하가 심하므로 소매단계에서 상처 부위 표면이 건조되고 과피가 진홍색으로 변하여 상품 가치가 낮아질 수 있다. 기온이 상승하는 계절에는 출하 전에 이미 변색 등의 장해를 보이거나 꽃받침 조각이 말라

상품가치가 떨어지므로 예냉을 실시하는 것이 바람직하다.
① 예냉을 실시할 때에는 냉각 속도와 최종 목표 온도를 결정하여 실시한다.
② 적극적인 냉각기술을 적용하기 어려운 지역에서는 산지 농협 또는 기존의 저온실을 수확한 과실의 냉각과 선별에 활용할 수 있다.
③ 냉각한 과실이 상온에 직접 노출되면 결로가 발생하여 품질이 떨어질 우려가 있으므로 수송조건을 고려하여 냉각목표온도를 결정한다.

❸ 선별과 포장

생산농가에 따라 생산지에서 선별하여 포장을 마친 다음 직접 출하하는 경우도 있어 수확한 과실의 위생관리를 위한 선별장에 대한 최소한의 위생기준을 준수하는 것이 필요하다.

(1) 선별장 관리

1) 생산지 선별장은 수확한 딸기가 흙, 먼지 등에 의해서 오염되는 것을 방지하기 위한 최소한의 위생기준을 지키기 위한 조치를 취해야 하며 수확용기에 담긴 과실이나 선별한 과실은 직사광에 노출되지 않고 통풍이 되는 적재장을 마련해야 한다.
2) 생산지 선별장에 소형 저온창고를 두면 유리하지만 저온실이 없을 경우 포장한 과실이 호흡열에 의하여 품온이 상승하지 않도록 관리하여야 한다.
3) 생산지 선별장은 야외에 설치되므로 들쥐, 파충류, 조류 등이 쉽게 접근하여 선별장을 오염시킬 우려가 높다. 특히 이들 동물은 인간을 감염시킬 수 있는 병원균을 전파할 수 있으므로 이들의 선별장 진입을 막을 수 있는 조치를 취하는 것이 필요하며 동물의 사체나 분비물은 철저히 제거하여 땅속에 깊이 묻는다.

❹ 출 하

1) 딸기의 적정 수송온도는 4~5°C이지만 도매시장으로 출하하는 경우에는 출하 시기의 경매가 진행되는 시간의 기온을 고려하여 기온보다 7~8°C 낮게 수송 온도를 설정하여 경매시점에 결로가 발생하지 않도록 주의한다.
2) 출하 후 저온관리가 이루어지는 대형유통센터로 출하하는 단거리 수송일 경우에는 7°C이하의 온도를 유지하는 것이 바람직하며 출하 과정의 어느 단계에서든 저온수송체계가 단절되면 결로 발생으로 부패가 증가될 우려가 있으므로 주의하여야 한다.

02 토마토

① 수 확

(1) 수확기 판정

1) 대부분의 작물과 같이 토마토는 가공용 토마토를 제외하고는 대부분 손으로 수확한다.
2) 수확된 토마토의 성숙도는 저장수명과 품질에 주요한 변수로 작용하며 취급과 수송, 판매에 영향을 미치게 된다.
   ① 토마토는 개화 2~5일 후부터 비대 발육하고 개화 40~50일 후 성숙에 도달한다.
   ② 토마토는 녹숙과와 적숙과로 구분하여 수확하는데 직판용이나 단거리 수송은 착색기에 수확하고, 장거리 수송용이나 저장용은 녹숙기에 수확한다.
   ③ 수송 후 손실률로 볼 때 적숙과는 단거리 수송이 필요하며, 원거리 수송에서는 녹숙과가 적합하다.
3) 토마토의 수확적기는 토마토의 품종에 따라 달라진다.
   ① 토마토 품종은 과실의 색상, 크기 등에 따라 분류되는데
   ② 국내에서 기존에 재배되고 소비자의 기호도에 적합한 품종으로 연분홍색상의 중대형과로 과실의 무게가 200g이상되는 과실을 선호하여 왔다.
4) 방울 토마토가 익어가는 과정은 대과종 토마토와 유사한 면이 많으며, 국내에서는 대과종은 주로 맛이 아직 달지 않은 녹숙과를 수확하여 유통 중에 후숙되게 한다. 이는 녹숙과는 과육이 단단하여 수송 중 상처나 압상에 의한 피해가 적고, 동시에 유통과정에서 후숙 되도록 하여 판매기간을 길게 하려는 시도이다.
5) 방울토마토는 주로 과피의 착색이 약 50% 진행된 과실을 수확하여 출하하고 있으며, 이 경우 4~5월에는 5~7일 정도의 상품성을 가지게 된다. 방울토마토는 과실의 표면이 절반이상이 적색으로 착색이 되었을 때 수확한다.

12회 기출문제

녹숙기에서 적숙기로 성숙하는 과정의 토마토에서 증가하는 성분으로 옳은 것은?

① 환원당
② 유기산
③ 엽록소
④ 펙틴질

▶ ①

(2) 수확 방법

1) 손수확은
   ① 녹숙과와 적숙과를 정확히 선별할 수 있고,
   ② 수확 시 충격을 최소화할 수 있으며,
   ③ 고용인원을 늘림으로써 수확률을 증대시킬 수 있다.
2) 토마토는 표피구조가 매우 약하기 때문에 기계수확은 거의 불가능하며, 대부분 적과가위를 이용하여 손수확 방법으로 수확되고 있다.
   ① 먼저 꼭지는 익는 과정에서 자연스럽게 분리된다. 손으로 수확 시 꼭지는 절단한다.
   ② 숙도(maturity)에 따라 저장수명과 품질을 좌우되며 개화 40~50일 후 성숙에 도달한다.
   ③ 수확은 무게, 크기, 생육기간, 색택 및 당도를 기준으로 과실 표면이 절반이상이 적색으로 착색이 되었을 때 수확하고,
   ④ 수확 즉시 서늘한 곳이나 냉방된 장소로 옮겨야한다.

❷ 수확 후 처리(예냉)

방울토마토의 예냉은 차압통풍식이나 수냉식이 적합하다. 50~70%정도 착색한 과실을 수확하여 4 ±1℃로 예냉하며, 이 온도에서는 3일 이상 경과하지 않도록 유의하여야 한다(그 이상 경과하면 저온장해 발생).

❸ 선 별

토마토의 선별 방법은 대부분 결점과실(미숙과, 부패과, 병충해과, 압상과 등)을 골라낸 후 착색과 과실의 크기에 따라 선별한다. 선별장의 온도는 1~15℃ 정도가 적정하며 육안으로 선별하거나 선별기를 이용하여 선별작업을 한다. 방울토마토는 현재 무게기준에 따른 등급별로 선별하기도 한다.

④ 포 장

포장에는 소비자 단위의 소규모 포장과 대규모 포장법이 있다.
① 랩, 트레이, 비닐 백 포장은 소규모 포장,
② 골판지 상자 포장과 팰릿 단위는 대규모 포장,
③ 외장은 재료가 가벼우며 수송과 보관이 편리한 양면 골판지를 많이 사용하며, 소포장 단위인 플라스틱포장이 많이 유통된다.

⑤ 저장기술

1) 상온저장은
   ① 외부의 찬 공기를 유입함으로써 저장고 내의 온도를 유지하는 방식이다.
   ② 숙성정도에 따라 저장온도와 저장기간이 다르고 예냉 여부에 따라 신선도 유지기간이 달라진다.
   ③ 일반토마토와 방울토마토의 적정 저장온도는 녹숙기에는 10~13°C, 적숙기에는 8~10°C이고, 저장고내 높은 습도 유지가 신선도 유지에 매우 중요하다.
   ④ 토마토 저장 시 에틸렌제거가 필요하다.
2) MA 저장은
   ① 포장 내 적절한 산소와 이산화탄소를 조성하는 포장방법으로
   ② 녹숙기에 0.03mm PE필름과 15㎛ polyolefin(MPD)필름으로 포장 시 효과적이고,
   ③ 포장 내 3% O2 + 2% CO2 조성이 녹숙기 방울토마토의 선도 유지에 도움이 된다.
   ④ 결로현상을 방지하는 방담필름도 이용되고 있다.

⑥ 유 통

(1) 수송
   1) 수송 중 진동, 충격, 압축 등 물리적 장해를 줄이기 위한

14회 기출문제

원예산물과 저온장해 증상의 연결이 옳은 것은?

① 참외 - 발효촉진
② 토마토 - 후숙억제
③ 사과 - 탈피증상
④ 복숭아 - 막공현상

➡ ②

14회 기출문제

에틸렌이 원예산물에 미치는 영향으로 옳지 않은 것은?

① 토마토의 착색
② 아스파라거스 줄기의 연화
③ 떫은 감의 탈삽
④ 브로콜리의 황화

➡ ②

안전한 운전방법이 필요하며, 국내에서는 수송거리가 짧으므로 비교적 낮은 온도에서도 저장하거나 수송이 가능하다.
2) 수송온도는 4~7°C, 상대습도는 90~95%가 적합하고, 결로 방지를 위해 공판장 내 온도를 고려하여 15°C 편차 범위 내에서 수송하거나 저온수송 시 하차 전 중간온도 설정변경이 필요하다.

❼ 수확 후 손실

수확후 손실로는
1) 생리적 장해, 물리적 장해, 병리적 장해 등이 있다.
2) 열과는 꼭지점으로부터 방사상으로 갈라지는 것과 어깨부분에 동심원상으로 발생하는 형태로 구분된다. 열과 발생은 과육 중간에서 1~2회 갈라지는데, 재배 시 야온 및 습도가 높을수록 많고 수확간격 일수가 적을수록 열과 발생율이 적다. 외부 물리적인 힘(손상, 마찰, 충격, 압축, 진동)에 의해 발생하는 경우 영양성분과 상품성에 큰 손실이 나타난다.

03 수 박

① 수 확

1) 수박은 비호흡급등형으로 낮은 에틸렌을 발생하여, 후숙 효과가 거의 없으므로 완숙한 것을 수확한다.
2) 착과 후 적산온도 800~1,000°C에서 완숙되는데 적산온도에 기초한 일수로 수확일을 결정한다.
3) 외관을 보고 성숙도를 측정하는 방법은 과실의 줄무늬가 명백하고, 두드리면 가벼운 탁음을 내며, 접지부는 희미한 흰색에서 크림색의 노란색으로 변화한다. 과피에 있던 흰가루가 없어지고 광택이 나며 과병이 달린 부분의 털이 없어진다.
4) 수확지에서 가장 확실한 숙기 판정법은 과일을 무작위로 고른 뒤 내부를 잘라 향과 색(선홍색)을 점검하여 판정하는 것이다.
5) 성숙상태에서 과숙단계까지의 수박과피의 왁스층이 72%까지 크게 증가한다.
6) 대기 중에 보관된 수박은 숙성단계에 상관없이 조직변화가 거의 없다.
7) 수박은 덩굴로부터 제거되어진 후에 당도가 증가된다.

② 선별 및 등급

생산자와 소비자 간의 상거래를 명확히 하고 공정거래 및 유통 구조를 개선하기 위해 과실의 등급규격 설정과 시행이 중요하다.
1) 수박은 양쪽의 균형이 잘 잡혀야 하고 외관이 잘 형성되어야 한다. 겉 표면은 윤기가 있어야 하고 외관에서 광채가 나야 한다. 상처, 햇빛에 그을림, 수송 중에 마모 또는 다른표면의 결점이 없고 깨끗해야 한다. 또한 멍자국이 없어야 하며 크기에서도 크고 무거운 것이 좋다.

2) 수확한 과실은 크기별로 구분하여 판매하고 대과종은 포장하지 않고 출하하지만 과피가 약한 소과종은 상자에 넣어 포장하여 출하한다.
3) 숙도와 가용성 당함량의 품질을 기준으로 한 비파괴선별기로 선별하면 더욱 좋다.

❸ 저장기술

수박은 10~15°C 저온저장 시 15°C에서 14일, 7~10°C에서 21일까지 저장이 가능하다.

1) 단기간 저장 또는 먼 시장으로의 수송동안(7일 이상) 가장 추천되는 취급 상태는 7.2°C 와 85~90% 상대습도이다. 이 온도에서 장기보관은 냉해에 의한 피해를 입을 것이며 소매상으로의 수송 후 외부 온도에 노출되면 그 피해는 급속히 나타난다.
2) 수박을 예냉할 경우 적절한 예냉방식은 차압식 냉각이 적절하다. 저온저장 시 쌓여있는 박스 사이에 공기가 잘 통풍되도록 해야한다.
3) 수박은 CA 저장 또는 MAP 저장의 효과는 거의 없고 오히려 부패발생이 높다.
4) 수박은 미국과 일본의 경우 유통과정에서 수박꼭지를 자르고 유통시키고 있으나, 우리나라와 중국의 경우 수박꼭지를 자르지 않고 유통시킴으로써 1주일이내 수박꼭지의 시듦 현상이 발생하여 수박의 상품성을 저하시키는 원인이 된다.
5) 수박꼭지의 시듦에 미치는 요인을 조사하면, 수박꼭지의 수분함량이 시듦과 밀접한 관계가 있으며, 수분함량이 높을수록 수박꼭지의 시듦이 지연되었다. 수박꼭지의 저장수명과 수박과육의 저장수명을 비교한 결과, 수박꼭지 시듦이 수박과육의 부패보다 빨리 진행되어 수박꼭지의 시듦이 수박의 상품을 판단하는 하나의 방법이다.
6) 수박꼭지의 시듦방지를 위한 시험 결과
   ① 무처리, 상온저장시 3일째 시들기 시작하여 5일째 완전히

시듦
② 무처리, 7°C 저온저장 시 7일까지는 시듦이 없었으나, 10일 이후 시듦
③ 절단부위에 와셀린을 처리하여 7°C 저온저장 시, 15일까지 시들지 않음

표1. 수박 7°C 저온저장 시 꼭지의 시듦 조사

처리구	저장일수(일)					
	3	5	7	10	15	19
대조구	+	+++	+++	+++	+++	+++
무처리 (저온저장)	-	-	-	+	++	+++
와셀린 (저온저장)	-	-	-	-	-	+

❹ 수확 후 손실

수박 수확후 가장 많이 일어나는 손실 유형으로는
1) 기계적 장해가 가장 많다. 기계적 장해는 수박의 표피 및 꼭지에 상처를 입거나 찢기거나 눌려져서 멍이 드는 등 물리적인 힘으로부터 받는 모든 장해를 포함한다.
2) 수확, 선별 과정에서 선별기계나 작업도구에 의해 직접적인 상처를 입는 손실, 과실과 과실의 표면 마찰에 의한 손실, 출하 수송시 진동에 의한 장해 등 다양한 손실이 있다.

MEMO

농산물 품질관리사 대비

제 3장 | 채소류
(고추, 오이, 애호박, 양파, 마늘, 결구상추, 브로콜리)

01 고 추

❶ 수 확

(1) 수확적기

1) 풋고추
   ① 품종별로는 녹광고추는 개화 후 25~30일, 꽈리고추는 매운 맛이 형성되기 전인 15~25일, 그리고 청양고추는 25~30일 이내에 수확하며,
   ② 수확기간은 촉성재배가 정식 후 5~6개월, 억제재배는 4~5개월 정도이다.

2) 홍고추용
홍고추의 수확은 작형과 품종, 온도 이외에 착과위치, 수세, 기상조건 등에 따라 다르지만, 대개 꽃이 핀 후 45~50일이 경과하면 과피색이 붉고, 진홍색으로 변하고 과표면이 주름 졌을 때 매운 맛을 내는 캡사이신 성분이 많아 이때가 수확적기이다.

3) 수확 시 유의사항
   ① 에틸렌발생이나 세균 등의 침입을 방지하기위해 꼭지부분은 최대한 상처 없이 붙여서 수확하고,
   ② 병충해과는 다른 과실의 전염을 막기 위해 철저히 제거 해야 한다.
   ③ 수확된 고추는 직사광선을 피해야 하고,
   ④ 방제약은 수확 1주전에 안전사용 기준을 준수하여 처리 후 수확해야 한다.

(2) 수확 후 생리

고추는 수확 후 고온에 처할 경우 호흡 및 증산작용이 왕성하여 수분손실, 영양손실 및 위조가 발생하기 쉽고, 고온성 열매채소이기 때문에 저온에 민감한 작물이다. 그러나 성숙 또는 착색된 고추는 풋고추에 비해 저온에 덜 민감하다.

❷ 수확 후 처리

(1) 산지유통센터 반입

수확은 기온이 낮은 이른 아침에 수확하여 플라스틱 상자에 담아 오전 중 산지 유통센터로 운반하여 저장용 고추는 즉시 7°C까지 예냉하고, 출하용과 소포장용 고추는 냉·암소에 임시 보관한다.

(2) 예냉방법

예냉 적정온도는 7°C(7°C 이하에서 저온장해 발생), 주요 예냉방법으로는 강제통풍식, 차압통풍식, 진공예냉식 등이 있다.

1) 예냉고 적재시 통풍을 원활하게 하기위해 벽면과 0.5m 가량 떨어뜨리고, 예냉 후 저장온도는 7°C, 상대습도는 90~95%로 한다.
2) 예냉방법
   - 강제통풍식 : 냉동장치 및 공기순환 장치 이용, 내부공기를 순환시킬 수 있는 골판지 상자를 이용(12~20시간 소요)하여 포장
   - 차압통풍식 : 통기구멍이 있는 플라스틱 또는 골판지 상자에 고추를 넣고 상부를 차단막으로 덮은 후 차압팬에 의해 흡기 및 배기시켜 냉기가 통기구멍을 통해 산물을 직접 냉각(2~6시간 소요)시킴.
3) 주의사항
   ① 수분손실 및 위조 감소를 위해 7°C 내외로 급격히 예냉
   ② 냉수냉각식 예냉 후 병원균 감염 주의, 수질관리 및 건조

14회 기출문제

강제통풍식 예냉 방법에 관한 설명으로 옳지 않은 것은?

① 진공식 예냉 방법에 비하여 시설비가 적게 든다.
② 냉풍냉각 방법에 비하여 적재 위치에 따른 온도 편차에 적다.
③ 차압통풍 방법에 비하여 냉각속도가 빨라 급속 냉각이 요구되는 작물에 효과적으로 사용 될수 있다.
④ 예냉고 내의 공기를 송풍기로 강제적으로 교반시키거나 예냉 산물에 직접 냉기를 불어 넣는 방법이다.

▶ ③

철저

③ 왁스처리 시 박테리아에 의한 무름병을 주의한다.

③ 선 별

(1) 인력선별

풋고추 선별 시 붉은 색을 띠기 시작한 것, 부패되었거나 벌레 피해를 입은 것, 상처과 및 기형과를 제거한다. 농가의 경우 객관적 선별기준 적용이 곤란하므로 공동선별을 유도하는 것이 좋다. 녹광 및 홍고추 등 찹찹이가 요구되는 경우는 인력선별에 의존하여 벌크타입으로 상자포장 한다.

(2) 기계선별

벌크포장이 가능한 꽈리 및 청양고추 선별 시 적용되고, 규격화된 틈새를 이용한 기계선별을 하면 객관적 선별이 가능하며, 인력선별에 비해 노동력을 2/3로 절감할 수 있고, 정확도는 약 60~70%정도이며, 선별 시 발생되는 과실 및 꼭지부위의 상처를 주의해야 한다.

④ 포 장

(1) 박스포장

포장재질은 2중 골판지 상자를 이용하고, 포장단위는 4kg(규격 36×28×18cm) 및 10kg(규격 33×44×27cm)으로 구분하여 박스포장 한다. 수출용의 경우 골판지에 직경 2cm의 구멍(8개)를 뚫어 통기를 원활하게 한다. 포장 시 곰팡이 발생 및 꼭지 무름과를 철저히 선별하고 건조 또는 오염된 꼭지 부분은 가위로 제거한다.

(2) 비닐(MA)소포장

일반 포장재는 투명한 저밀도 PP 포장재에 직경 0.8cm 구멍을 앞뒤로 각각 6개(총12공)씩 뚫어 이용하고, 기능성 포장재는 결로방지(방담) 및 항균필름을 이용한다. 포장단위는 풋·홍고추(150g, 14×30cm), 꽈리고추(180g, 16×29cm)로 구분하여 포장한다. 포장 전 수확된 고추는 10~13°C 내외의 저온저장고에 임시 보관한다.

❺ 저장 기술

(1) 저온저장

1) 고추를 플라스틱 상자에 눌리지 않도록 적재한 후 저장온도 7°C, 상대습도 90±5%에 저장하면 약 2~3주간 품질을 유지할 수 있다.
2) 저장기간을 연장하기위한 방법으로는 프라스틱 상자 안쪽에 폴리에틸렌 필름(PE 0.03mm)을 느슨하게 덮어 저장하면 수분손실 억제와 함께 4주간 저장이 가능하다.
3) 저장온도가 7°C 이하에서는 저온장해가 발생하고, 15°C 이상에서는 저장병 발생 및 성숙촉진이 일어나므로 주의해야 한다.

(2) MA 저장

1) 저장방법은 0.05mm 비닐필름(폭 30cm, 길이40cm)에 고추를 약 1kg씩 넣어 고무밴드로 완전히 밀봉하여 저온(7°C)저장한다.
2) MA 저장하면 꼭지무름 방지, 수분손실 억제, 과피색을 유지할 수 있다.
3) 주의 사항은 MA 저장 시 산물의 높은 호흡은 오히려 가스장해를 초래하므로 반드시 예냉후 포장하여 저온저장과 동시에 적용하는 것이 좋다.

(3) 저장 중 관리

1) 저장고 내 별도의 온습도계를 부착(7°C 이하에서 저온장해 발생)한다.
2) 저장고의 환기를 주기적으로 행한다.

3) 꼭지 부분이 물러진 것이나 이병과는 신속히 제거하고, 계속 발생 시 즉시 출하한다.

❻ 수 송

수송은 반드시 냉장탑차(7°C 유지)를 이용하고, 하차 시 급격한 온도변화는 결로현상을 유발하기 때문에 하차 전 상온과 중간온도를 설정하여 냉장탑차 내에 보관 후 하차한다.

(1) 수송 시 문제점 및 개선 방안

진동, 충격, 압상 등 물리적 피해 발생을 최소화하고, 상하차 시 파렛트화 및 기계화를 구축하여 작업공정을 단순화하며, 상온유통에 따른 품질저하를 방지하기 위해서는 콜드체인 시스템을 구축할 필요가 있다.

(2) 유통 효율화 방안

공동선별 및 포장을 통한 규격화된 상품의 유통이 요구되고, 효율적인 산지유통센터 운영 및 차별화된 브랜드를 개발하고, 과실 출하 시 외기온과 습도를 알고 있으면 출하하고자 하는 과실의 결로(땀 흘림) 여부를 판단해서 결로를 방지할 수 있어야 한다.

❼ 수확 후 손실

(1) 저장 중 손실 유형

고추 저장기간 동안 변색, 곰팡이, 수분손실, 꼭지무름, 수침현상 등이 발생하여 손실을 유발한다.

(2) 저장 시 유의점

① 풋고추는 7°C 이하에서 저장하면 저온장해가 발생하여, 과피에는 곰보현상, 국방색, 수침, 얼룩반점 등이 내부에는 태좌와

씨가 검게 변한다.
② 홍고추는 에틸렌 가스에 의해 노화현상이 빠르게 진행됨으로 에틸렌 발생이 심한 사과, 배, 토마토 등의 과일과 혼합적재를 피한다.
③ 출고 시 외부 온도와의 차가 클 경우 결로가 발생하는데, 출고 1주일전 외부온도와 저장온도의 중간온도를 설정한다.

02 오 이

❶ 수 확

(1) 수확 시기

오이로 우리들이 먹는 것은 푸른 미숙과이다. 청과물은 일생 중에서 최고의 품질에 도달하는 시점이 일정하지 않다. 오이는 비대생장의 도중에 식품으로서의 품질이 최고에 달하고 그 후는 성장이 진행됨에 따라 오히려 품질은 저하한다. 오이와 같이 생장도중에 수확한 것은 비교적 조직이 연약할뿐더러 생활작용이 왕성하고 따라서 품질의 저하가 급속하며 그만큼 저장 및 유통은 어렵다.

(2) 품종별 구분

- 반백계 : 과실은 담록색이고 밑부분은 하얗다. 과실모양은 짧은 원통형이며, 저온에 견디는 힘은 중정도로서 반촉성 및 조숙재배에 적합한 품종이다. 암꽃착생이 가장 왕성하며, 열매달림성이 높은 품종이 많고, 풍산성이다.
- 낙합계 : 과실은 녹색이며, 육질은 비교적 단단하다. 반백계에 비해 열매달림성이 덜 하나 저온 신장성이 우수하고, 약광선에서도 잘 견디므로 촉성 및 반촉성 재배에 유리하다.

- 청장계 : 암꽃착생의 성질이나 이식성은 반백계, 낙합계보다 못하다. 촉성재배 및 시설억제 재배용에 유리하다.
- 사엽계 : 더위견딜성, 추위견딜성이 강하며 노지억제재배에 적합하다. 과실은 길고 가늘며, 과실표면에 주름과 가시가 많으나 병에는 강하다.

(3) 계통별 숙기(재배작형)
- 촉성 재배 : 1월 중 ~ 3월 상순 수확 개시
  청장계, 낙합계
- 반촉성 재배 : 3월 중 ~ 4월 중순 수확 개시
  반백계, 낙합계, 청장계
- 조숙 재배 : 5월중 ~ 5월 하순 수확 개시
  반백계, 청장계
- 노지 재배 : 6월상 ~ 6월 하순 수확 개시
  흑 진주계, 반백계, 백침계
- 노지억제 재배 : 7월 중 ~ 8월 하순 수확 개시
  흑진주계, 백침계, 사엽계
- 시설억제 재배 : 9월 상 ~ 10월 상순 수확 개시
  장일 낙합계, 흑진주계, 청장계

❷ 수확 후 처리(예냉)

(1) 예냉
오이를 구멍난 상자(예냉상자)에 담아 강제통풍 및 차압예냉을 한다. 예냉 시 약 5°C 까지 품온을 낮추고 5시간 이상 예냉시킨 경우 5% 이상의 수분손실로 인해 오이가 쭈글쭈글해지므로 지나친 예냉은 피해야 한다.

(2) 세척
오이 표면의 부패균 등 오염 물질을 제거하기 위하여 세척수(염소수, 오존수, 전해수 등)로 세척하여 유통시킨다.

❸ 포 장

- 상자포장 : 골판지 상자(20kg)에 나란히 담아 포장
- 비닐포장 : 낱개나 2~3개씩 비닐로 소포장

❹ 저장기술

(1) 저온장해

1) 오이를 5°C 이하에서 저장하면, 1주간 정도는 갓 딴 것에 가까운 선도를 유지하지만 10일째를 지나는 무렵이 되면 표피의 곳곳에서부터 희고 흐린 즙이 나오거나 작은 구멍(피팅)이 발생한다. 그 후 2~3일 되면 그 부분에 곰팡이가 번식하여 급속히 전면에 퍼져버린다.
2) 10~13°C의 온도 하에 두면 아주 조금이기는 하지만 선도가 저하되고 7~10일의 시점에서는 5°C에 둔 때와 비교하여 품질저하가 약간 빠르다. 10일을 경과하면 5°C의 것이 급속히 저온장해로 인한 부패하여 버려지는데 비해 완전히 역전된다. 이상의 사실에서 장기 저장하려고 하는 경우는 온도는 10~13°C, 습도는 90~95%의 조건이 바람직하다.

(2) 저장

목적의 저장일수에 따라 온도를 설정하여야 한다.
1) 고내의 온도의 조절은 상당히 어렵고 오이는 온도를 내려도 수분증산은 억제되지 않으므로 시들음의 방지에도 필름포장이 효과있다.
2) 콘테이너(상자)에 폴리에틸렌 시트를 깔고 그 중간에 오이를 채워 접어 넣고 포장하여 10~13°C의 냉장고내에 쌓아두면 고내의 온도는 그다지 신경 쓰지 않고 끝나며 약 2주간의 저장이 가능하다. 오이를 3~5개씩 수출 필름에 포장하여 골판지 상자에 담아 출하하고 있는 지대에서는 그 출하형태 그대로 저장이 가능하다.
3) 수출포장 염화 비닐필름이 사용되고 있으며 이에는 작은 구

멍이 뚫려 있으므로 CA저장 효과는 없지만 수분증산 방지 효과는 있으므로 오이의 산지포장으로는 매우 적합하다.
4) 저장기간이 3~4일 정도 짧은 출하조절의 경우에는 저온 장해의 위험성이 적기 때문에 0~5°C로 온도를 내리는 편이 선도의 유지가 오히려 좋다.

❺ 유 통

오이는 유통 중 신선도 유지가 어려운 작목 중의 하나이다. 오이의 선도유지를 위해서는 예냉처리 등 현재 여러 가지 방법이 알려져 있다. 그중 가장 손쉽고 경제적인 방법은 오이의 유통 중 생리 현상을 감안한 적정온도와 포장방법의 적용이다.

1) 오이는 아침 일찍 수확하여 최대한 낮은 품온에서 선별 및 포장이 이루어질 수 있도록 한다. 선별에서 포장까지 최대한 신속하게 이루어져서 포장이 끝난 후 즉시 저온 콘테이너에 실어주어야 한다. 이때 저온 콘테이너의 온도는 8±1°C를 유지해 주어야 한다.

2) 내포장용 P.E.필름은 상자 내에서 수분의 유지 및 공기의 교환을 가능하게 하므로 반드시 P.E.필름을 먼저 바닥에 깔고 오이를 차곡차곡 담은 후 윗 부분을 잘 덮어서 수분의 증발을 최대한 막아주어야 한다. 수분의 증발은 오이의 경도를 떨어뜨려 오이의 품질을 떨어뜨릴 뿐 아니라 과도한 수분의 증발은 스폰지과를 발생시켜 상품성을 저하 또는 소멸시킨다. 0.03mm P.E.필름의 내 포장재로서의 사용은 선도유지에 효과가 있다.

3) 오이는 저온장해가 있는 작목이므로 온도가 7°C이하로 내려가게 되면 저온장해를 입게 되는데 또 온도가 높아 져서 20°C에 이르게 되면 오이에 부패과 및 스폰지과가 발생하게 된다. 그러므로 오이 수출시 유통온도를 8°C로 하면 저온 장해와 고온에 의한 부패과, 스폰지과의 발생을 방지할 수가 있다.

4) 3°C 유통시 12일까지 부패과 발생이 없는 반면 저온 장해

가 발생함을 알 수 있다. 8°C 유통시 유통 12일경과시 부패과 발생이 1.3%이고 저온 장해의 발생이 없었다. 따라서 유통 온도를 8°C로 유지하면 부패과와 생리장해과의 발생을 억제해서 유통중 선도 유지가 가능하다.

03 애호박

❶ 수 확

(1) 수확적기 판정

호박의 종류와 수요층의 요구에 따라 상품성 있는 호박의 크기는 달라진다. 수확은 용도에 따라 씨방이 여물기 전의 미숙과인 청과와 완숙과로 구분한다.

1) 쥬키니, 애호박 및 풋호박은 청과용으로 개화 후 10일 이내에 수확하지만, 촉성재배시 재배온도가 낮거나 환경이 불량할 때에는 15일이 소요될 수 있다.
2) 완숙과의 경우 동양계 호박은 개화후 50~60일 경과하였을 때 수확하고, 서양계 호박은 35~50일 후에 수확한다.
3) 생육기에 들어선 애호박에 플라스틱 용기를 씌우는 캡재배 방식을 이용할 경우, 애호박의 크기를 일정하게 유지하기 위한 적정 수확기 판정이 훨씬 수월해진다.

(2) 수확 방법

1) 애호박의 수확은 아침 일찍 시작하여 오전 중에 마치도록 하여야 과실이 열을 많이 받지 않아 장기간 수송 및 저장에 유리하다.
2) 어린 호박은 과피가 매우 연약하므로 수확 시 상처가 생기지 않도록 유의한다. 또한 고온에서 품질이 빨리 악변하기 때문에 가능한 빨리 서늘한 곳에 보관해야 한다.

3) 수확시기는 6~9월인데, 50일 이상된 것을 수확하고 미숙과가 수확되지 않도록 주의한다.
4) 손수확은 적숙과와 과숙과를 정확히 선별할 수 있고, 수확 시 충격을 최소화할 수 있다. 애호박의 경우 표피 구조가 매우 약하기 때문에 기계수확은 거의 불가능하며, 대부분 적과가위를 이용하여 손 수확 방법으로 수확되고 있다.

❷ 수확 후 처리(예냉)

1) 저장고에 입고한 후의 애호박 저장요령은 계단식이나 받침대 그물망 등을 이용하여 애호박이 서로 닿거나 겹치지 않게 올려놓아 통풍이 잘 되도록 하고, 온도는 7~12°C, 습도는 90~95% 정도로 유지해 주어야 좋다.
2) 저장중 발생되는 부패과는 다른 정상과에도 부패를 촉진시키는 유해가스가 발생하므로 발견 즉시 제거해 주어야 한다.
3) 애호박 과육 품온이 22.7°C 인 경우 과육 품온을 8°C까지 내리는 예냉처리시 1시간이 소요되었으나, 8°C 저장고에 입고한 경우는 약 30시간 정도 소요되었다.
4) 애호박에서 사용되는 예냉방식으로 차압통풍식과 수냉식이 이용가능하며, 수확 후 예냉을 실시하고 적절한 저장온도와 높은 상대습도에서 저장하면 무게 손실을 줄일 수 있다.

❸ 선 별

애호박에서 실시하고 있는 작물의 품질 평가는 크기, 색깔, 외부흠집 등의 외형적인 요소에 의해 평가되고 있다.
1) 품질평가 중 크기와 색깔의 평가는 어느 정도 계측화가 되어 있지만, 나머지 부분은 주관적인 판단으로 선별작업을 하고 있다. 색택, 풍미, 조직감 등의 식미와 관련된 관능적 평가 등이 종합적 품질 평가 지표가 된다.
2) 수확한 애호박을 선별하는 과정에서 외관상 상품성이 없는

기형과, 부패과 등 결점과를 골라내어 모양과 색깔이 좋은 것을 선별한다.
3) 선별 후에 크기별 등급으로 분리된다. 크기선별은 손으로 직접하거나 크기 선별기로 선별하는 방법이 있다.

❹ 포 장

애호박은 개별 낱개 비닐 포장되거나 랩으로 씌워서 운송 중 흠 집이 생기지 않고 신선도가 유지되도록 하고 있다. 그러나 여러 종류의 플라스틱 필름이 포장에 사용되고 있지만 MA포장에 사용할 수 있는 적절한 투과성을 가진 플라스틱 필름제는 제한적이다. 애호박의 속포장 재료로는 폴리에틸렌 필름 재질이 가장 널리 이용되고 있으며, 가스 투과도와 포장재 내에 습기가 차는 것을 방지할 목적으로 포장재에 구멍을 내어 사용하고 있다.

❺ 저장기술

애호박의 최적 저장온도는 10°C±2.5°C이고 상대습도는 최소 90% 이상이어야 한다.
1) 애호박은 저온에 민감하기 때문에 8°C 이하의 온도에 노출이 되지 않아야 한다. 애호박 품종 사이에 저온장해에 대한 내성이 크게 다르기 때문에 냉해를 입은 호박은 비록 저장기간 동안 장해가 없더라도 표피조직이 함몰하고 상온에서는 빠르게 부패한다.
2) 향균성 플라스틱 필름을 이용하거나 포장내 O_2농도와 높은 CO_2농도로 기체조성을 유지하는 경우(active MA 포장)저장성을 향상시킨다.
3) 1%이상 농도의 자몽종자 추출물(grape fruit seed extract, GFSE)도 Escherichiacoli, Staphylococcus aureus, Leuconcstoc mesenteroides, Bacillus subtillis에 대해서 향균효과를 보인다.

4) 애호박은 수분손실에 매우 민감하여 초기무게 값과 비교하여 3% 정도 무게 손실이 발생하면 위조증상이 나타난다.
5) 호박을 PE필름으로 포장할 경우 노화가 억제되고 방담필름을 이용하면 부패율이 현저히 감소하며 저온장해 민감도를 줄일 수 있다.
6) CA저장을 하면 호박의 저온장해에 대한 민감도를 감소시켜 최적 저장온도 보다 낮은 온도에서도 저온장해(chilling injury)의 발현 없이 저장이 가능하여 저장수명을 연장할 수 있다. 그러나 적용할 수 있는 CA조건은 호박의 품종에 따라 다르다.

⑥ 유통

유통되는 애호박의 크기는 품종과 시장수요에 따라 다르다. 포장 전 세척과 규격화를 위해 플라스틱 상자로 유통센터로 수송된다. 과실을 산지부터 소비까지의 운반하는데 과일간 마찰로 인한 손상을 예방하고 수분손실을 줄이기 위해 격자형 스티로폼망을 이용한다. 수확 운반 도중에 상처를 입게되면 1주일 이내에 부패하므로 상처 입은 애호박은 바로 출하해야 하고, 착과가 늦어서 미성숙된 애호박도 저장력이 떨어지므로 수확 직후 바로 출하하도록 한다.

⑦ 수확 후 손실

1) 작물 선별 시 표면 마찰에 의해 발생하는 장해로서 마찰은 페놀물질의 효소적 산화를 통해 작물을 갈변시킨다. 갈변에 의해 수분 손실도 증가시키기도 한다.
2) 수분손실로 인한 중량감소는 호흡으로 발생하는 중량감소의 10배 정도 크다. 저장고 내 높은 온도와 낮은 상대습도 조건에서 생체중은 5~10%까지 줄어든다. 거칠게 취급하면 표피 손상을 증가시키거나 선별 및 포장작업이 지체가 되면 작물과 대기 중의 수증기압차에 노출되어 수분손실이 가속화 된다.

04 양파

❶ 수 확

(1) 수확시기

수확시기에 따른 양파 구의 특성은 다음과 같다.
① 구 비대가 완료되면 잎 기부가 도복하는 습성이 있다.
② 도복율이 낮을수록 부패율은 감소하나 수량도 감소한다.
③ 부패율 감소와 수량확보를 위해 잎 90% 도복기 수확한다.
④ 잎 100% 도복기 (갈변기) 수확은 부패율을 크게 증가시킨다.
⑤ 탄산석회 6%액 엽면살포는 부패율을 감소시킨다.
⑥ 탄산칼슘 3%액 침지처리후 건조시키면 부패율을 감소시킨다.

(2) 수확방법

1) 인력 수확은 소규모 재배지에 유리하고 1차 선별작업과 상처 발생율이 낮다.
2) 기계수확은 대규모 재배지에서 유리하고 노동력이 크게 절감된다.
   ① 기계와 작업 도구 상처, 낙상과 압상 상처가 발생 되지 않도록 주의
   ② 잎 절단시 기계상처가 발생치 않도록 유의한다.

(3) 수확용기

1) 양파망은 소규모재배에서 널리 활용되고 있으나(96%), 주입시 기술과 노동력이 많이 소요되고 부패구 점검에 어려움이 있다.
2) 플라스틱상자는 기계화로 노동력이 절감되고 부패구 점검도 용이하다. APC에서 일괄작업에 유리하나 주입 용량을 늘릴 필요성이 있다.
3) 콘백은 대규모재배지에서 노동력이 크게 절감된다. 부패구 점검에 어려움이 있고 통기성과 함께 처지거나 휘어짐이 없도록 개선해서 사용하여야 한다.

❷ 수확 후 처리(큐어링)

(1) 포장에서의 큐어링

1) 방법
   수확후 비닐 위에 2~3일간 널어 자연풍과 태양열에 건조시킨다.
2) 장점
   이용이 용이하고 작업이 간편하다.
3) 단점
   강우시 큐어링 효과가 낮고, 5월 하순이후 고온장해 발생(차광망 설치)

(2) 적재 큐어링

1) 방법
   바닥에 팰릿이나 각목을 놓기 전 비닐을 깔아 땅에서 올라오는 습기를 방지하고, 양파망을 1열 또는 2열5단으로 적재 후 상단에 짚이나 차광망을 설치한다.
2) 장점
   공터나 도로변 활용이 가능하며, 큐어링 효과가 비교적 우수하다.
3) 단점
   강우시 빗물 유입 가능성이 높으며, 햇볕 노출시 녹변현상이 발생한다.

(3) 실내 큐어링

1) 방법
   지대가 높고 통풍이 양호한 곳의 지붕이 있는 기존 시설을 활용하여(환기창이 있는 비닐하우스나 간이 창고를 활용해도 됨) 양파를 적재 용기에 넣어 적재하거나 팰릿 또는 각목 위에 적재한다.
2) 장점
   기존 시설 활용이 가능하고 큐어링과 함께 90~120일간 상온저장이 가능하며, 큐어링 효과가 우수하다.

(4) 열풍 큐어링

1) 방법

저장고내 열풍 히터와 열풍기를 설치한다. 열풍기를 이용 저장고내 온도를 32~35°C를 유지해 외기와 온도차가 5~8°C이상 되어야 큐어링이 잘된다.

2) 장점

단기간에 건조와 큐어링 효과를 볼 수 있다.

3) 단점

연작지 재배 양파나 병원균에 감염된 양파는 부패가 급속도로 진전되고 고온 과습조건에서 조질이 연화되며, 특히 검은곰팡이병 발병율이 높다.

(5) 송풍 큐어링

1) 방법

30평기준 0.7kw 송풍팬 4대와 환기창 4곳을 맞은편 벽면에 설치한다. 상온 조건에서 0.2~0.5m/초 속도로 송풍하면서 10~15일간 큐어링한다.

2) 장점

저장고에서 직접 큐어링후 저장함으로써 노동력이 크게 절감되며, 효과가 매우 우수하다. 큐어링 중 상대습도 10% 감소로 부패율을 10% 감소시킨다.

3) 단점

초기 시설비가 다소 소요되고 전기료가 부과된다.

③ 선 별

(1) 1차 선별

용기 주입전 생리장해구, 분구, 변행구, 요철구, 부패구, 소구 등 비상품구는 제거하고 구 경도와 건물중이 높은 것은 장기 저장용으로 구분하며, 또한 배수 불량한 토양과 연작지 수확 양파는 단기 저장용으로 구분한다.

(2) 2차 선별

① 표준 규격은 고르기, 크기, 모양, 색택, 손질정도에 따라 특, 상, 보통으로 구분한다.
② 양파구 지름에 따라 양파를 2L, L, M, S로 구분한다.
③ 선과장에서 비상품구는 육안으로 제거한다.
④ 포장용량은 5, 10, 15, 20kg 구분하고 포장재는 그물망, 골판지로 구분하고 있다.

❹ 저장 기술

(1) 상온 저장

1) 조건
   통풍이 양호한 장소와 함께 시설 내 환기창 확보한다.
2) 저장기간 : 90~100일
3) 유의점
   통풍과 함께 환기가 잘 되도록 해 주어야한다.

(2) 송풍상온저장

1) 조건
   상온저장조건과 함께 24시간 송풍해준다.(0.2~0.5m/초)
2) 저장기간 : 100~120일
3) 유의점
   반드시 외부로 배풍, 장마철 24시간 배풍

(3) 저온저장

1) 조건
   온도 0℃, 상대 습도 60~70%, 24시간 송풍해준다.(0.2~0.5m/초)
2) 저장기간 : 210일 ~ 270일
3) 유의점
   -0.8~-1.3℃에서 동해 발생한다. 저장고 내부 송풍한다.
   (배풍하지 않음)

❺ 수송 및 매장내 관리

(1) 수송

팰릿을 수송차량에 실어 상온상태로 유통하고, 팰릿작업시 비닐테이프로 묶어 낙상을 방지해준다. 장거리 수송시 장마철에는 컨테이너에 넣어 수송하는 것이 바람직하다.

(2) 매장 내 관리

구근채소류와 함께 상온조건에서 판매하는 것이 바람직하다. 20kg 그물망에서 1.5kg 망으로 경량화 하는 추세이다. 세척, 박피된 양파는 소포장하여 저온조건에서 판매한다.

❻ 수확 후 손실

(1) 흑색썩음균핵병

1) 증상
   뿌리에서 검은 포자 발생과 함께 구 전체가 썩어 들어가는 증상
2) 원인
   발육적온은 20℃이고 3~4월 연작지에서 다발한다.
3) 대책
   종자소독, 윤작과 후작, 태양열 토양소독과 이병부위 소각이 있다.

(2) 검은곰팡이병

1) 증상
   표면에 흑색 반점이 생기면서 부패한다.
2) 원인
   잎 절단부, 인경부위 상처로 침입하며 7~9월 고온 다습시 심하게 발생한다.
3) 대책
   상처방지, 잎을 길게 절단(6~6cm), 저장 시 저습상태를 유

지한다.

(3) 잿빛곰팡이병

1) 증상

   인편이 수침상으로 변해 갈색으로 썩어 들어가는 증상

2) 원인

   상처로 감염, 다습조건에서 다발, 발병적온은 20~25℃

3) 대책

   잎 길게 절단, 수확 시 상처 방지, 저온과 함께 저습조건에 저장한다.

(4) 푸른곰팡이병

1) 증상

   연한 갈색의 수침상으로 부패하면서 푸른 곰팡이균 발생한다.

2) 원인

   종자감염, 상처, 연작지에서 다발한다.

3) 대책

   종자소독, 윤작과 후작, 상처 방지

(5) 마른썩음병

1) 증상

   뿌리부위가 회갈색으로 변하면서 부패시 흰 곰팡이가 발생하기도 한다.

2) 원인

   뿌리응애 가해시 피해가 크다. 발육적온은 25~28℃이고 연작지에서 다발한다.

3) 대책

   뿌리응애 방제, 종자소득, 윤작과 후작, 석회시용

(6) 무름병

1) 증상

   양파 내부가 수침상으로 변해, 갈변되면서 양파 특유의 악취가 발생한다.

2) 원인

세균으로 토양과 상처 감염된다. 질소과다시비시 다발한다.
3) 대책
방제약이 없어 내병성 품종 선택, 상처방지, 윤작과 질소 적정시비

05 마늘

❶ 수 확

(1) 수확시기

1) 마늘의 수확 시기는 품종이나 재배지역에 따라 다르다.
   ① 남부지방의 난지형 마늘은 5월 중순부터 6월 상순까지,
   ② 중부지방의 한지형 마늘은 6월 중하순에 수확된다.
2) 수확적기는 잎의 30%정도가 누렇게 되면서부터 경엽이 1/2 내지 2/3정도 마를 때이며, 수확이 적기보다 빠르면 구의 비대가 충실치 못하고 수분함량이 많아 저장 중 중량 감소가 크며, 인편의 부패율이 높아진다.
3) 수확이 적기보다 늦으면 마늘통이 터지는 열구 현상이 심하여 상품성이 낮아진다.

(2) 수확방법

마늘 수확은 맑은날을 선택하여 하는 것이 좋으며 수확 후 포장에서 2~3일간 햇볕에 말린 다음 통풍이 잘 되는 곳에서 수분이 64%~65% 정도 되도록 건조해 저장하는 것이 병원균 및 부패미생물의 발생을 억제할 수 있다.

❷ 수확 후 처리(예건)

(1) 예건

1) 마늘의 수확 시기에는 장마기가 도래하고 기온이 높으므로 수확된 상태로 방치하면 수분함량이 높아 곧 바로 품질 손상을 초래한다. 따라서 예건은 마늘에 있어서 필수적으로 행해야 하는 처리기술이다.
2) 마늘을 예건 처리하면 마늘의 표피, 줄기 및 인편 내의 수분함량이 감소하여 토양에서 오염된 미생물이나 해충 등의 번식이 억제되므로 저장 중 품질변화가 적다. 또한 인편 내 수분함량을 낮추므로 영하의 온도에서도 저장을 가능하게 하며, 휴면에도 영향을 미쳐 맹아신장도 억제된다. 그리고 예건은 외피가 건조되는 효과에 의해 내부 조직의 수분증산을 억제시켜 저장 중 중량 감소율을 줄이는 작용을 한다.

(2) 방법

1) 자연 예건
    ① 수확 후 마늘을 포장에 그대로 펴서 말리거나, 간이 저장고로 옮겨 마늘을 자연 통풍에 의해 건조하는 방법으로 건조기간이 약 2~3주 정도 소요된다.
    ② 포장에서 마늘을 펴서 말릴 때 우기가 겹치면 품질 악화를 초래할 수 있으므로 주의를 요한다.
    ③ 자연예건은 건조가 불균일하고, 기간이 길어 품질손상을 초래할 수 있다.
2) 열풍 건조기를 이용한 예건
    ① 예건을 위한 적극적인 방법으로 열풍건조기를 이용하는 방법이다.
    ② 수확 후 마늘 줄기를 약 2cm정도 남기고 절단한 후 38℃에서 예건 처리한다.
    ③ 열풍건조기를 이용할 경우 예건의 처리기간을 약 3~6일 정도로 단축시켜야 품질 손상이 적으며 균일하게 건조되어진다.
    ④ 예건온도가 40℃가 넘지 않도록 하여야 예건에 의한 마늘의 내부 성분변화를 초래하지 않는다.

3) 개량 건조시설을 이용한 예건
① 농가에서 개량 건조시설을 만들어 예건하는 방법이다.
② 개량 건조시설은 시설 하단에 팬을 설치한 후 바닥에 구멍을 뚫어 통기성을 높이며, 지붕을 설치하여 비가림을 한다.

(3) 마늘의 예건정도 판단 방법

수확 시 마늘의 수분함량은 보통 외부 껍질이 75~80%, 마늘구 내부줄기가 80~90%, 인편이 70~72%정도인데, 예건 처리된 마늘은 외부 껍질이 13~15%, 마늘구 내부줄기가 20~23%, 인편이 64~65%정도로 감소한다. 그러나 예건하는 동안 수분함량을 통해 예건정도 평가를 평가하기가 어렵다. 간이적인 판단 방법은 예건중 마늘구를 분리하여 인편중앙의 줄기부위가 물기 없이 건조됐을 때를 예건의 종료 시점으로 한다.

❸ 선 별

(1) 수확 후 단계별 선별 지표

1) 수확 직후 선별 지표
수확 직후에는 외관적 요인 즉 모양, 크기, 색깔, 그리고 물리적 상처나 병충에 의한 결점이 품질지표로 가장 중요하다. 상품으로서의 최초 품질은 소비자의 외관 판정(첫 인상)에 의해 크게 좌우되기 때문이다.
2) 저장 및 유통 단계에서의 선별지표
저장 및 유통 중에는 맹아신장 및 수분감소가 일어나 단단한 정도가 저하되는 등 상품성이 떨어지므로 신선도가 주요 지표가 된다.
3) 마늘의 저장 과정 중 저장성 평가방법으로 마늘의 생리적인 변화인 맹아신장 정도로 평가 할 수 있다. 이것은 마늘 인편을 절단하여 인편 내부에 초기 맹아(내부의 싹)크기에 대한 맹아의 신장 정도로 저장 지속 가능여부 및 생리적 품질변화 등을 예측할 수 있다.

④ 포 장

1) 포장재는 무엇보다도 외부 압력이나 충격에 견디어 모양을 유지하는 압축 강도를 가져야 한다(국내 골판지가 일반적임).
2) 골판지 상자는 수분을 흡수하면 그 강도가 떨어지므로 장기간 수송시나 습한 기후에 수송할 경우 방습 처리가 된 포장재의 이용이 필요하다.
3) 골판지 외에 겉포장재로 사용하는 PP대(polypropylene), PE대(polyethylene), 그물망, 지대 및 플라스틱상자 등이 있다.

⑤ 저장기술

(1) 마늘의 저장

1) 마늘은 수확 후 일정기간 휴면기간을 거치므로 곧바로 맹아 신장으로 인한 품질변화는 없지만 부패 등 기타 품질 저하를 초래 할 수 있으므로 예건 및 훈증 처리 후 저장고에 입고하는 것이 좋다.
2) 저장용 마늘을 선별할 때는 크기뿐만 아니라 상처나 병해충이 감염된 것을 제거함으로써 저장 중 발생되는 피해를 줄일 수 있다.
3) 마늘의 저장기술은 저장기간에 따라 일시저장, 단기저장, 장기저장으로 구분된다.
   ① 단기저장은 시장의 공급 과잉을 조절하는데 목적이 있다.
   ② 장기저장은 오랜 기간 저장하였다가 가격이 비싼 시기에 출하하여 수익성을 올리는데 중점을 둔다.
4) 저장 방법에 따르면 상온저장, 저온저장, MA저장 등으로 구분하고 있으며, 최근에는 저장고 내의 온도와 기체 환경을 조절하는 CA 저장 방법이 많이 이용되고 있다.

(2) 마늘의 저장 조건

1) 마늘은 수확 직후 수분함량이 약 80% 가량 되는데 장기간 저장을 목적으로 한다면 64~65% 이하가 되도록 예건하여

야 한다.

2) 저장고 온도설정은 마늘이 완전히 예건 된 상태를 기준으로 가능한 빠른 시간 안에 0℃까지 내려야 하는데, 수분함량 64~65% 정도로 예건이 이루어지지 않았을 경우에는 온도를 서서히 내려 내부 결빙에 의한 마늘의 손상을 최대한 줄여야 한다.

3) 마늘의 장기 저장은 온도 -2~-4℃, 습도 70%를 유지하면서 휴면이 지속되고 있는 기간 내에 냉장을 실시하면 6~8개월 동안 저장이 가능하다.

4) 저온저장의 시기는 난지에서는 7월 하순 이전까지, 한지에서는 8월 중순 이전까지는 냉장처리를 실시하여야 한다. 5~15℃ 저온에서 장기간 동안 방치되면 마늘의 휴면타파가 발생되어 맹아신장을 가속화시킬 수 있으므로 주의가 요구 된다.

5) 저장 동안 마늘의 품질은 인편을 세로로 잘라 맹아가 인편내부에서 자라는 것을 관찰함으로써 확인할 수 있다. 만약 저장 중 마늘 인편내부의 맹아가 신장될 조짐이 보이면 온도를 맹아신장이 억제되는 -2~-4℃까지 낮추어 품질변화를 최소화함으로써 저장기간을 연장시킬 수 있다.

6) 예건이 충분히 이루어지지 않은 경우 -4℃에서는 마늘에 결빙이 심화됨으로 주의가 요구된다. 특히 제주산 마늘의 경우 예건이 충분히 이루어지지 않은 상태에서 온도를 -4℃까지 낮추면 동해를 입으므로 주의를 요한다.

7) 마늘을 컨테이너 박스에 넣어 저장할 경우에 저장고 내의 냉기가 컨테이너 내부까지 침투하지 못하므로 저장 3개월 정도 경과 후(9-10월경) 내부와 외부를 섞어주는 작업(뒤집기)을 실시해야 한다.

06 결구상추

❶ 수 확

(1) 수확방법

결구상추는 수확 시 결구가 잘 발달하여 단단해야 하며, 과숙으로 쓴맛이 강하거나 씹었을 때 질기지 않아야 한다. 포기 전체가 외관상 부풀어 오르지 않고, 결점부위가 없고 청결해야 하며, 갈변 조직도 없이 밝은 녹색을 지녀야 한다.

(2) 성숙여부

성숙여부는 결구의 단단함에 따라 결정하는데, 손으로 결구부위를 눌렀을 때 약간 들어가는 정도(80~85% 결구상태)가 적당한 수확기이다. 결구부위가 단단하지 않으면 미성숙 단계이고, 너무 단단하거나 딱딱하면 지나치게 성숙된 것이다. 결구형성 정도에 따라 네 단계로 구분한다.

① 매우 단단함 : 결구엽들이 구를 치밀하고 단단하게 감싸고 있는 구
② 단단함 : 구가 치밀하나 손으로 힘을 가하면, 약간 들어갈 수 있는 상태
③ 보통 : 구를 절단하면 속이 차있지만, 결구엽들이 느슨하게 서로 포개져 있음
④ 무름 : 구를 절단하면 속이 비어 있어 쉽게 눌러지거나 푹신거리는 상태

❷ 작업체계

1) 결구상추의 수확후 품질관리 작업체계는 수확→포장→예냉→수송 의 과정으로 진행한다.
2) 품질관리에 요구되는 온도는 0℃, 상대습도는 90~95%가 좋다. 저장수명은 0℃, 90~95%의 상대습도에서 1~2개월

저장이 가능하다.
3) 결구상추는 에틸렌 가스의 생성은 매우 미미하지만 에틸렌에 아주 민감하게 반응하여 중륵에 갈색 반점이 발생하는 등 상품가치가 저하된다.

07 브로콜리

① 수 확

극조생종은 약 300g, 중만생종은 400g 정도의 크기에 도달하고, 화뢰의 작은 꽃들이 쌀알 정도 크기가 되면 즉시 수확을 한다. 장기 저장을 목표로 할 경우에는 기준 수확시기보다 약간 더 어린 상태에서 수확하는 것이 더 오랫동안 품질을 유지할 수 있다. 수확 적기는 매우 짧으므로 일주일에 3회 정도로 나누어 수확한다.

수확적기를 넘기면 쌀알같은 크기의 작은 꽃봉오리는 개화하여 상품가치가 떨어진다. 혹한기가 되면 품종에 따라 화뢰에 안토시아닌이 생겨 자주색으로 변색하기도 한다.

(1) 수확사저장고 입고 전 적정 온도관리 방법

1) 브로콜리 저장 수명은 수확 후 얼마나 빨리 품온을 낮춰주는가에 달려있다. 수확 시 및 수확 후 적절한 온도 관리의 효과는 다음과 같다.
   ① 효소적 분해(연화)와 호흡 활성을 낮춘다.
   ② 수분손실(시들음)을 느리게 하거나 억제한다.
   ③ 미생물(곰팡이 또는 박테리아)에 의해 발생하는 부패의 확산을 느리게 하거나 억제한다.
   ④ 에틸렌(성숙 및 노화 호르몬)의 생성을 감소시키거나 작물의

에틸렌에 대한 반응을 최소화 시켜준다.
2) 수확 시 및 수확 후 적절한 온도유지를 위해서는 다음과 같이 관리한다.
    ① 하루 중 가장 시원한 때 수확한다(아침이 가장 좋음).
    ② 수확 직후 햇볕에 의해 품온이 올라가는 것을 최소화하기 위해 수확된 브로콜리와 적재된 운송 차량을 그늘에 둔다.
    ③ 운송 중 품온 상승과 태양빛에 의한 피해를 최소화하기 위해 적재 차량을 방수포로 덮는다.
    ④ 농가에 저장 및 예냉시설이 있을 경우 수확 후 즉시 빙냉, 강제통풍예냉 또는 차압 예냉을 실시한다. 가능한 철저하게 예냉 한다.
    ⑤ 운송차량은 반드시 0℃ 저온 탑차를 이용한다.

(2) **부패방지를 위한 수확 및 선별 시 주의사항**

브로콜리 품질 유지를 위한 가장 중요한 포인트는 수확 및 선별 시 브로콜리를 아주 부드럽게 다뤄야 한다는 점이다. 또한, 브로콜리 저장 중 발생하는 부패는 저장수명을 결정하는 주요 요인중 하나이다. 부패를 방지하기 위해 재배 및 수확 시에 다음 사항을 준수하여야 한다.
    ① 브로콜리 저장 중 병해는 수확 전 포장에서부터 철저히 방제하여야 하며, 장기 저장을 위해서는 병해가 없는 브로콜리를 포장, 입고시켜야 한다.
    ② 충해가 없는 브로콜리를 포장, 입고시켜야 한다.
    ③ 선별, 포장 시 가능한 부드럽게 다루어서 찢김이나 부스러짐으로 인한 상처부분의 부패균침입을 방지한다(일단 부패발생후 급격한 병의 확산, 수분손실을 방지한다). 브로콜리 잎을 제거할 때 절단면이 찢겨지지 않도록 깨끗하게 잘라야한다.
    ④ 강우시 브로콜리 화뢰 안쪽으로 스며들어간 빗물에 의해 부패균 확산 속도가 급격하므로 우천시 수확하지 않는다.
    ⑤ 아침 이슬이 마르지 않은 상태에서 수확후 입고시에도

부패가 문제가 될 수 있으므로, 강제 통풍예냉을 실시하면서 이슬을 말린 후 저장한다.
⑥ 더러워진 수확용 컨테이너 상자는 5% 클로락스 용액으로 소독한다.
⑦ 선별라인, 포장작업대, 저장고는 항상 청결하게 유지하고 소독해야 한다.

❷ 수확 후 처리(예냉)

(1) 예냉 방법 및 요령

브로콜리는 수확후 가능한 빠른 시간(최대6시간) 이내에 예냉을 실시하여야 이후 저장 및 유통 중 품질을 유지할 수 있다. 예냉 방법으로는 강제통풍 예냉(룸쿨링), 차압예냉, 빙냉식의 세 가지 방법이 이용되고 있다.

1) 차압예냉 시

반드시 차압예냉 상자를 이용하여, 일반 PE 박스로 차압예냉시 겉부분은 시들고, 안쪽은 품온이 떨어지지 않아 품온이 저하되지 않게 주의한다.

2) 차압예냉 조건

설정온도는 동해가 없는 한 낮은 온도(0℃)에서 실시한다. 단 차압 예냉기의 온도편차를 고려서 3~5℃ 설정온도와 2시간의 예냉시간이 적합하다.

3) 강제통풍예냉(룸쿨링) 조건

0℃, 1~2일, 필름 등 속포장후 강제 통풍예냉시 품온 저하 시간이 48시간 이상으로 연장되어 예냉효과가 떨어진다.

4) 빙냉식

수확된 브로콜리에 -0.5~0℃의 물과 얼음의 슬러리를 이용하여, 물을 통과시켜 재빠르게 품온을 떨어뜨림과 동시에 얼음을 채우는 방식으로서, 골판지 상자를 파라핀 처리하여 방수되는 상자를 이용한다. 수확 후 브로콜리 시듦 및 황화를 방지할 수 있는 가장 적합한 방법이다.

③ 저장기술

브로콜리는 온도에 민감한 작물로 수확 후 상온상태에서 빠르게 황화와 시들음이 진행되는 작물로 특히 여름철 고온기에 생산량 감소와 더불어 저장 및 유통 중 온도편차로 인한 상품성 저하로 가격이 높게 형성된다. 따라서 봄철 대량 생산되는 브로콜리의 저장기간을 연장함으로써 여름철 고온 단경기 출하량을 조절하여 농가 소득과 가격 조절에 기여하고, 소비자에게 양질의 브로콜리를 공급해야 할 필요가 있으며 이를 위해 적절한 수확후 관리기술의 적용이 필수적이다.

(1) 저장을 위한 속포장

1) 속포장 효과

   유공 PE 0.03mm 〉 PE 0.03mm 〉 신문+0.03 mm 〉 신문

2) 유공 PE 0.03mm 조건

   PE 0.03mm 필름에 촘촘하게(전체 면적의 2%) 천공, 또는 500원 동전 크기의 구멍을 한 면당 6개씩 뚫어서 사용한다. 단, 저장고 습도가 낮을때 동전크기만한 구멍 주위의 브로콜리의 위조현상이 심하게 나타날 수 있으므로 주의한다.

3) 30~35일 정도의 저장을 목표할 경우 무공 PE 0.03mm를 사용하는 것이 좋으며, 이 경우 저장기간이 더 길어지면 이취가 심하게 발생하여 상품성이 없어지므로 주의한다.

4) 투기성이 없는 재배용 멀칭비닐로 속포장하지 않도록 주의하며, 이 경우 이취와 부패확산으로 저장에 실패할 확률이 높다.

(2) 저장 온습도 및 관리방법

1) 저장온도

   0℃(저장고 실제 온도를 반드시 확인)

2) 저장상대습도

   98% 이상 〈 저장고내 가습기 설치, 바닥에 지속적으로 물을 뿌림,

투기성 필름 (유공 PE 0.03mm)으로 속포장 하여 저장함〉

(3) 저장고 관리

1) 입고전 저장고, 저장박스를 클로락스 5% 용액으로 소독한다. 소독 후 저장고가 마를 때까지 환기 시킨다.
2) 적재
   저장고 높이의 80%
3) 냉기순환을 위해 2~3팰릿 사이마다 약 15cm의 간격을 둔다.

❹ 유 통

(1) 수송

1) 브로콜리는 유통시 상온에서 빠르게 황화 및 시들음이 일어나므로 저온 유통 시스템이 반드시 도입되어야 할 작물이다. 저장 후 출하시의 온도 관리도 유통 중 브로콜리 품질에 큰 영향을 미친다.
2) 0℃ 저온 저장 후 상온에 처했을 때 브로콜리는 결로가 발생하며 부패가 급격히 촉진되고, 황화와 노화가 동시에 진행된다. 따라서 저온저장(0℃)→저온수송(0℃)→저온판매(0℃, 얼음)의 시스템이 구축되는 것이 이상적이지만, 현재 상온에서 경매되는 유통시스템 하에서는 결로가 생기지 않을 정도의 온도로 조금씩 온도를 올려주면서 유통시킨다.
   - 저온저장(0℃) → 수송(5~8℃→15℃) → 경매 → 판매
   - 저온저장(0℃) → 저장고온도(5℃) → 수송(10℃→15℃) → 경매→판매
3) 만약 상온 수송이 불가피하다면 가능한 외기온이 낮을 때 수송하여야 한다.

❺ 수확 후 손실

브로콜리 수확후 가장 많이 일어나는 손실 유형은 황화, 시들음, 이취, 부패이다. 브로콜리의 온도에 민감한 특성상 이러한 손실은 수확, 선별, 예냉 및 저장을 거치는 전 단계에서 발생하게 되는데, 특히 수확부터 저장고에 입고시까지 얼마나 빨리 브로콜리의 품온을 낮춰주는지, 적정 저장온도를 편차 없이 얼마나 잘 관리해 주는지가 브로콜리 저장 및 유통 수명을 결정하는 주 요인이 된다.

(1) 생리적 손실

1) 브로콜리 화뢰의 황화는 적정 저장온도보다 높은 온도에서 저장되거나 에틸렌에 노출된 반응으로 과숙 브로콜리에서 발생할 수 있다. 브로콜리가 황화되면서 시장성이 없어진다. 때때로 노화관련 황화현상과 화뢰 경계 부위가 화뢰조직에 인접되어 그늘진 곳에서 나타나는 노란색을 띤 밝은 녹색부위와 혼동되는 경우가 있다. 이 부분은 화뢰가 성장하는 동안 햇볕에 노출되지 않아서 생기는 부분으로 정상적이다.

2) 브로콜리는 저온에 민감하지 않다. 따라서 얼지 않는 범위에서 가능한 차갑게 저장하는 것이 좋다. 동해는 빙냉식 예냉시 과다한 염이 slurry 상태의 혼합물에 첨가되거나 브로콜리가 −1℃이하에 저장될 때 발생할 수 있다. 해동된 화뢰는 매우 어둡고 반투명하고 후에 갈색으로 변할 수 있고, 박테리아 침투가 용이하여 부패를 촉진할 수 도 있다. 브로콜리는 동해가 발생하더라도 어는점 이하에 노출된 시간이 짧을 경우 상온으로 옮겨두면 다시 회복한다(증상 약). 그러나 전체적으로 동해가 발생할 경우(증상 심)에는 회복되지 않으므로 저장시 저장고 내 온도편차가 나지 않도록 주의한다.

(2) 병리적 손실

1) 수확후 관리에 있어서 곰팡이나 세균의 침입에 의해 일어나

는 손실을 병리적 장해라 한다. 저장 병해는 수확 전, 수확 중 또는 수확 후 식물 조직체에 병원균이 침투하여 저장 중 일정한 조건이 될 때 발병하는 현상을 말한다.

2) 수확 전 곰팡이병 감염으로 인해 저장 중 나타나는 저장병해를 방지하기 위해서는 위에서 언급한 수확, 선별, 예냉, 저장, 유통시 적절한 수확후 관리방법을 적용하여야 한다. 품종에 따라서도 병해저항성 정도가 다르므로 저장 중 병해를 방지하기 위해 저항성 품종을 재배하는 것도 좋은방법이다.

농산물 품질관리사 대비

제 4 장 | 서 류
(감자, 고구마)

01 감자

1 수 확

(1) 수확적기

감자 지상부의 경엽이 건조하면서 괴경이 완숙하여 전분의 축적이 최고에 달했을 때, 표피가 완전히 코르크화되어 껍질이 잘 벗겨지지 않을 때가 수확적기이다.

(2) 수확방법

1) 토양이 건조한 맑은 날을 선택하여 수확하는 것이 바람직하며, 강우 등으로 토양이 다습할 경우에는 수확 하루 전에 비닐을 제거하여 토양을 건조(토양수분 약 30%)시킨 후 수확한다.
2) 예정보다 조기수확을 목적으로 할 경우에는 수확 10일전 바람이 없는 맑은 날에 건조 고사제를 살포한다. 한편, 병원균에 감염된 경엽은 저장 중인 감자의 부패 원인이 될 수 있어 수확 시 제거하도록 한다.

(3) 수확 시 주의사항

감자의 손상(껍질 벗김, 절단, 균열 등)을 최소화하며, 태양으로부터 직접적인 일사(화상), 고온 및 저온(서리피해)에 주의하여야 한다. 수확된 감자는 이듬해 재배 시 병해잠복 및 전염 등의 원인이 되므로 가능한 농지에 남아 있지 않아야 한다.

14회기출문제

다음 원예작물의 수확기 판정기준으로 옳지 않은 것은?

① 당근은 뿌리가 오렌지색이고 심부는 녹색일 때 수확한다.
② 감자는 괴경의 전분이 축적되고 표피가 코르크화 되었을 때 수확한다.
③ 양파는 부패율 감소를 위해 잎이 90%로 정도 도복되었을 때 수확한다.
④ 마늘은 잎이 30% 정도 황화 되면서부터 경엽이 1/2~1/3 정도 건조되었을 때 수확한다.

 ①

❷ 수확 후 처리(큐어링)

(1) 큐어링

일반적으로 저온보다는 고온에서 효과적이고, 90% 습도와 18℃에서 6일, 15℃에서 10일, 13℃에서 12일의 기간이 소요된다. 그러나 고온에서는 상처 보호조직의 재생이 빠른 반면, 세균이나 곰팡이류의 활동 또한 왕성하기 때문에 20℃이상의 온도는 피하는 것이 좋다.

(2) 큐어링 실시요령

1) 수확 후 산지에서의 큐어링(풍건)은 9~10월중에 수확된 감자를 플라스틱 상자에 담아서 가리소(태양광 차단), 보온덮개 및 비닐로 덮어서 공기유통이 잘되는 냉암소에 쌓아 4~5일간 보관 후에 저온저장고로 입고한다.
2) 저온 저장고 겸용 큐어링 시스템에서는 고온기인 여름에 수확된 감자를 온도 및 습도 조절이 가능한 저장고(온도 15℃, 습도 90~95%)에 입고 후 8일정도 처리하면 상처조직이 완전히 치유된다.

(3) 세척감자의 상품화 기술

1) 세척은 안전성 높은 세척감자를 생산하기 위하여 살균제를 첨가한 물이나 일반식수를 이용하여 세척한다.
2) 건조는 강하거나 건조한 바람이 아닌 통풍이 되는 정도의 약한 바람으로 건조(건조실 온도: 약 20~25℃)한다. 이때 기준온도보다 건조실 온도가 낮을 경우 세척수가 남아 감자의 색이 변할 수 있으며, 기준온도보다 높을 경우에는 상품이 손상될 우려가 있다. 또한, 건조 컨베이어 벨트의 이동속도는 적정 건조시간을 충분히 확보할 수 있어야 한다.

❸ 선 별

(1) 선별방법

1) 수확과 동시에 육안으로 판단하여 선별한다.
2) 컨베이어 벨트에 의해 이동되는 감자를 1차적으로 육안 판별하여 경결점을 가진 감자를 제거하고, 2차로 무게를 기준으로 한 자동선별을 한다.

(2) 선별 시 제거 대상

① 감자의 모양이 울퉁불퉁하고 크기가 고르지 않으며 모양이 불균일하게 생긴것
② 껍질이 벗겨졌거나 손상을 입은 것
③ 박피의 피해를 입었거나 절상된 것
④ 표피색이 검거나 푸른색, 암녹색이나 연녹색 등을 띠며 깨끗하지 못한 것
⑤ 동해를 입었거나 햇빛에 그을린 것
⑥ 윤부병, 청고병, 역병, 연부병 등 각종 병해의 증상이 있는 것

(3) 용도에 따른 선별기준

1) 가공용 감자는 품종에 따라 차이가 있지만 적합한 크기(60~250g)와 비중이 높고, 칩 컬러도 좋고, 중심공동이나 내부갈색 반점 같은 결함이 없는 감자를 선별한다.
2) 소비자용 감자는 흙을 제거한 청결감자, 세척감자를 소포장하여 출하한다.

❹ 저장기술

(1) 저장감자의 적재 방법

1) 벽, 천장, 바닥에는 단열재를 사용하고, 저장고 높이의 80% 내외까지 일정하게 적재한다.
2) 적재 높이가 다르고, 컨테이너의 간격이 없으면 환기가 고르지 못하다.
3) 환기가 지나치게 잘될 경우 탈수되어 감자가 수축될 우려가 있다.
4) 천장은 평평하고 천장과 감자의 상층과의 간격은 1.5m 정도가 적당하다.

(2) 저장 중 관리

1) 저장고 내 별도로 온습도계를 부착하여 수시로 확인한다.
2) 부패 감자 발생 시 신속히 제거, 계속 발생 시 출하하는 것이 바람직하다.
3) 부패를 최소화하기 위한 방법
   ① 가능한 건조한 상태로 저장할 것
   ② 저장 후 가능한 빨리 환기시켜 감자를 말릴 것
   ③ 표피가 상하지 않도록 주의할 것
   ④ 상처를 치유한 후 저장할 것
   ⑤ 상처치유와 껍질이 잘 형성되도록 할 것
4) 이용목적에 따른 감자의 저장조건

구분	온도(℃)	습도(%)	저장기간(월)
씨감자	2~3	85~90	5~6
	5~7	85~90	2~4
식용감자	4~6	85~90	4~6
	8~9	85~90	2~3
가공감자	7	90~95	3~4
	10	90~95	2~3
상처치유 (큐어링)	15~21	90~95	-
리컨디셔닝 (이용전 처리)	15~23	90~95	-

(3) 저장 중 문제점 및 개선사항

1) 저장 중 높이 쌓으면 감자끼리 서로 눌리어 생기는 압상 피해가 발생되므로 플라스틱 상자에 담아 저장하거나 적재 높이를 낮게 한다.
2) 저장 중이나 저장 후 또는 파종 전(이른 봄)하우스 내에 잠시 보관함으로써 흑색심부병이 많이 발생하기 쉬우며 저온저장(0~3℃) 시 산소가 부족할 때 흔히 발생하므로 저장기간 중 환기시켜 준다.
3) 반 지하 저장고의 경우 온습도 조절이 가능한 저온저장고로 개조하여 품질유지와 손실율을 최소화 시켜야 한다.

⑤ 유 통

1) 박스포장은 수송 시 고단 적재에 의한 압상 및 물리적 충격에 의한 피해를 최소화 할 수 있다.
2) 비닐(MA) 소포장은 박피감자의 갈변을 억제하기 위하여 플라스틱필름을 이용하여 진공 또는 active MA 포장하여 냉장 탑차로 유통한다.

⑥ 수확 후 손실

(1) 곰팡이병

역병 및 검은무늬썩음병(흑지병) : 저온·다습한 환경에서 발생되므로 저장고 내 온습도 관리를 철저히 한다.

(2) 세균병

무름병 및 풋마름병 : 고온·다습한 환경에서 주로 발생하므로 저장기간 중 건조와 통기를 철저히 하며, 저장 시 이병식물체와 병든 괴경을 제거한다.

(3) 생리장해 및 물리장해

저장 중 물리적·생리적인 장해에 의해 손실되는 유형은 고단적재에 의한 압상피해, 온습도 조절이 안 되는 반지하 저장고에 저장할 경우 맹아, 수분손실, 부패 등에 의해 손실된다.

02 고구마

❶ 수 확

1) 고구마는 토양환경에 따라 품질이 크게 좌우된다. 배수가 잘되는 경사지에서는 질소 흡수가 적어서 괴근 세포의 간극이 작고 경도가 높아 평지에서 생산된 고구마보다 저장력이 좋다.
2) 재배환경도 품질에 영향을 미치는데, 특히 삽식기, 생육기간, 수확기 등이 품질 결정에 지대한 역할을 한다. 4월 중에 삽식하여 8월 이전에 수확하는 조기 재배된 고구마는 저온 저장을 거치지 않고 모두 소비된다.
3) 고구마 품종은 용도별로 식용, 공업용, 식품가공용, 색소용, 잎자루 채소용, 사료용 등으로 나눌수 있고 육질에 따라 분질(밤고구마), 점질(물고구마)로 나누고 있다. 저장력은 분질도가 높은 식용고구마가 높으나 품종간 차이는 있다.
4) 4월 이전에 PE필름 개량피복재배법에 의해 삽식하는 조기재배 고구마는 8월 이전에 수확하여 찐 고구마용으로 판매된다. 고구마 생리적 삽식적기인 5월에 삽식된 고구마는 추석 전 후에 수확되고 맥후작(만기재배)으로 6월에 삽식된 고구마는 10월에 수확된다. 수확 전 2~3주 전에는 관개를 중단함으로써 표피의 잔뿌리가 건조되게 한다.
5) 여름이나 가을에 판매되는 고구마는 저장할 필요가 없으나 종자용이나 다음 해에 판매할 고구마는 저장이 요구되는데, 이때 10℃ 이하온도에 노출되면 저온장해(냉해)가 발생되므로, 일찍 수확하여 큐어링 한 후 저장하여야 한다.
6) 수확 시에는 물리적 손상을 입지 않도록 세심한 주의가 요구되며, 특히 토양 조건에 따라 수확방법을 달리하여야 한다. 수확시 이용되는 도구는 호미, 쇠스랑, 굴취기 등이 있다.

❷ 수확 후 처리

고구마의 주요 수확 후 생리현상은 호흡, 중량감소 및 성분변화 등이다.

1) 그늘에서 건조시키거나 큐어링을 실시하여 호흡을 안정시킨 후 저장하여야 한다.
2) 호흡이 과다할 경우 저장물질의 소모로 당질화가 이루어지면서 신선도가 떨어지기 시작한다. 그리고 호흡 중 발생되는 이산화탄소는 호흡을 억제하기도 하지만, 과다하게 발생될 경우 장해를 유발하므로 적절한 환기가 필요하다.
3) 저장전처리로 예비저장이나 큐어링이 필요한데 일부 농가에서 이를 실시하지 않고 저장하여 부패 발생을 심화시킨다.
4) 큐어링은 고습 조건에서 실시하고, 실시 후에는 환기시킴으로써 고구마 내부온도를 12~14℃로 낮추어주어야 한다. 또한 큐어링을 실시하지 않을 경우에는 저장시설의 종류에 관계없이 손실율이 많이 발생되는 것을 확인 할 수 있다.

❸ 선별 및 포장

저장 후 고품질 고구마를 출하하기 위해서는 저장과 출하 전에 철저한 선별이 이루어져야 한다.

1) 병충해 감염된 고구마 및 냉해를 입은 고구마는 선별을 통해 즉시 소비함으로써 저장 중 발생되는 2차감염을 줄인다.
2) 판매용이나 종자용으로 저장 할 고구마는 흙을 제거하고, 줄기나 잔뿌리를 다소 길게 붙여 다듬어서 저장장소로 수송하게 되는데 상처가 나지 않도록 주의하여야 한다.
3) 수확한 고구마를 밭에 방치하면 야간저온에 노출되어 냉해를 받게 되므로 바람이 잘 통하는 옥내로 옮겨 예비저장을 거치거나 큐어링을 하여야 한다.
4) 종이포대나 자루 등은 수송도중 서로 부딪혀서 상처가 나기 쉽고 호흡열로 포장 내부가 고온이 되기 쉬우므로 공기순환이 원활한 플라스틱 콘테이너 박스 및 규격화된 종이 포장 박스를 이용하는 것이 유리하다.

④ 저장 기술

고구마 저장 시 주요 환경요인은 온도, 습도 및 환기이다. 따라서 고구마의 저장을 잘하려면 이러한 조건을 유지할 수 있는 좋은 저장시설이 필요하게 된다. 단열이 잘되는 자재를 이용하되 비용과 효율성 등을 감안하여야 한다. 저장 전에 콘테이너나 저장고 내부를 소독하여야 하며, 상처과 및 병발생과 등은 반드시 제거하여야 한다.

(1) 온도관리

저장가능온도는 10~17℃이며 저장 적온은 12~15℃이다.
1) 고구마는 낮은 온도에 약하여 10℃ 이하에 오래두게 되면 과육이 변하여 식미가 나빠지고 병균에 대한 저항성이 약해져 부패하기 쉽다. 저온장해(냉해)를 입은 고구마는 색이 변하며 광택이 없어진다.
2) 반대로 온도가 높으면 호흡작용이 왕성해져 고구마의 양분 소모가 많아지고 맹아가 신장하여 상품으로서의 가치가 크게 낮아진다.
3) 저장 중에 발생되는 냉해는 온도, 저장기간, 고구마 품종 등에 따라서 차이가 있지만 대체로 0℃에서 24시간, -5℃에서는 18시간, -15℃에서는 3시간 있게 되면 냉동해를 입으며 고구마가 어는 온도는 -1.3℃ 정도가 된다.

(2) 습도관리

1) 고구마의 수분함량은 60~70℃정도로서 저장장소가 건조하면 수분 손실이 많아 껍질이 굳어지고 코르크층 형성이 나빠져 부패하고 싹과 뿌리의 발생이 안된다.
2) 습도가 높으면 온도가 낮아지는 경우 수분이 고구마 표면에 맺히므로 열의 전도가 나빠지고 부패하기 쉽다.
3) 저장 중의 알맞은 습도는 85~90%이며 저장 중 수분손실에 의한 자연 감모율은 10% 내외에 이르는데 건조할수록 자연 감모률이 높아진다.

(3) 저장방법

고구마의 저장은 겨울철에 저장온도와 습도유지에 적은 비용으로 효과적인 방법을 택해야 하고 관리도 수월한 것을 선택해야 한다.

1) 고구마 저장방법은 굴 저장법, 옥외 움저장법, 옥내 움저장법, 옥외 간이 움저장법, 온돌저장법, 가열식 저장법 및 왕겨충진저장법 등 다양하다.
2) 일반적으로 난방장치가 있는 가열식이나 온도의 변화가 적은 지하굴 저장이 좋으며 저장 중의 온, 습도유지 및 관리에 지장이 없는 한 저장규모가 큰 공동저장고를 설치하는 것도 바람직하다.

MEMO

부록
기출문제

MEMO

부록 제 10회 기출문제

1. 과실의 수확에 적합한 성숙도 판정기준으로 옳지 않은 것은?

① 경 도 ② 색 택
③ 풍 미 ④ 중 량

정답 ④

2. 원예 산물의 품질평가 방법으로 옳지 않은 것은?

① 당도는 굴절당도계를 이용하고, °Brix로 표시한다.
② 경도는 경도계를 이용하고 Newton(N)으로 표시한다.
③ 산도는 산도계를 이용하고 mmho·cm^{-1}로 표시한다.
④ 과피색은 색차계를 이용하고, Hunter 'L', 'a', 'b'로 표시한다.

정답 ③

3. 원예 산물의 맛과 관련 있는 성분이 아닌 것은?

① 과당(fructose) ② 나린진(naringin)
③ 구연산(citric acid) ④ 라이코펜(lycopene)

정답 ④

4. 원예 산물의 저장 중 수분손실에 관한 설명으로 옳지 않은 것은?

① 저장온도가 낮을수록 적다.

② 저장상대습도가 높을수록 적다.
③ 표피가 치밀한 작물일수록 적다.
④ 용적대비 표면적이 큰 작물일수록 적다.

정답 ④

5. 원예 산물의 비파괴 측정 선별법에 관한 설명으로 옳지 않은 것은?

① 전수조사가 어렵다.
② 선별속도가 빠르다.
③ 설치·운용비용이 높다.
④ 당도 등 내부품질을 측정할 수 있다.

정답 ①

6. 고품질 신선편이 농산물의 생산을 위해 중점 관리해야 하는 품질저하 요인으로 거리가 먼 것은?

① 조직 연화
② 미생물 증식
③ 효소적 갈변
④ 영양성분 변화

정답 ④

7. 원예 산물의 전 처리 기술 중 세척에 관한 설명으로 옳지 않은 것은?

① 세척수는 음용수 기준 이상의 수질이어야 한다.
② 건식세척에는 체, 송풍, 자석, X선 등이 사용된다.

③ 오존수 사용 시 작업실에는 환기시설을 갖추어야 한다.
④ 분무 세척법은 침지세척법에 비해 이물질 제거 효과가 낮다.

정답 ④

8. 에틸렌 수용체에 결합하여 에틸렌 작용을 억제시키는 화합물은?

① 1-MCP(1-methylcyclopropene)
② ABA(abscisic acid)
③ 오존(O_3)
④ 이산화티타늄(TiO_2)

정답 ①

9. 원예산물의 수확 후 호흡에 관한 설명으로 옳지 않은 것은?

① 호흡률과 품질변화속도는 비례한다.
② 호흡률과 에틸렌 발생량은 반비례한다.
③ 토마토, 바나나는 호흡 급등형 작물이다.
④ 사과의 호흡률은 만생종이 조생종보다 낮다.

정답 ②

10. 원예산물의 수확기준으로 옳지 않은 것은?

① 장기저장용 사과는 완숙단계에 수확한다.
② 토마토는 착색정도를 기준으로 수확한다.
③ 결구상추는 결구도를 기준으로 수확한다.
④ 시장출하용 수박은 완숙단계에 수확한다.

정답 ①

11. 과실의 숙성 중 나타나는 색 변화 요인으로 옳은 것은?

① 캡산틴 분해
② 엽록소 합성
③ 안토시아닌 합성
④ 카로티노이드 분해

정답 ③

12. 원예 산물의 수확 후 호흡에 영향을 미치는 외적 요인이 아닌 것은?

① 온도
② 공기조성
③ 호흡기질
④ 물리적 스트레스

정답 ③

13. 원예 산물의 연화(softening)와 관련 있는 인자로 옳게 짝지은 것은?

| ㄱ. 탄닌 | ㄴ. 펙틴 | ㄷ. 헤미셀룰로오스 | ㄹ. 플라보노이드 |

① ㄱ, ㄴ
② ㄴ, ㄷ
③ ㄴ, ㄹ
④ ㄷ, ㄹ

정답 ②

14. 원예 산물 포장에 일반적으로 사용되고 있는 PP(polypropylene) 필름의 특징이 아닌 것은?

① 연신 등 가공이 쉽다.
② 방습성이 높다.
③ 산소투과도가 낮다.
④ 광택 및 투명성이 높다.

정답 ③

15. 원예 산물의 예냉을 위한 냉각방식에 관한 설명으로 옳은 것은?

① 진공냉각방식은 과채류에 주로 이용된다.
② 냉풍냉각방식은 냉각속도가 늦다.
③ 냉수냉각방식은 미생물오염에 안전하다.
④ 차압통풍냉각방식은 적재효율이 높다.

정답 ②

16. 포장된 신선편이 농산물의 이취발생과 관련이 없는 것은?

① 저산소
② 에탄올
③ 저이산화탄소
④ 아세트알데히드

정답 ③

17. 원예 산물의 신선도 유지를 위한 저장관리에 관한 설명으로 옳지 않은 것은?

① 에틸렌이 축적되면 품질저하를 초래한다.
② 아열대산은 온대산에 비해 저장온도가 낮아야 한다.

③ 저장고의 습도유지를 위해 바닥에 물을 뿌리거나 가습기를 이용한다.
④ 저장고의 공기흐름을 원활하게 하기 위해 적재용적률은 60%~65%로 한다.

정답 ②

18. 다음 원예산물 중 호흡률이 높은 것으로 옳게 짝지어진 것은?

| ㄱ. 양배추 | ㄴ. 당근 | ㄷ. 브로콜리 | ㄹ. 시금치 |

① ㄱ, ㄴ
② ㄱ, ㄹ
③ ㄴ, ㄷ
④ ㄷ, ㄹ

정답 ④

19. 원예산물의 부패에 관한 설명으로 옳지 않은 것은?

① 저온장해 발생 시 부패가 쉽다.
② 상대습도가 낮을수록 곰팡이 증식이 쉽다.
③ 물리적 상처는 부패균의 감염통로가 된다.
④ 수분활성도가 높을수록 부패가 쉽다.

정답 ②

20. 원예산물의 수확 후 대사조절 방법과 효과가 옳지 않은 것은?

① 에테폰 처리 : 고추의 착색억제
② 에탄올 처리 : 감의 탈삽 촉진
③ 중온열처리 : 결구상추의 갈변억제
④ UV처리 : 포도의 레스베라트롤 함량증가

정답 ①

21. 다음 중 원예산물의 화학적 위해요인은?

① 마이코톡신
② 리스테리아
③ 장염비브리오
④ 살모넬라

정답 ①

22. 사과의 밀(water core) 증상에 관한 설명으로 옳지 않은 것은?

① 유관속 주변 조직이 투명해지는 현상이다.
② 솔비톨이 축적되어 정상과에 비해 당도가 높아진다.
③ 일교차가 심하거나 수확시기가 늦었을 때 나타난다.
④ 장기저장할 경우 밀 증상부위가 갈변되고 심하면 스펀지화된다.

정답 ②

23. 원예산물의 수확 후 관리방법과 효과가 옳지 않은 것은?

① 예건 : 딸기의 연화억제
② 큐어링 : 감자의 부패억제
③ 방사선 조사 : 마늘의 맹아억제
④ 칼슘처리 : 사과의 고두병 억제

정답 ①

24. 원예산물의 동해(freezing injury)에 관한 설명으로 옳지 않은 것은?

① 조직이 함몰되고 갈변된다.

② 물의 빙점보다 낮은 온도에서 발생한다.
③ 세포막의 지질 유동성 변화가 주요인이다.
④ 세포 외 결빙이 세포 내 결빙보다 먼저 발생한다.

정답 ③

25. 원예 산물의 신선도를 유지하기 위한 콜드체인 시스템의 관리방법으로 옳은 것은?

① 상온저장고의 구비
② 판매진열대의 실온유지
③ 냉장 컨테이너 차량의 보급
④ 방습도가 낮은 포장상자 구비

정답 ③

부록 제 11회 기출문제

1. 원예 산물의 수확 후 생리적 변화를 지연시킬 목적으로 포장 열을 신속히 제거 하는 전처리기술은?

① 예 건   ② 예 냉
③ 큐어링   ④ 훈 증

정답 ②

2. 원예 산물과 주요 색소성분이 옳게 연결된 것은?

① 순무 – 캡산틴(capsanthin)   ② 딸기 – 라이코펜(lycopene)
③ 시금치 – 클로로필(chlorophyll)   ④ 오이 – 베타레인(betalain)

정답 ③

3. 원예 산물의 수확 후 호흡에 관한 설명으로 옳지 않은 것은?

① 호흡속도가 높을수록 호흡열이 낮아진다.
② 호흡속도는 조생종이 만생종에 비해 높다.
③ 호흡속도가 높을수록 신맛이 빠르게 감소한다.
④ 호흡속도는 품목의 유전적 특성과 연관되어 있다.

정답 ①

4. MA 포장재를 선정할 때 고려할 사항으로 가장 거리가 먼 것은?

① 저장고의 상대습도　　② 필름의 기체 투과도
③ 저장온도　　　　　　④ 원예 산물의 호흡속도

정답 ①

5. 수확 후 원예 산물에 피막제를 처리하는 목적으로 옳지 않은 것은?

① 경도 유지 및 감모를 막는다.
② 과실의 착색을 증진시킨다.
③ 증산을 억제하여 시들음을 막는다.
④ 과실 표면에 광택을 주어 상품성을 높인다.

정답 ②

6. 품목별 에틸렌처리 시 나타나는 효과로 옳지 않은 것은?

① 떫은 감 - 탈삽　② 바나나 - 숙성　③ 오렌지 - 착색　④ 참다래 - 경화

정답 ④

7. HACCP에 관한 설명으로 옳지 않은 것은?

① 식품의 안전성 확보를 위한 위생관리 시스템이다.
② 위해발생 시 원인과 책임소재를 명확히 할 수 있는 장점이 있다.
③ 식품의 제조과정부터 소비자 섭취 전까지 대상으로 한다.
④ HACCP의 7원칙에는 문서화 및 기록유지가 포함된다.

정답 ③

8. 농산물 포장상자에 관한 설명으로 옳지 않은 것은?

① 통기구가 없는 상자를 이용한다.
② 저온고습에 견딜 수 있어야 한다.
③ 다단적재 시 하중을 견딜 수 있어야 한다.
④ 팔레타이징(palletizing) 효율을 고려하여 크기를 결정한다.

정답 ①

9. 다음 현상의 원인은?

신선편이(fresh-cut) 혼합 채소 제품의 양상추 절단면에서 갈변현상이 발생하였다.
① 전분 분해효소
② 단백질 분해효소
③ 폴리페놀 산화효소
④ ACC 산호효소

정답 ③

10. 어린잎채소에 관한 설명으로 옳지 않은 것은?

① 성숙채소에 비해 호흡률이 낮다.
② 성숙채소에 비해 미생물 증식이 빠르다.
③ 다채(비타민), 청경채, 치커리, 상추가 주로 이용된다.
④ 조직이 연하여 가공, 포장, 유통 시 물리적 상해를 받기 쉽다.

정답 ①

11. 원예산물의 저온장애(chilling injury)에 관한 설명으로 옳지 않은 것은?

① 온대작물에 비해 열대작물이 더 민감하다.
② 세포의 결빙이 세포내 결빙보다 먼저 발생한다.

③ 대표적인 증상으로는 함몰, 갈변, 수침 등이 있다.
④ 간헐적 온도상승처리로 저온장애를 억제할 수 있다.

정답 ②

12. 원예 산물 포장 시 저 산소에 의한 이취발생 위험이 가장 낮은 포장소재는? (단, 포장재 두께는 동일함)

① 폴리비닐클로라이드(PVC)
② 폴리에스터(PET)
③ 폴리프로필렌
④ 저밀도 폴리에틸렌(LDPE)

정답 ④

13. 예건을 통해 저장성을 향상시키는 원예 산물은?

① 고구마, 참외
② 배, 콜리플라워
③ 양파, 사과
④ 마늘, 감귤

정답 ④

14. CA 저장에 관한 설명으로 옳지 않은 것은?

① 곰팡이 등 부패균의 번식이 억제된다.
② 호흡 및 에틸렌 생성 억제효과가 있다.
③ 생리장해 억제를 위해 주기적인 환기가 필요하다.
④ 수확시기에 따라 저 산소 및 고이산화탄소 장해에 대한 내성이 달라진다.

정답 ③

15. 다음 증상에 해당하는 것은?

> 복숭아는 0℃의 저온에서 3주 후 상온유통 시 과육이 섬유질화되고 과즙이 줄어들어 조직감과 맛이 급격히 저하된다.
> ① 저온장해 ② 병리장해 ③ 고온장해 ④ 이산화탄소장해

정답 ①

16. 원예 산물의 외관을 결정하는 품질요인으로 옳은 것을 고른 것은?

ㄱ. 결함	ㄴ. 당도	ㄷ. 모양	ㄹ. 색	ㅁ. 경도

① ㄱ, ㄴ, ㄷ ② ㄱ, ㄷ, ㄹ ③ ㄴ, ㄷ, ㅁ ④ ㄴ, ㄷ, ㄹ, ㅁ

정답 ②

17. 신선편이(fresh-cut) 농산물에 관한 설명이다. (   ) 안에 들어갈 내용을 순서대로 나열한 것은?

> 농산물을 편리하게 조리할 수 있도록 (   ), 박피, 다듬기, 또는 (   )과정을 거쳐 (   )되어 유통되는 채소류, 서류, 버섯류 등의 농산물을 대상으로 한다.

① 세척, 후속, 열균 ② 절단, 선별, 건조
③ 세척, 절단, 포장 ④ 선별, 예냉, 냉동

정답 ③

18. 원예 산물과 대표적인 유기산이 옳게 짝지어지지 않은 것은?

① 사과 – 사과산(malic acid) ② 복숭아 – 젖산(lactic – acid)
③ 포도 – 주석산(tartaric acid) ④ 감귤 – 구연산(citric acid)

정답 ②

19. 원예 산물의 성숙단계에서 나타나는 생리적 현상으로 옳지 않은 것은?

① 환원당 증가
② 세포벽분해효소 활성 증가
③ 불용성펙틴 증가
④ 풍미성분 증가

정답 ③

20. 원예 산물의 저장 및 유통 시 자주 발생하는 결로현상의 주원인은?

① 이산화탄소 농도 차이
② 원예 산물의 수분 함량
③ 공기 유속
④ 품온과 외기의 온도차

정답 ④

21. 원예 산물의 품질요소와 판정기술의 연결로 옳지 않은 것은?

① 산도 : 요오드반응
② 당도 : 근적외선(NIR)
③ 내부결함 : X선(X-ray)
④ 크기 : 원통형 스크린 선별

정답 ①

22. 원예 산물 저장 중 에틸렌 농도를 낮추기 위한 방법으로 옳은 것을 모두 고른 것은?

ㄱ. CA 저장한다.
ㄴ. 저장적온이 유사한 품목은 혼합 저장한다.
ㄷ. 과망간산칼륨, 오존, 변형활성탄을 사용한다.

| ㄹ. 저장고 내부를 소독하여 부패 미생물 발생을 억제한다. |

① ㄱ, ㄷ   ② ㄴ, ㄹ   ③ ㄱ, ㄷ, ㄹ   ④ ㄴ, ㄷ, ㄹ

정답 ③

23. 양파의 수확 후 맹아와 관련된 설명으로 옳은 것은?

① 맹아신장 억제를 위한 저장온도는 약 10 ℃이다.
② 맹아신장 억제를 위한 방사선 조사는 휴면기 이후에 실시한다.
③ 수확 후 일정기간 휴면기간이 있으므로 바로 맹아신장하지 않는다.
④ MH(maleic hydrazide)는 잔류허용기준이 없는 친환경 맹아신장 억제제이다.

정답 ③

24. 호흡급등형 과실에 대한 설명으로 옳지 않은 것은?

① 숙성 후 호흡급등이 일어난다.
② 사과, 바나나가 대표적인 호흡급등형 과실이다.
③ 에틸렌 처리 시 호흡급등 시기가 빨라진다.
④ 호흡급등 시 에틸렌 생성 급등이 동반된다.

정답 ①

25. 원예 산물에 의해 발생할 수 있는 식중독유발 독성물질이 옳게 짝지어진 것은?

① 블루베리 - 고시폴(gossypol)
② 감자 - 리시닌(ticinine)
③ 양파 - 솔라닌(solanine)
④ 청매실 - 아미그달린(amygdalin)

정답 ④

부록 제 12회 기출문제

1. 공기세척식 CA저장 설비로 옳지 않은 것은?

① 가스분석기　　　　　　　　② 에틸렌발생기
③ 질소공급장치　　　　　　　④ 탄산가스흡수기

정답 ②

2. 원예 산물의 열풍건조 시 일어나는 변화에 관한 설명으로 옳지 않은 것은?

① 영양성분이 잘 보존된다.　　　② 미생물의 증식이 억제된다.
③ 수축 및 표면경화가 일어난다.　④ 가용성 성분의 표면이동이 일어난다.

정답 ①

3. 압축식 냉동기의 냉동사이클에서 냉매의 순환 순서로 옳은 것은?

① 압축기 → 응축기 → 팽창밸브 → 증발기
② 압축기 → 팽창밸브 → 증발기 → 응축기
③ 증발기 → 팽창밸브 → 응축기 → 압축기
④ 증발기 → 응축기 → 팽창밸브 → 압축기

정답 ①

4. 과일의 크기를 선별하는 대표적인 장치는?

① 원판선별기　　　　　　　　② 롤러선별기

③ 광학선별기 ④ 스펙트럼선별기

정답 ②

5. 다음 중 0~4°C에서 저장할 경우 저온장해가 일어날 수 있는 원예산물만을 옳게 고른 것은?

ㄱ. 오이 ㄴ. 망고 ㄷ. 양배추 ㄹ. 녹숙토마토 ㅁ. 아스파라거스
① ㄱ, ㄴ, ㄹ   ② ㄱ, ㄷ, ㅁ
③ ㄴ, ㄷ, ㄹ   ④ ㄴ, ㄹ, ㅁ

정답 ①

6. 신선편이(fresh-cut) 채소의 진공포장 유통에 관한 설명으로 옳지 않은 것은?

① 이취 발생위험이 없다.
② 갈변 억제에 도움이 된다.
③ 부피를 줄여 수송에 도움이 된다.
④ 높은 CO_2 농도에 의해 생리장해가 일어날 수 있다.

정답 ①

7. 진공냉각방식에 의한 예냉에 관한 설명으로 옳지 않은 것은?

① 차압통풍냉각방식에 비하여 설치비가 고가이다.
② 엽채류에 효과가 좋다.
③ 예냉속도는 느리나 온도편차가 적다.
④ 수분의 증발잠열에 의한 온도저하 방식이다.

정답 ③

8. 부력차이를 이용한 세척방법으로 비중이 큰 이물질을 제거하는데 효과적인 것은?

① 분무세척 ② 부유세척 ③ 침지세척 ④ 초음파세척

정답 ②

9. 신선편이(fresh-cut) 농산물의 제조 시 이용되는 소득제로 옳지 않은 것은?

① 오존(O_3)
② 차아염소산(HOCl)
③ 염화나트륨(NaCl)
④ 차아염소산나트륨(NaOCl)

정답 ③

10. HACCP에 관한 설명으로 옳지 않은 것은?

① 위해발생요소에 대한 사후 집중관리방식이다.
② HACCP의 7원칙 중 첫 번째 원칙은 위해요소 분석이다.
③ 식품업체에게는 자율적이고 체계적인 위생관리 확립 기회를 제공한다.
④ 식품제조 시 위해요인을 분석하여 관계되는 중요한 공정을 관리하는 체계이다.

정답 ①

11. 농산물의 농약 잔류성 및 중독에 관한 설명으로 옳지 않은 것은?

① 유기인계 농약은 급성 중독이 많다.
② 유기염소계 농약은 만성 중독을 일으킨다.
③ 수확 직전에 살포할 경우 잔류할 가능성이 높다.
④ 유기염소계 농약은 유기인계 농약에 비하여 잔류성이 약하다.

정답 ④

12. GMO에 관한 설명으로 옳지 않은 것은?

① GMO는 유전자 변형 농산물을 말한다.
② 우리나라는 GMO 식품 표시제를 시행하고 있다.
③ 미생물 Agrobacterium은 GMO 개발에 이용된다.
④ GMO 표시 대상 품목에는 감자, 콩, 양파가 있다.

정답 ④

13. 원예산물의 적재 및 유통에 관한 설명으로 옳지 않은 것은?

① 압상을 억제할 수 있는 강도의 골파지상자로 포장해야 한다.
② 단위화 포장을 통한 팔레타이징으로 물리적 손상을 줄일 수 있다.
③ 저온 저장고의 적재용적률은 85~90%로 한다.
④ 1,100mm × 1,100mm는 국내의 표준화된 팰릿규격이다.

정답 ③

14. 농산물과 독소성분이 옳게 연결된 것은?

① 오이 - 솔라닌(solanine)
② 감자 - 고시폴(gossypol)
③ 콩 - 아마니타톡신(amanitatoxin)
④ 복숭아 - 아미그달린(amygdalin)

정답 ④

15. 원예산물의 색과 관련이 없는 성분은

① 시트르산(citric acid)
② 클로로필(chlorophyil)
③ 플라보노이드(flavonoid)
④ 카로티노이드(carotenoid)

정답 ①

16. 농산물의 저장 시 발생하는 저온장해 증상에 관한 설명으로 옳지 않은 것은?

① 고구마는 쉽게 부패한다.
② 애호박은 수침현상이 발생한다.
③ 복숭아는 과육의 섬유질화가 발생한다.
④ 사과는 과육부위에 밀증상이 발생한다.

정답 ④

17. 채소류의 영양학적인 가치에 관한 설명으로 옳지 않은 것은?

① 다양한 비타민을 함유하고 있다.
② 많은 무기질 성분을 함유하고 있다.
③ 다양한 기능성 성분을 함유하고 있다.
④ 많은 단백질 및 지방을 함유하고 있다.

정답 ④

18. 수확 후 후숙에 의해 상품성이 향상되는 원예산물이 아닌 것은?

① 키위　　② 포도　　③ 바나나　　④ 머스크멜론

정답 ②

19. 생리적 성숙단계에서 수확되는 원예산물 만을 옳게 고른 것은?

| ㄱ. 수박 | ㄴ. 애호박 | ㄷ. 참외 | ㄹ. 사과 | ㅁ. 오이 |

① ㄱ, ㄴ, ㄷ   ② ㄱ, ㄷ, ㄹ
③ ㄴ, ㄷ, ㄹ   ④ ㄴ, ㄹ, ㅁ

정답 ②

20. 녹숙기에서 적숙기로 성숙하는 과정의 토마토에서 증가하는 성분으로 옳은 것은?

① 환원당   ② 유기산   ③ 엽록소   ④ 펙틴질

정답 ①

21. 원예산물의 증산작용에 의한 영향으로 옳지 않은 것은?

① 중량 감소   ② 위조 발생
③ 에틸렌 생성 감소   ④ 세포막의 구조 변형

정답 ③

22. 원예산물의 수확적기를 판정하는 방법에 관한 설명으로 옳지 않은 것은?

① 신고배는 만개 후 일수를 기준으로 수확한다.
② 참외는 과피의 색깔을 지표로 하여 판정한다.
③ 멜론은 경도를 측정하여 수확한다.
④ 사과는 요오드 반응에 의해 판정한다.

정답 ③

23. 원예산물에서 에틸렌 발생 및 작용에 관한 설명으로 옳지 않은 것은?

① 에틸렌은 호흡과 노화를 촉진한다.
② MA 저장은 에틸렌 발생을 촉진한다.
③ STS(silver thiosulfate)는 에틸렌 작용을 억제한다.
④ 에틸렌은 엽록소의 분해를 촉진하고 카로티노이드의 합성을 유도한다.

정답 ②

24. 다음 농산물 중 5°C의 동일조건에서 측정한 호흡속도가 가장 높은 것은?

① 사과 ② 감귤 ③ 감자 ④ 브로콜리

정답 ④

25. 원예산물 저장 시 에틸렌 제어에 사용되는 물질로 옳지 않은 것은?

① 오존   ② 1-MCP
③ 염화칼슘   ④ 과망간산칼륨

정답 ③

부록 제 13회 기출문제

1. 다음 중 호흡급등형 작물을 고른 것은?

ㄱ. 감   ㄴ. 오렌지   ㄷ. 포도   ㄹ. 사과
① ㄱ, ㄴ ② ㄱ, ㄹ
③ ㄴ, ㄷ ④ ㄷ, ㄹ

정답 ②

2. 원예 산물의 수확적기에 관한 설명으로 옳은 것은?

① 저장용 마늘은 추대가 되기 전에 수확한다.
② 포도는 당도를 높이기 위해 비가 온 후 수확한다.
③ 만생종 사과는 낙과를 방지하기 위해 추석 전에 수확한다.
④ 감자는 잎과 줄기의 색이 누렇게 될 때부터 완전히 마르기 직전까지 수확한다.

정답 ④

3. 원예산물의 품질을 측정하는 기기가 아닌 것은?

① 경도계 ② 조도계
③ 산도계 ④ 색차계

정답 ②

4. 원예산물 저장고 관리에 관한 설명으로 옳지 않은 것은?

① 저장고 내의 고습을 유지하기 위해 과망간산칼륨 또는 활성탄을 처리한다.
② 저장고 내부를 5% 차아염소산나트륨 수용액을 이용하여 소독한다.
③ CA저장고는 저장고 내부로 외부공기가 들어가지 않도록 밀폐한다.
④ CA저장고는 냉각장치, 압력조절장치, 질소발생기를 구비한다.

정답 ①

5. 원예 산물의 수확 후 전처리에 관한 설명으로 옳은 것은?

① 양파는 큐어링할 때 햇빛에 노출되면 흑변이 발생한다.
② 마늘은 열풍건조할 때 온도를 60~70℃로 유지하여 내부성분이 변하지 않도록 한다.
③ 감자는 온도 15℃, 습도 90~95%에서 큐어링한다.
④ 고구마는 큐어링한 후 품온을 0~5℃로 낮추어야 한다.

정답 ③

6. 원예산물의 장해에 관한 설명으로 옳지 않은 것은?

① 장미는 수확 직후 물에 꽂아 꽃목굽음을 방지한다.
② 포도는 저온저장 중 유관속 조직 주변이 투명해지는 밀증상이 나타난다.
③ 가지, 호박, 오이는 저온저장 중 과실의 표면이 함몰되는 수침현상이 나타난다.
④ 금어초는 줄기를 수직으로 세워 물올림하여 줄기 굽음을 방지한다.

정답 ②

7. 원예산물 포장상자에 관한 설명으로 옳지 않은 것은?

① 상품성 향상 및 정보제공의 기능이 있다.
② 충격으로부터 내용물을 보호해야 한다.

③ 저온고습에 견딜 수 있어야 한다.
④ 모든 품목의 포장상자 규격은 동일하다.

정답 ④

8. 원예산물의 저장 중 수분손실 관한 설명으로 옳은 것은?

① 과실은 화훼류와 혼합저장하면 수분손실이 적다.
② 저온 및 MA 저장하면 수분손실이 적다.
③ 냉기의 대류속도가 빠르면 수분손실이 적다.
④ 부피에 비하여 표면적이 넓은 작물일수록 수분손실이 적다.

정답 ②

9. 딸기와 포도의 주요 유기산을 순서대로 나열한 것은?

① 구연산, 주석산
② 사과산, 옥살산
③ 주석산, 구연산
④ 옥살산, 사고산

정답 ①

10. 다름 원예산물에서 에틸렌에 의해 나타나는 증상이 아닌 것은?

① 결구상추의 중륵반점
② 브로콜리의 황하
③ 카네이션의 꽃잎말림
④ 복숭아의 과육섬유질화

정답 ④

11. 굴절당도계에 관한 설명으로 옳은 것을 모두 고른 것은?

```
ㄱ. 증류수로 영점보정한 후 측정한다.
ㄴ. 측정치는 과즙의 온도에 영향을 받는다.
ㄷ. 측정된 당도 값은 °Brix 또는 %로 표시한다.
ㄹ. 가용성 고형물에 의해 통과하는 빛의 속도가 빨라진다.
```

① ㄱ, ㄷ
② ㄴ, ㄷ
③ ㄱ, ㄴ, ㄷ
④ ㄱ, ㄴ, ㄷ, ㄹ

정답 ③

12. 다음 중 원예작물의 비파괴적 품질평가에 이용되지 않은 것은?

① NIR
② MRI
③ HPLC
④ X-ray

정답 ③

13. 원예산물의 성숙기 판단 지표가 아닌 것은?

① 적산온도
② 개화 후 일수
③ 성분의 변화
④ 대기조성비

정답 ④

14. 원예산물의 에틸렌 발생촉진물질은?

① AVG
② ACC
③ STS
④ AOA

정답 ②

15. 에틸렌에 관한 설명으로 옳지 않은 것은?

① 수용체는 세포벽에 존재한다.
② 코발트이온에 의해 생성이 억제된다.
③ 무색이며 상온에서 공기보다 가볍다.
④ 식물의 방어기작과 관련이 있다.

정답 ①

16. 원예산물의 저장에 관한 설명으로 옳은 것은?

① 선박에 의한 장거리 수송 시 CA저장은 불가능하다.
② MA포장 시 필름의 이산화탄소 투과도는 산소 투과도보다 낮아야 한다.
③ 소석회는 저장고 내 산소를 제거하는 데 이용된다.
④ CA저장 시 드라이아이스를 이용하여 이산화탄소 농도를 증가시킬 수 있다.

정답 ④

17. 저장고 습도관리에 관한 설명으로 옳지 않은 것은?

① 과실저장 시 상대습도는 85 ~ 95 %로 하는 것이 좋다.
② 저장고 내 상대습도의 상승은 원예 산물의 증산을 촉진시킨다.
③ 저장고의 습도를 유지하기 위해 바닥에 물을 뿌리거나 가습기를 이용한다.
④ 상대습도가 100 %가 되면 수분 응결 등에 의해 곰팡이 번식이 일어나기 쉽다.

정답 ②

18. 원예산물의 온도장해에 관한 설명으로 옳지 않은 것은?

① 배에서 환원당은 빙점을 높일 수 있다.
② 사과에서 칼슘이온은 세포 내 결빙을 억제시킬 수 있다.

③ 토마토에서 열처리는 냉해발생을 억제시킬 수 있다.
④ 고추에서 CA저장은 냉해발생을 억제시킬 수 있다.

정답 ①

19. 신선편이 농산물가공에 관한 설명으로 옳지 않은 것은?

① 가공처리에 의해 호흡량이 증가하므로 가공 전 예냉처리가 선행되어야 한다.
② 화학제 살균을 대체하는 기술로 자외선 살균방법이 가능하다.
③ 오존 수는 환원력과 잔류성이 높아 세척제로 부적합하다.
④ 원료 농산물의 품질에 따라 가공 후 유통기간이 영향을 받는다.

정답 ③

20. 원예산물의 수확 후 처리기술인 예냉의 목적이 아닌 것은?

① 호흡감소
② 과실의 조기 후숙
③ 포장열 제거
④ 엽록소분해 억제

정답 ②

21. 원예 산물의 외부포장용 골판지의 품질기준이 아닌 것은?

① 인장강도
② 압축강도
③ 발수도
④ 파열강도

정답 ①

22. 다음 중 수확 후 관리기술에 관한 설명으로 옳지 않은 것은?

① 과실류는 엽채류에 비해 표면적비율이 높아 진공 예냉한다.
② 배는 예건을 통해 과피흑변을 억제할 수 있다.
③ 저장온도가 낮을수록 미생물증식이 낮다.
④ 배는 사과에 비해 왁스층 발달이 적어 수분손실에 유의해야 한다.

정답 ①

23. 생리적 성숙기완료기에 수확하여 이용하는 작물은?

① 오이, 가지 ② 가지, 딸기
③ 딸기, 단감 ④ 단감, 오이

정답 ③

24. 사과의 수확기판정을 위한 요오드반응검사에 관한 설명으로 옳은 것은?

① 100% 요오드용액을 과육부위에 반응시켜 착색되는 정도를 기준으로 한다.
② 성숙 중 유기산과 환원당이 감소하는 원리를 이용한다.
③ 성숙될수록 요오드반응 착색면적이 넓어진다.
④ 적숙기의 요오드반응 착색면적은 '쓰가루'가 '후지'에 비해 넓다.

정답 ④

25. Hunter 'a'값이 −20일 때 측정된 부위의 과색은?

① 적색 ② 황색
③ 녹색 ④ 흑색

정답 ③

부록 — 제14회 기출문제

1. 다음 원예작물의 수확기 판정기준으로 옳지 않은 것은?

① 당근은 뿌리가 오렌지색이고 심부는 녹색일 때 수확한다.
② 감자는 괴경의 전분이 축적되고 표피가 코르크화 되었을 때 수확한다.
③ 양파는 부패율 감소를 위해 잎이 90%로 정도 도복되었을 때 수확한다.
④ 마늘은 잎이 30% 정도 황화 되면서부터 경엽이 1/2~1/3 정도 건조되었을 때 수확한다.

정답 및 해설 ①

당근은 수확기가 늦으면 뿌리 표면이 거칠어지므로 조생종은 파종후 70~80일 중생종은 90~100일에 수확한다.

2. 원예산물의 MA 표장용 필름 조건으로 옳지 않은 것은?

① 인장강도가 높아야 한다.
② 결로현상을 막을 수 있어야 한다.
③ 외부로부터의 가스차단선이 높아야 한다.
④ 접착작업과 상업적 취급이 용이해야 한다.

정답 및 해설 ③

MA포장용 필름의 조건
① 필름의 이산화탄소투과도가 산소투과도보다 높아야 한다.
② 투습도가 있어야 한다.
③ 필름의 인장강도와 내열강도가 높아야 한다.
④ 포장 내에 유해물질을 방출하지 않아야 한다.

3. 겉 포장재와 속포장재의 기본요건에 관한 설명으로 옳지 않은 것은?

① 겉 포장재는 수송 및 취급이 편리하여야 한다.
② 겉 포장재는 외부의 환경으로부터 상품을 보호해야한다.
③ 속포장재는 상품 간 압상, 마찰을 방지할 수 있어야 한다.
④ 속포장재는 기능성보다는 심미성을 우선으로 한 재질을 선택해야 한다.

정답 및 해설 ④ 속포장재는 기능성을 보다 중시하여야 한다.

4. 저온유통수송에 관한 설명으로 옳은 것은?

① 예냉한 농산물을 일반트럭이나 컨테이너를 사용하여 운송한다.
② 저장고를 구비하여 출하 전까지 저온저장을 해야 한다.
③ 상온유통에 비하여 압축강도가 낮은 포장상자를 사용한다.
④ 다 품목 운송 시 수송온도를 동일하게 적용하면 경제성을 높일 수 있다.

정답 및 해설 ②
① 예냉한 농산물을 냉장트럭이나 냉장컨테이너를 사용하여 운송한다.
③ 상온유통에 비하여 압축강도가 높은 포장상자를 사용한다.
④ 다 품목 운송 시 수송온도를 차별 적용하면 경제성을 높일 수 있다.

5. 품질관리측면에서 일반 청과물과 비교했을 때 신선편이 농산물이 갖는 특징으로 옳지 않은 것은?

① 노출된 표면적이 크다.
② 물리적이 상처가 많다.
③ 호흡속도가 느리다.
④ 미생물 오염 가능성이 높다.

정답 및 해설 ③ 호흡속도가 빠르다

6. 원예산물과 저온장해 증상의 연결이 옳은 것은?

① 참외 - 발효촉진　　② 토마토 - 후숙억제
③ 사과 - 탈피증상　　④ 복숭아 - 막공현상

정답 및 해설 ②

저온장해는 0℃이상의 온도이지만 한계온도 이하의 저온에 노출되어 나타나는 장해로서 조직이 물러지거나 표피의 색상이 변하는 증상, 내부갈변, 토마토나 고추의 함몰, 후숙 억제, 복숭아의 섬유질화 등은 저온장해의 예이다.

7. 수확 후 손실경감 대책으로 옳지 않은 것은?

① 바나나는 수확 후 후숙억제를 위해 5℃에서 저장한다.
② 배, 감귤은 수확 후 7~10일 정도 통풍이 잘되는 곳에서 예건한다.
③ 단감은 갈변을 예방하기 위해 수확 후 0℃에서 3~4주간 저온저장한 후 MA 포장을 실시한다.
④ 조생종 사과는 수확 직후에 호흡이 가장 왕성하기 때문에 예냉을 통해 5℃까지 낮춘다.

정답 및 해설 ① 바나나는 12℃ 이하에서 저온장해를 받는다.

8. 기계적 장해를 회피하기 위한 수확 후 관리 방법으로 옳은 것을 모두 고른 것은?

ㄱ. 포장용기의 규격화
ㄴ. 포장박스 내 적재물량 조절
ㄷ. 정확한 선별 후 저온수송 컨테이너 이용
ㄹ. 골판지 격자 또는 스티로폼 그물망 사용

① ㄱ, ㄷ　　② ㄴ, ㄷ
③ ㄱ, ㄴ, ㄹ　　④ ㄱ, ㄴ, ㄷ, ㄹ

정답 및 해설

④ 기계적 장해는 물리적 장해라고도 하며 표피에 상처를 입거나 멍이 들어 나타나는 장해이다.

9. 에틸렌이 원예산물에 미치는 영향으로 옳지 않은 것은?

① 토마토의 착색
② 아스파라거스 줄기의 연화
③ 떫은 감의 탈삽
④ 브로콜리의 황화

정답 및 해설 ②

① 에틸렌은 엽록소의 분해를 촉진하고 안토시아닌(antocyanins), 카로티노이드(carotenoids)색소의 합성을 유도하므로 감, 감귤류, 참다래, 바나나, 토마토, 고추 등의 착색을 증진시키고 과육의 연화를 촉진시킨다.
③ 에틸렌은 떫은 감의 탄닌성분 탈삽과정에 작용하여 감의 후숙을 촉진한다.
④ 에틸렌은 브로콜리나 양배추의 엽록소를 분해하여 황백화 현상을 유발한다.

10. 인경과 화채류의 호흡에 관한 설명이다. (   )안에 들어갈 원예산물을 순서대로 나열한 것은?

> 인경(鱗莖)인 (   )의 호흡속도는 화채류인 (   )보다 느리다.

① 무, 배추
② 당근, 콜리플라워
③ 양파, 브로콜리
④ 마늘, 아스파라거스

정답 및 해설 ③

생리적으로 미숙한 식물이나 잎이 큰 엽채류는 호흡속도가 빠르고, 성숙한 식물이나 양파, 감자 등 저장기관은 호흡속도가 느리다.
채소의 경우는 딸기>아스파라거스, 브로콜리>완두>시금치>당근>오이>토마토, 양배추>무>수박>양파 의 순으로 호흡속도가 빠르다.

11. 원예산물의 성숙 과정에서 착색에 관한 설명으로 옳지 않은 것은?

① 고추는 캡사이신 색소의 합성으로 일어난다.
② 사과는 안토시아닌 색소의 합성으로 일어난다.
③ 토마토는 카로티노이드 색소의 합성으로 일어난다.
④ 바나나는 가려져 있던 카로티노이드 색소가 엽록소의 분해로 전면에 나타난다.

정답 및 해설 ① 고추는 캡산틴 색소의 합성으로 일어난다.

12. 감자 수확 후 큐어링이 저장 중 수분 손실을 줄이고 부패균의 침입을 막을 수 있는 주된 이유는?

① 슈베린 축적　　　　　　　　　② 큐틴 축적
③ 펙틴질 축적　　　　　　　　　④ 왁스질 축적

정답 및 해설 ①

큐어링(curing, 치유)은 원예산물의 상처를 아물게 하고 코르크층(슈베린)을 형성시켜 수분의 증발을 막으며 미생물의 침입을 방지한다.

13. Hunter L, a, b 값에 관한 설명으로 옳지 않은 것은?

① 과피색을 수치화하는데 이용한다.
② L 값이 클수록 밝음을 의미한다.
③ 양(+)의 a 값은 적색도를 나타낸다.
④ 양(+)의 b 값은 녹색도를 나타낸다.

정답 및 해설 ④

헌터(Hunter)는 명도, 색상, 채도를 수치화하여 Lab 색좌표에 표시한다. L은 밝기, 즉 명도를 의미하며, a는 색상을 의미하고 b는 채도를 의미한다.

색상을 의미하는 a값은 +a 방향은 적색도를, -a방향은 녹색도를 나타낸다. 그리고 채도를 의미하는 b값은 +b 방향은 황색도를, -b방향은 청색도를 나타낸다.

14. 원예산물의 풍미를 결정짓는 인자는?

① 크기, 모양 ② 색도, 경도
③ 당도, 산도 ④ 염도, 밀도

정답 및 해설 ③ 당도는 단 맛, 산도는 신맛을 결정한다.

15. 사과의 비파괴 품질 측정법으로서 근적외선(NIR) 분광법의 주요 용도는?

① 당도 선별 ② 무게 선별
③ 모양 선별 ④ 색도 선별

정답 및 해설 ①
최근에는 근적외선을 이용하는 방법은 사과, 배 등의 과일류의 당도 선별에 많이 이용되고 있다.

16. 저장 중인 원예산물의 증산작용에 관한 설명으로 옳지 않은 것은?

① 온도를 낮추면 증산이 감소한다.
② 기압을 낮추면 증산이 증가한다.
③ CO_2 농도를 높이면 증산이 감소한다.
④ 키위나 복숭아처럼 표피에 털이 많으면 증산이 증가한다.

정답 및 해설 ④ 키위나 복숭아처럼 표피에 털이 많으면 증산이 억제된다.

17. 원예산물의 경도와 연관성이 큰 품질 구성 요소는?

① 조직감 ② 착색도
③ 안전성 ④ 기능성

정답 및 해설 ① 경도는 조직감이다.

| 수확 후 품질관리론 |

18. 농산물의 안정성에 위험이 되는 곰팡이 독소로 옳지 않은 것은?

① 아플라톡신(aflatoxin) B_1
② 오크라톡신(ochratoxin) A
③ 보툴리늄 톡신(botulinum toxin)
④ 제랄레논(zearalenone)

정답 및 해설 ③

보툴리늄톡신은 상한 통조림에서 생기는 클로스트리디움 보툴리눔(Clostridium Botulinum) 이라는 박테리아가 만든 독소(Toxin)이다.

19. 과실의 성숙 과정에서 일어나는 현상으로 옳지 않은 것은?

① 전분이 당으로 변한다.
② 유기산이 증가하여 신맛이 증가한다.
③ 엽록소가 감소하여 녹색이 감소한다.
④ 펙틴질이 분해되어 조직이 연화된다.

정답 및 해설 ② 유기산이 감소하여 신맛이 줄어든다.

20. 다음 농산물 포장재 중 기계적 강도가 높고 산소투과도가 가장 낮은 것은?

① 저밀도 폴리에틸렌(LDPE)
② 폴리에스테르(PET)
③ 폴리스티렌(PS)
④ 폴리비닐클로라이드(PVC)

정답 및 해설 ② 폴리에스테르(PET)는 산소투과도가 아주 낮다.

21. 저장 과정에서 과도하게 증산되어 사과의 과피가 쭈글쭈글해지는 수확 후 장해는?

① 고두병
② 밀증산
③ 껍질덴병
④ 위조증산

정답 및 해설 ④ 과도하게 증산되어 사과의 과피가 쭈글쭈글해지는 것은 위조증상이다.

22. HACCP 7원칙 중 다음 4단계의 실시 순서가 옳은 것은?

ㄱ. 위해분석 실시
ㄴ. 관리 기준 결정
ㄷ. 중점관리점 결정
ㄹ. 중점관리점에 대한 모니터링 방법 설정

① ㄱ → ㄴ → ㄷ → ㄹ
② ㄱ → ㄷ → ㄴ → ㄹ
③ ㄴ → ㄱ → ㄹ → ㄷ
④ ㄴ → ㄹ → ㄷ → ㄱ

정답 ②

23. 강제통풍식 예냉 방법에 관한 설명으로 옳지 않은 것은?

① 진공식 예냉 방법에 비하여 시설비가 적게 든다.
② 냉풍냉각 방법에 비하여 적재 위치에 따른 온도 편차에 적다.
③ 차압통풍 방법에 비하여 냉각속도가 빨라 급속 냉각이 요구되는 작물에 효과적으로 사용될 수 있다.
④ 예냉고 내의 공기를 송풍기로 강제적으로 교반시키거나 예냉 산물에 직접 냉기를 불어 넣는 방법이다.

정답 및 해설 ③ 차압통풍식의 냉각속도는 강제통풍식보다 빠르다.

24. 원예산물의 수확 후 가스장해에 관한 설명으로 옳지 않은 것은?

① 복숭아의 섬유질화가 대표적이다.
② 저 농도 산소 조건에서는 이취가 발생한다.
③ 고농도 이산화 탄소 조건에서는 과육갈변이 발생한다.
④ 에틸렌에 의하여 포도의 연화(노화)현상이 발생한다.

정답 및 해설 ① 복숭아의 섬유질화는 저온장해이다.

25. 저온 저장고의 벽면 시공에 사용되는 재료 중에서 단열 효과가 우수한 것은?

① 합판
② 시멘트 블록
③ 폴리우레탄 패널
④ 콘크리트

정답 및 해설 ③ 폴리우레탄 패널은 단열효과가 좋다.

부록 제 15회 기출문제

1. 원예산물의 수확에 관한 설명으로 옳지 않은 것은?

① 포도는 열과(裂果)의 발생을 방지하기 위하여 비가 온 후 바로 수확한다.
② 블루베리는 손으로 수확하는 것이 일반적이나 기계 수확기를 이용하기도 한다.
③ 복숭아는 압상을 받지 않도록 손바닥으로 감싸고 가볍게 밀어 올려 수확한다.
④ 파프리카는 과경을 매끈하게 절단하여 수확한다.

정답 및 해설 ①

갑작스러운 수분 흡수가 많아질 경우 과실 내의 팽압이 상승하여 과피가 갈라지면서 발생되는 현상으로 비가 온 후 바로 수확하면 열과의 발생이 증가한다.

2. 과실의 수확시기에 관한 설명으로 옳은 것은?

① 포도는 산도가 가장 높을 때 수확한다.
② 바나나는 단맛이 가장 강할 때 수확한다.
③ 후지 사과는 만개 후 160~170일에 수확한다.
④ 감귤은 요오드반응으로 청색면적이 20~30%일 때 수확한다.

정답 및 해설 ③

* 만개 후 일수: 꽃이 80% 이상 개화된 만개일시를 기준으로 한다.

1) 후지사과: 개화 후 160~170일
2) 신고배: 개화 후 165~170일

3. 저장중 원예산물의 증산작용에 관한 설명으로 옳지 않은 것은?

① 상대습도가 높으면 증가한다.

② 온도가 높을수록 증가한다.
③ 광(光)이 있으면 증가한다.
④ 공기 유속이 빠를수록 증가한다.

정답 및 해설 ①

* 증산작용의 증가
1) 온도가 높을수록 증산량은 증가한다.
2) 상대습도가 낮을수록 증산량은 증가한다.
3) 공기유동량이 많을수록 증산량은 증가한다.
4) 부피에 비해 표면적이 넓을수록 증산량은 증가한다.
5) 큐티클층이 얇을수록 증가한다.
6) 표피조직에 상처나 절단된 경우 그 부위를 통하여 증산량이 증가한다.

4. 호흡형이 같이 원예산물을 모두 고른 것은?

ㄱ. 참다래   ㄴ. 양앵두   ㄷ. 가지   ㄹ. 아보카도
① ㄱ, ㄴ
② ㄱ, ㄷ
③ ㄴ, ㄷ
④ ㄴ, ㄷ, ㄹ

정답 및 해설 ③

* 호흡급등형과실은 사과, 배, 복숭아, 참다래, 바나나, 아보카도, 토마토, 수박, 살구, 멜론, 감, 키위, 망고, 수박, 파파야 등이 있다
* 비호흡급등형은 포도, 감귤, 오렌지, 레몬, 고추, 가지, 오이, 딸기, 호박, 파인애플, 양앵두 등이 있다.

5. 원예산물의 에틸렌 제어에 관한 설명으로 옳은 것은?

① STS는 에틸렌을 흡착한다.
② $KMnO_4$는 에틸렌을 분해한다.
③ 1-MCP는 에틸렌을 산화시킨다
④ AVG는 에틸렌 생합성을 억제한다.

정답 및 해설 ④

① STS는 에틸렌 생합성을 억제한다.
② KMnO₄는 에틸렌을 흡착한다.
③ 1-MCP는 에틸렌 생합성을 억제한다.

6. 토마토의 후숙 과정에서 조직의 연화 관련 성분과 효소의 연결이 옳은 것은?

① 펙틴-폴리갈락투로나제
② 펙틴-폴리페놀옥시다제
③ 폴리페놀-폴리갈락투로나제
④ 폴리페놀-폴리페놀옥시다제

정답 및 해설 ①

* 펙틴: 과일류에 많이 들어 있는 다당류로 세포 결합 작용을 한다.
* 폴리갈락투로나제: 펙틴산 분해효소
* 폴리페놀: 식물에서 주로 발견되는 유기화합물로 하이드록시기(-OH)를 2개 이상 가진 페놀
* 폴리페놀옥시다제: 페놀의 산화 반응에 관여하는 효소

7. 원예산물의 성숙 과정에서 발현되는 색소 성분이 아닌 것은?

① 클로로필
② 라이코펜
③ 안토시아닌
④ 카로티노이드

정답 및 해설 ① 클로로필은 엽록소로 성숙과정 중 감소한다.

8. 신선편이 농산물의 제조 시 살균소독제로 사용되는 것은?

① 안식향산　　　　　　　　② 소르빈산
③ 염화나트륨　　　　　　　④ 차아염소산나트륨

정답 및 해설 ④

염소(클로린)은 살균소독 효과가 뛰어나고 가격이 싸 전세계적으로 농산물 살균세척제로 가장 많이 사용된다.

9. 신선 농산물의 MA포장재료로 적합한 것은?

| ㄱ. PP | ㄴ. PET | ㄷ. LDPE | ㄹ. PVDC |

① ㄱ, ㄷ　　　　　　　　② ㄱ, ㄹ
③ ㄴ, ㄷ　　　　　　　　④ ㄴ, ㄹ

정답 및 해설 ①

* PE(polyethylene): 과일류, 채소류 포장재료로 많이 이용되며 가스의 투과도가 높다.
* PP(polypropylene): 방습성, 내열성, 내한성, 투명성이 높아 투명포장 및 채소류 수축포장에 많이 이용된다.
* PVC(염화비닐; polyvinyl chloride): 과일류, 채소류 및 식품포장에 많이 이용되고 있다.

10. HACCP 7원칙에 해당하지 않는 것은?

① 위해요소 분석
② 중점관리점 결정
③ 제조공장현장 확인
④ 개선조치방법 수립

정답 및 해설 ③

* HACCP의 원칙(국제식품규격위원회-CODEX에서 설정)
  (1) 위해분석(HA)을 실시한다.
  (2) 중요관리점(CCP)를 결정한다.
  (3) 관리기준(CL)을 결정한다.

(4) CCP에 대한 모니터링 방법을 설정한다.
(5) 모니터링 결과 CCP가 관리상태의 위반시 개선조치(CA)를 설정한다.
(6) HACCP가 효과적으로 시행되는지를 검증하는 방법을 설정한다.
(7) 이들 원칙 및 그 적용에 대한 문서화와 기록유지방법을 설정한다.

11. CA저장고에 관한 설명으로 적합하지 않은 것은?

① 저장고의 밀폐도가 높아야 한다.
② 저장 대상 작물, 품종, 재배조건에 따라 CA조건을 적절하게 설정하여야 한다.
③ 장시간 작업 시 질식 우려가 있으므로 외부 대기자를 두어 내부를 주시하여야 한다.
④ 저장고내 산소 농도는 산소발생장치를 이용하여 조절한다.

정답 및 해설 ④

CA저장은 산소 농도는 낮추고 이산화탄소의 농도를 높여 저장산물의 호흡을 억제하여 저장하는 방법이다.

12. 원예산물의 저장 중 동해에 관한 설명으로 옳지 않은 것은?

① 빙점 이하의 온도에서 조직의 결빙에 의해 나타난다.
② 동해 증상은 결빙 상태일 때 보다 해동 후 잘 나타난다.
③ 세포내 결빙이 일어난 경우 서서히 해동시키면 동해 증상이 나타나지 않는다.
④ 동해 증산으로 수침현상, 과피함몰, 갈변이 나타난다.

정답 및 해설 ③

세포 내 결빙이 된 경우는 세포의 손상으로 해동 후 동해 증상이 나타난다.

13. 원예산물의 풍미를 결정하는 요인을 모두 고른 것은?

| ㄱ. 당도 | ㄴ. 산도 | ㄷ. 향기 | ㄹ. 색도 |

① ㄱ, ㄴ ② ㄱ, ㄴ, ㄷ

③ ㄴ, ㄷ, ㄹ   ④ ㄴ, ㄷ, ㄹ

정답 및 해설 ②

풍미는 맛과 향을 의미하므로 당도, 산도, 향기 등이 관여한다.

14. 비파괴 품질평가 방법에 관한 설명으로 옳지 않은 것은?

① 동일한 시료를 반복해서 측정할 수 있다.
② 분석이 신속하다.
③ 당도선별에 사용할 수 있다.
④ 화학적인 분석법에 비해 정확도가 높다.

정답 및 해설 ④

* 비파괴품질평가법은 관능검사법과 비교하면 정확도가 높으나 화학적분석법 보다는 정확도가 낮다.
* 비파괴검사법에 있어 파괴적평가방법의에 대한 장점 및 단점
1) 신속하고 정확하다.
2) 사용한 시료를 반복 사용이 가능하다.
3) 숙련된 검사원을 필요로 하지 않아 인건비가 절약된다.
4) 시설의 대형화가 요구된다.
5) 시설에 대한 초기 투자비용이 크다.

15. 저장고에 관리에 관한 설명으로 옳지 않은 것은?

① 저장고내 온도는 저장중인 원예산물의 품온을 기준으로 조절하는 것이 가장 정확하다.
② 입고시기에는 품온이 적정 수준에 도달한 안정기 때보다 더 큰 송풍량으로 공기를 순환시킨다.
③ 저장고내 산소를 제거하기 위해 소석회를 이용한다.
④ 저장고내 습도 유지를 위해 온도가 상승하지 않는 선에서 공기 유동을 억제하고 환기는 가능한 한 극소화 한다.

정답 및 해설 ③

석회의 입고는 단감의 저장 등에서 이산화탄소 흡착을 목적으로 일부 이용되나 흡습으로 인해 상대습도가 낮아져 증산량이 증가할 수 있는 위험성이 있다.

16. 다음의 용어로 옳은 것은?

> ㄱ. 수확한 생산물이 가지고 있는 열
> ㄴ. 생산물의 생리대사에 의한 발생하는 열
> ㄷ. 저장고 문을 여닫을 때 외부에서 유입되는 열

① ㄱ : 호흡열   ㄴ : 포장열   ㄷ : 대류열
② ㄱ : 포장열   ㄴ : 호흡열   ㄷ : 대류열
③ ㄱ : 대류열   ㄱ : 호흡열   ㄷ : 포장열
④ ㄱ : 포장열   ㄴ : 대류열   ㄷ : 호흡열

정답 및 해설 ②

* 포장열: 수확한 작물이 지니고 있는 열을 의미한다.
* 호흡열: 산물의 호흡에 의해 방출되는 생리대사열을 호흡열이라 한다.
* 전도열: 저장고 외부에서 저장고 안으로 전도되는 열을 전도열이라 한다.
* 대류열: 외부로부터 내부로 공기가 혼입되며 일어나는 대류현상으로 유입되는 열을 대류열이라 한다.
* 장비열: 적재시 사용되는 지게차, 조명등, 송풍기 등에서 발산되는 열을 장비열이라 한다.

17. 원예산물의 수확 후 전 처리에 관한 설명으로 옳지 않은 것은?

① 양파는 적재 큐어링 시 햇빛에 노출되면 녹변이 발생할 수 있다.
② 감자는 상처보호 조직의 빠른 재생을 위하여 30 ℃에서 큐어링한다.
③ 감귤은 중량비의 3~5%가 감소될 때까지 예건하여 저장하면 부패를 줄일 수 있다.
④ 마늘은 인편 중앙의 줄기부위가 물기 없이 건조되었을 때 예건을 종료한다.

정답 및 해설 ②

18. 다음 원예산물 중 5 ℃의 동일조건에서 측정한 호흡속도가 가장 높은 것은?

① 사과 ② 배
③ 감자 ④ 아스파라거스

정답 및 해설 ④

일반적으로 호흡속도 과실, 저장기관은 낮고 생장 중 수확된 산물은 높다.

19. 원예산물의 적재 및 유통에 관한 설명으로 옳지 않은 것은?

① 유통과정 중 장시간의 진동으로 원예산물의 손상이 발생할 수 있다.
② 팰릿 적재화물의 안정성 확보를 위하여 상자를 3단 이상 적재 시에는 돌려쌓기 적재를 한다.
③ 골판지 상자의 적재방법에 따라 상자에 가해지는 압축강도는 달라진다.
④ 신선 채소류는 수확 후 수분증발이 일어나지 않아 골판지 상자가 달라지지 않는다.

정답 및 해설 ④ 신선채소류는 증산량이 많아 골판지 상자의 강도저하 요인으로 작용할 수 있다.

20. 농산물의 포장재료 중 겉포장재에 해당하지 않은 것은?

① 트레이 ② 골판지 상자
③ 플라스틱 상자 ④ PP대(직물제 포대)

정답 및 해설 ① 트레이는 속포장재로 포장 내부에서 내용물의 손상 방지를 목적으로 한다.

21. 원예산물에서 에틸렌에 의해 나타나는 증상으로 옳은 것은?

① 배의 과심갈변 ② 브로콜리의 황화
③ 오이의 피팅 ④ 사과의 밀증상

정답 및 해설 ②

① 배의 과심갈변: 저장 중 노화현상

③ 오이의 피팅: 저온장해 증상
④ 사과의 밀증상: 수확이 늦었을 때 발생확률이 높다.

22. 원예산물별 수확 후 손실경감 대책으로 옳지 않은 것은?

① 마늘을 예건하면 휴면에도 영향을 주어 맹아신장이 억제된다.
② 배는 수확 즉시 저온저장을 하여야 과피흑변을 막을 수 있다.
③ 딸기는 예냉 후 소포장으로 수송하면 감모를 줄일 수 있다.
④ 복숭아 유통 시 에틸렌 흡착제를 사용하면 연화 및 부패를 줄일 수 있다.

정답 ②

배의 과피흑변: 저온 저장 전에 예건하여 과피의 수분함량을 감소시켜 과피흑변을 줄일 수 있다.

23. 0~4 ℃에서 저장할 경우 저온장해가 일어날 수 있는 원예산물 모두 고른 것은?

ㄱ. 파프리카   ㄴ. 배추   ㄷ. 고구마   ㄹ. 브로콜리   ㅁ. 호박
① ㄱ, ㄴ, ㄹ   ② ㄱ, ㄷ, ㅁ
③ ㄴ, ㄷ, ㄹ   ④ ㄷ, ㄹ, ㅁ

정답 및 해설 ②

* 저온장해
1) 작물의 종류에 따라 빙점 이상의 온도에서 저온에 의한 생리적 장해를 입는 경우로 특이한 한계온도 이하의 저온에 노출될 때 영구적인 생리장해가 나타나는데 이를 저온장해라 한다.
2) 빙점 이하에서 조직의 결빙으로 나타나는 동해와는 구별되며 저온장해를 입는 한계온도는 작물에 따라 다르게 나타나며 저장기간과는 관계없이 장해가 나타나기 시작하는 온도이다.
3) 온대 작물에 비해 열대, 아열대 원산의 작물이 저온에 민감하며 작물로는 고추, 오이, 호박, 토마토, 바나나, 메론, 파인애플, 고구마, 가지, 옥수수 등이 있다.

24. 원예산물의 화학적 위해 요인에 해당하지 않은 것은?

| 수확 후 품질관리론 |

① 곰팡이 독소 ② 중금속
③ 다이옥신 ④ 병원성 대장균

정답 및 해설 ④ 병원성 대장균은 생물학적 요인에 해당한다.

25. GMO에 관한 설명으로 옳지 않은 것은?

① GMO는 유전자변형농산물을 말한다.
② GMO는 병충해 저항성, 바이러스 저항성, 제초제 저항성을 기본 형질로 하여 개발 되었다.
③ GMO 표시 대상 품목에는 콩, 옥수수, 양파가 있다.
④ GMO 표시 대상 품목 중 유전자변형 원재료를 사용하지 않은 식품은 비유전자변형식품, Non-GMO로 표시할 수 있다.

정답 및 해설 ③

* 제19조(유전자변형농수산물의 표시대상품목) 법 제56조제1항에 따른 유전자변형농수산물의 표시대상품목은 「식품위생법」 제18조에 따른 안전성 평가 결과 식품의약품안전처장이 식용으로 적합하다고 인정하여 고시한 품목(해당 품목을 싹틔워 기른 농산물을 포함한다)으로 한다.

제 16회 기출문제

1. 원예산물의 품질요소 중 이화학적 특성이 아닌 것은?

① 경도　　　　　　　② 모양
③ 당도　　　　　　　④ 영양성분

정답 및 해설 ②

이화학적 특성이란 물리적, 화학적 특성을 말한다. ①,③,④는 이화학적 특성에 해당된다.

2. Hunter 'b' 값이 +40일 때 측정된 부위의 과색은?

① 노란색　　　　　　② 빨간색
③ 초록색　　　　　　④ 파란색

정답 및 해설 ①

헌터(Hunter)는 명도, 색상, 채도를 수치화하여 Lab 색좌표에 표시한다.
L는 명도를 나타내는데 0 ~ 100 의 수치로 적용하고 100에 가까울수록 밝음을 의미한다.
a는 색상을 나타내는데 -40 ~ +40 의 수치로 표시하고 -값이 클수록 녹색, +값이 클수록 적색계통, 0은 회색을 의미한다.
b는 채도를 나타내는데 -40 ~ +40 의 수치로 표시하고 -값이 클수록 청색, +값이 클수록 황색을 의미한다.

3. 원예산물의 형상선별기의 구동방식이 아닌 것은?

① 스프링식　　　　　② 벨트식
③ 롤러식　　　　　　④ 드럼식

정답 및 해설 ①

① 시장교섭력의 강화 ② 생산자 수취가격의 제고 ④ 판매결정권은 협동조합이 가진다.

4. 성숙 시 사과(후지) 과피의 주요 색소의 변화는?

① 엽록소 감소, 안토시아닌 감소
② 엽록소 감소, 안토시아닌 증가
③ 엽록소 증가, 카로티노이드 감소
④ 엽록소 증가, 카로티노이드 증가

정답 및 해설 ②

사과가 숙성되면 엽록소(클로로필)가 분해되어 녹색이 줄어들고, 사과 고유의 색소인 안토시아닌이 합성 발현되어 고유의 색상을 띠게 된다.

5. 과실의 연화와 경도 변화에 관여하는 주된 물질은?

① 아미노산
② 비타민
③ 펙틴
④ 유기산

정답 및 해설 ③

과실이 숙성되면 세포질의 셀룰로오스, 헤미셀룰로오스, 펙틴이 분해되어 조직이 연화된다.

6. 수분손실이 원예산물의 생리에 미치는 영향으로 옳은 것은?

① ABA 함량의 감소
② 팽압의 증가
③ 세포막 구조의 유지
④ 폴리갈락투로나아제의 활성 증가

정답 및 해설 ④

폴리갈락투로나아제는 펙틴 분해효소이다. 수분손실이 많으면 폴리갈락투로나아제가 활성화되어 펙틴 분해가 촉진되고 따라서 세포벽이 분해되어 조직이 물러진다(쭈글쭈글)

7. 원예산물의 저장 전처리 방법으로 옳은 것은?

① 마늘의 수확 후 줄기를 제거한 후 바로 저장고에 입고한다.

② 양파는 수확 후 녹변발생 억제를 위해 햇빛에 노출시킨다.
③ 고구마는 온도 30℃, 상대습도 35~50%에서 큐어링 한다.
④ 감자는 온도 15℃, 상대습도 85~90%에서 큐어링 한다.

정답 및 해설 ④

① 마늘은 온도 35 ~ 40℃, 습도 70 ~ 80%에서 4 ~ 7일간 큐어링한다.
② 양파는 햇빛에 노출되면 녹변이 발생할 수 있다.
③ 고구마는 수확 후 1주일 이내에 온도 30 ~ 33℃, 습도 85 ~ 90%에서 4 ~ 5일간 큐어링한 후 열을 방출시키고 저장하면 상처가 치유되고 당분함량이 증가한다.

8. 사과 수확기 판정을 위한 요오드 반응 검사에 관한 설명으로 옳지 않은 것은?

① 성숙 중 전분 함량 감소 원리를 이용한다.
② 성숙할수록 요오드반응 착색 면적이 줄어든다.
③ 종자 단면의 색깔 변화를 기준으로 판단한다.
④ 수확기 보름 전부터 2~3일 간격으로 실시한다.

정답 및 해설 ③

과일은 성숙되면서 전분이 당으로 변하기 때문에 잘 익은 과일 일수록 전분의 함량이 적다.
전분함량의 변화는 요오드 반응 검사를 통해 파악된다. 전분은 요오드와 결합하면 청색으로 변하는데 과일의 적도부를 횡으로 절단하여 요오드화칼륨용액에 담가서 청색의 면적이 작으면 전분함량이 적은 것으로 판단한다. 조사는 수확 예정일 4주 전부터 5~7일 간격으로 조사하고 수확예정일 2주 전부터는 2~3일 간격으로 조사한다. 전분이 70% 정도 소실된 때 수확한다.

9. 신선편이(Fresh cut) 농산물의 특징으로 옳은 것은?

① 저온유통이 권장된다.　　② 에틸렌의 발생량이 적다.
③ 물리적 상처가 없다.　　　④ 호흡률이 낮다.

정답 및 해설 ①

신선편이농산물은 절단, 물리적 상처 등으로 에틸렌 발생이 많으며 호흡량도 증가한다.

10. 다음 ( )에 들어갈 품목을 순서대로 옳게 나열한 것은?

> 원예산물의 저장 전처리에 있어 ( )은(는) 차압통풍식으로 예냉을 하고, ( )은(는) 예건을 주로 실시한다.

① 당근, 근대
② 딸기, 마늘
③ 배추, 상추
④ 수박, 오이

정답 및 해설 ②

사과, 복숭아, 포도, 브로콜리, 아스파라거스, 딸기, 오이, 토마토, 당근, 무 등은 예냉효과가 특히 높은 품목이다. 딸기는 차압통풍식으로 예냉한다.

마늘과 양파는 수확 직후 수분함량이 85% 정도인데 예건을 통해 65% 정도까지 감소시킴으로써 부패를 막고 응애와 선충의 밀도를 낮추어 장기 저장이 가능하게 된다.

11. 원예산물의 수확에 관한 설명으로 옳은 것은?

① 마늘은 추대가 되기 직전에 수확한다.
② 포도는 열과를 방지하기 위해 비가 온 후 수확한다.
③ 양파는 수량 확보를 위해 잎이 도복되기 전에 수확한다.
④ 후지 사과는 만개 후 일수를 기준으로 수확한다.

정답 및 해설 ④

① 마늘은 수확기가 가까워지면 하위엽과 잎의 끝부터 마르기 시작하는데 1/2 ~ 2/3 정도 마를 때 수확한다.
② 포도는 비를 맞으면 열과가 많아진다.
③ 양파의 수확은 도복이 80% 정도 이루어졌을 때 한다. 양파의 도복은 영양저장기관인 양파의 알을 더 굵게 하기 위해 줄기의 영양분을 포기하는 것이다.
④ 후지사과(부사)는 만개 후 170일 경과시점에 수확한다.

12. GMO 농산물에 관한 설명으로 옳지 않은 것은?

① 유전자변형 농산물을 말한다.
② 우리나라는 GMO 표시제를 시행하고 있다.

③ GMO 표시를 한 농산물에 다른 농산물을 혼합하여 판매할 수 있다.
④ GMO 표시대상이 아닌 농산물에 비(非)유전자변형 식품임을 표시할 수 있다.

정답 및 해설 ④

비유전자변형 식품의 표시는 하지 않는다.

13. 국내 표준 파렛트 규격은?

① 1,100mm×1,000mm
② 1,100mm×1,100mm
③ 1,200mm×1,100mm
④ 1,200mm×1,200mm

정답 및 해설 ②

농산물표준규격 제4조에 의하면
표준 파렛트 규격은 T-11형(1,100×1,100mm)과 T-12형(1,200×1,000mm) 이다.

14. 다음 ( )에 들어갈 알맞은 내용을 순서대로 옳게 나열한 것은? (단, 5℃ 동일조건으로 저장한다.)

○ 호흡속도가 ( ) 사과와 양파는 저장력이 강하다.
○ 호흡속도가 ( ) 아스파라거스와 브로콜리는 중량 감소가 빠르다.

① 낮은, 낮은
② 낮은, 높은
③ 높은, 낮은
④ 높은, 높은

정답 및 해설 ②

호흡속도가 빠르면 저장양분의 소모가 빠르다는 것이므로 저장력이 약화되고 저장기간이 단축된다. 반면에 호흡속도가 늦으면 저장력이 강화되고 저장기간이 연장된다.

과일별 호흡속도를 비교해 보면 복숭아〉배〉감〉사과〉포도〉키위 의 순으로 호흡속도가 빠르며, 채소의 경우는 딸기〉아스파라거스, 브로콜리〉완두〉시금치〉당근〉오이〉토마토, 양배추〉무〉수박〉양파 의 순으로 호흡속도가 빠르다.

15. 포장재의 구비 조건에 관한 설명으로 옳지 않은 것은?

① 겉포장재는 취급과 수송 중 내용물을 보호할 수 있는 물리적 강도를 유지해야 한다.
② 겉포장재는 수분, 습기에 영향을 받지 않도록 방수성과 방습성이 우수해야 한다.
③ 속포장재는 상품이 서로 부딪히지 않게 적절한 공간을 확보해야 한다.
④ 속포장재는 호흡가스의 투과를 차단할 수 있어야 한다.

정답 및 해설 ④

포장재는 호흡가스의 투과성이 좋아야 한다.

16. 저장 중 원예산물에서 에틸렌에 의해 나타나는 증산을 모두 고른 것은?

ㄱ. 아스파라거스 줄기의 정화   ㄴ. 브로콜리의 황화
ㄷ. 떫은 감의 탈삽   ㄹ. 오이의 피팅
ㅁ. 복숭아 과육의 스펀지화

① ㄱ, ㄴ, ㄷ   ② ㄱ, ㄹ, ㅁ
③ ㄴ, ㄷ, ㄹ   ④ ㄷ, ㄹ, ㅁ

정답 및 해설 ①

에틸렌은 엽록소의 분해를 촉진하고 안토시아닌(antocyanins), 카로티노이드(carotenoids)색소의 합성을 유도하므로 감, 감귤류, 참다래, 바나나, 토마토, 고추 등의 착색을 증진시키고 과육의 연화를 촉진시킨다.

또한 에틸렌은 떫은 감의 탄닌성분 탈삽과정에 작용하여 감의 후숙을 촉진한다. 감의 떫은맛은 과실 내에 존재하는 갈릭산(gallic acid) 혹은 이의 유도체에 각종 페놀(phenol)류가 결합한 고분자 화합물인 탄닌(tannin) 성분에 의한 것이며 온탕침지, 알콜, 이산화탄소 처리, 에세폰 처리 등으로써 떫은맛의 원인이 되는 탄닌 성분을 불용화 시켜 떫은맛을 느낄 수 없게 만든다.

17. HACCP에 관한 설명으로 옳은 것은?

① 식품에 문제가 발생한 후에 대처하기 위한 관리기준이다.
② 식품의 유통단계부터 위해요소를 관리한다.

③ 7원칙에 따라 위해요소를 관리한다.
④ 중요관리점을 결정한 후에 위해요소를 분석한다.

정답 및 해설 ③

① 문제 발생 이전에 사전적으로 대처하기 위한 관리기준이다.
② 위해요소를 분석하고 공정관리에 의한 위생관리를 한다.
④ 위해요소를 분석한 후에 중요관리점을 결정한다.

18. 포장치수 중 길이의 허용 범위(%)가 다른 포장재는?

① 골판지상자
② 그물망
③ 직물제포대(PP대)
④ 폴리에틸렌대(PE대)

정답 및 해설 ①

농산물표준규격

제5조(포장치수의 허용범위) ①골판지상자의 포장치수 중 길이, 너비의 허용범위는 ±2.5%로 한다.

②그물망, 직물제포대(P·P대), 폴리에틸렌대(P·E대)의 포장치수의 허용범위는 길이의 ±10%, 너비의 ±10㎜, 지대의 경우에는 각각 길이·너비의 ±5㎜, 발포폴리스티렌 상자의 경우는 길이·너비의 ±2㎜로 한다.

③플라스틱상자의 포장치수의 허용범위는 각각 길이·너비·높이의 ±3㎜로 한다.

④속포장의 규격은 사용자가 적정하게 정하여 사용할 수 있다.

19. 저장고의 냉장용량을 결정할 때 고려하지 않아도 되는 것은?

① 대류열
② 장비열
③ 전도열
④ 복사열

정답 및 해설 ④

복사열은 태양으로부터 받는 열이 복사되어 물체를 뜨겁게 하는 에너지를 말하며 저장고의 냉장용량 결정에는 고려되지 않는다.

20. 원예산물의 저장 시 상품성 유지를 위한 허용 수분손실 최대치(%)가 큰 것부터 순서대로 나열한 것은?

| ㄱ. 양파 ㄴ. 양배추 ㄷ. 시금치 |

① ㄱ > ㄴ > ㄷ
② ㄱ > ㄷ > ㄴ
③ ㄴ > ㄱ > ㄷ
④ ㄴ > ㄷ > ㄱ

정답 및 해설 ①

21. 원예산물별 저온장해 증상이 아닌 것은?

① 수박 - 수침현상
② 토마토 - 후숙불량
③ 바나나 - 갈변현상
④ 참외 - 과숙(過熟)현상

정답 및 해설 ④

0℃이상의 온도이지만 한계온도 이하의 저온에 노출되어 나타나는 장해로서 조직이 물러지거나 표피의 색상이 변하는 증상, 내부갈변, 토마토나 고추의 함몰, 복숭아의 섬유질화 등은 저온장해의 예이다.

22. CA 저장고의 특성으로 옳지 않은 것은?

① 시설비와 유지관리비가 높다.
② 작업자가 위험에 노출될 우려가 있다.
③ 저장산물의 품질분석이 용이하다.
④ 가스 조성농도를 유지하기 위해서는 밀폐가 중요하다.

정답 및 해설 ③

저장고를 자주 열 수 없어 저장물의 상태 파악이 어렵다.

23. 원예산물의 예냉에 관한 설명으로 옳지 않은 것은?

① 원예산물의 품온을 단시간 내 낮추는 처리이다.
② 냉매의 이동속도가 빠를수록 예냉효율이 높다.
③ 냉매는 액체보다 기체의 예냉효율이 높다.
④ 냉매와 접촉 면적이 넓을수록 예냉효율이 높다.

정답 및 해설 ③

액체가 기화할 때 주위의 열을 흡수하므로 냉매는 액체의 예냉효율이 높다.

24. 사과 밀증상의 주요 원인물질은?

① 구연산
② 솔비톨
③ 메티오닌
④ 소라닌

정답 및 해설 ②

밀은 솔비톨(sorbitol, 당을 함유한 알콜성분의 백색의 분말)이 세포 안쪽이나 세포 사이에 쌓인 것이다. 밀병증상 부위에는 주변조직보다 더 많은 솔비톨(sorbitol)이 존재하며 과육 또는 과심의 일부가 황색의 수침상(水浸狀)이 된다.

25. 원예산물별 신선편이 농산물의 품질변화 현상으로 옳지 않은 것은?

① 당근 - 백화현상
② 감자 - 갈변현상
③ 양배추 - 황반현상
④ 마늘 - 녹변현상

정답 및 해설 ③

제 17회 기출문제

1. 적색 방울토마토 과실에서 숙성과정 중 일어나는 현상이 아닌 것은?

① 세포벽 분해 ② 정단조직 분열
③ 라이코펜 합성 ④ 환원당 축적

정답 및 해설 ②

정단조직의 분열은 가지 끝이나 뿌리 끝의 정단분열조직이라는 생장점에서 일어난다.

2. 사과 세포막에 있는 에틸렌 수용체와 결합하여 에틸렌 발생을 억제하는 물질은?

① I - MCP ② 과망간산칼륨
③ 활성탄 ④ AVG

정답 및 해설 ①

1-MCP(1-Methylcyclopropene) : 새로운 식물생장조절제로서 식물체의 에틸렌 결합부위를 차단하여 에틸렌의 작용을 무력화하는 특성을 지닌 물질이다. 따라서 과실의 연화, 식물의 노화 등을 감소시켜 수확후 저장성을 향상시키는데 유용하게 쓰일 수 있다. 1,000ppb의 농도로 12-24시간 사용하여 호흡, 에틸렌 생성, 휘발성 물질 생성, 엽록소 소실, 색깔, 단백질, 세포막 붕괴, 연화, 산도, 당도 등에 영향을 미쳐 과일, 채소류 등의 수확 후 저장성 및 품질을 향상시킨다.

3. 원예산물의 호흡에 관한 설명으로 옳지 않은 것은?

① 당과 유기산은 호흡기질로 이용된다.
② 딸기와 포도는 호흡 비급등형에 속한다.
③ 산소가 없거나 부족하면 무기호흡이 일어난다.
④ 당의 호흡계수는 1.33이고, 유기산의 호흡계수는 1이다.

정답 및 해설 ④

당의 호흡계수는 1이고, 유기산의 호흡계수는 1.33이다.

4. 원예산물의 종류와 주요 항산화 물질의 연결이 옳지 않은 것은?

① 사과 - 에톡시퀸(ethoxyquin)
② 포도 - 폴리페놀(polyhenol)
③ 양파 - 케르세틴(quercetin)
④ 마늘 - 알리신(allicin)

정답 및 해설 ①

사과: 안토시아닌, 케르세틴 등의 항산화 성분이 노화의 원인인 활성산소를 제거하는 항산화 작용을 한다.

에톡시퀸: 미국의 화학회사 몬산토사에서 개발한 항산화제로 흔히 식품의 방부제로 사용된다. 가축 사료에 포함된 지방의 산패 지연, 주황색 색소인 카로티노이드가 포함된 여러 제품에선 카로티노이드의 산화로 변색을 억제하는 산화방지제로 사용된다.

5. 과수작물의 성숙기 판단 지표를 모두 고른 것은?

| ㄱ. 만개 후 일수 | ㄴ. 포장열 |
| ㄷ. 대기조성비 | ㄹ. 성분의 변화 |

① ㄱ, ㄴ
② ㄱ, ㄹ
③ ㄴ, ㄷ
④ ㄷ, ㄹ

정답 및 해설 ②

수확적기의 판정

(1) 생리대사의 변화

1) 호흡속도: 성숙, 숙성 중 호흡의 변화량에 따라 결정할 수 있다. 클라이 메트릭라이스(호흡급등현상)형 과실의 호흡량이 최저에 달했다가 약간 증가되는 초기단계로 수확의 적기이다.

2) 에틸렌 대사: 호흡급등형 과실은 성숙과정과 에틸렌 발생량이 매우 밀접한 관계를 가지고 있어 에틸렌 발생량이나 과일 내부의 에틸렌 농도를 측정하여 성숙 정도를 알 수 있어 수확 시기를 결정할 수 있다.

3) 성숙 및 숙성과정의 대사산물의 변화
(2) 만개 후 일수: 꽃이 80% 이상 개화된 만개일시를 기준으로 한다.
(3) 색깔, 맛, 경도 및 품질과 내·외적 품질구성요소를 만족시켜야 한다.

6. 이산화탄소 1%는 몇 ppm인가?

① 10　　　　　　　　　　② 100
③ 1,000　　　　　　　　　④ 10,000

정답 및 해설 ④

1% = 1/100

1ppm = 1/1,000,000

7. 상온에서 호흡열이 가장 높은 원예산물은?

① 사과　　　　　　　　　② 마늘
③ 시금치　　　　　　　　④ 당근

정답 및 해설 ③

식물조직이 성숙하게 되면 그들의 호흡률은 전형적으로 감소하는데 이것은 많은 채소류와 미성숙과일 같은 생장 중 수확된 산물의 호흡률은 매우 높은 반면, 성숙한 과일과 휴면 중인 눈 그리고 저장기관은 상대적으로 낮다.

8. 포도와 딸기의 주요 유기산을 순서대로 옳게 나열한 것은?

① 구연산, 주석산　　　　② 옥살산, 사과산
③ 주석산, 구연산　　　　④ 사과산, 옥살산

정답 및 해설 ③

신맛 : 원예생산물이 가지고 있는 유기산에 의하여 결정되며 작물별로 축적되는 유기산의 종류가 많

으므로 산함량을 조사한 다음 그 작물의 대표적인 유기산으로 환산하여 나타낸다. 대부분의 과실에는 사과산과 구연산이 많이 함유되어 있으며 사과와 배에는 능금산, 포도의 주석산, 귤과 오렌지 등 밀감류에는 구연산의 함량이 높은 편이다. 단맛과 신맛은 상대적으로 당함량이 높아도 산함량이 높으면 단맛을 제대로 느낄 수 없어 당도보다 산함량이 더욱 중요한 지표로 작용할 수 있다. 또한 유통과정 또는 소비단계에서 단맛의 증가는 당성분의 새로운 증가보다는 유기산의 소모로 신맛이 감소하여 상대적으로 단맛이 강하게 느껴지게 되기 때문이다. 가공식품에 있어서는 적정량의 염분이 첨가되면 단맛이 강화되기도 한다.

9. 사과 저장 중 과피에 위조현상이 나타나는 주된 원인은?

① 저농도 산소
② 과도한 증산
③ 고농도 이산화탄소
④ 고농도 질소

정답 및 해설 ②

증산에 따른 상품성의 변화

1) 중량감소
2) 조직에 변화를 일으켜 신선도 저하
3) 시듬현상으로 외양에 지대한 영향을 미친다. 일반적으로 수분이 5% 정도 소실되면 상품가치를 잃게 된다.
4) 대부분 채소는 수분함량이 90% 이상 되는데 온도가 높아지고 상대습도가 낮은 환경에서는 증산이 많아져 산물의 생체중이 5~10%까지 줄어들며 상품성이 크게 떨어지게 된다.
5) 과실은 수분함량이 85~95%로 이루어져 있는데 수분이 5~8% 정도 증산되면 상품가치를 잃게 된다.
6) 사과의 경우 9% 정도 중량감소가 일어나면 표피가 쭈그러지는 위조현상이 일어난다.

10. 오존수 세척에 관한 설명으로 옳은 것은?

① 오존은 상온에서 무색, 무취의 기체이다.
② 오존은 강력한 환원력을 가져 살균 효과가 있다.
③ 오존수는 오존가스를 물에 혼입하여 제조한다.
④ 오존은 친환경 물질로 작업자에게 위해하지 않다.

정답 및 해설 ③

오존수 세척

① 산화력이 높아 염소보다 빠르게 미생물을 사멸시키며 낮은 농도로도 사용이 가능하다.
② 위해성 잔류물이 남지 않으며 처리 과정에 pH 조정이 필요 없다.
③ 과채류의 부패방지에 매우 효과적이다.
④ 오존가스는 인체에 독성이 있는 문제점이 있어 작업장에 오존가스 농도가 높아지는 것을 주의하여야 한다.
⑤ 시설 및 설비에 들어가는 초기 경제적 부담이 큰 단점이 있다.

11. 진공식 예냉의 효율성이 떨어지는 원예산물은?

① 사과　　　　　　　　　② 시금치
③ 양상추　　　　　　　　④ 미나리

정답 및 해설 ①

진공식 예냉: 엽채류의 냉각속도는 빠르지만 토마토, 피망 등은 속도가 느려 부적당하다. 또한 동일 품목에서도 크기에 따라 냉각속도가 달라진다.

12. 수확후 예건이 필요한 품목을 모두 고른 것은?

| ㄱ. 마늘 | ㄴ. 복숭아 | ㄷ. 당근 | ㄹ. 양배추 |

① ㄱ, ㄴ　　　　　　　　② ㄱ, ㄹ
③ ㄴ, ㄷ　　　　　　　　④ ㄷ, ㄹ

정답 및 해설 ②

예건

1. 수확시 외피에 수분함량이 많고 상처나 병충해 피해를 받기 쉬운 작물은 호흡 및 증산작용이 왕성하여 그대로 저장하는 경우 미생물의 번식이 촉진되고 부패율도 급속히 증가하기 때문에 충분히 건조시킨 후 저장하여야 한다.

2. 식물의 외층을 미리 건조시켜 내부조직의 수분 증산을 억제시키는 방법으로 수확 직후에 수분을 어느 정도 증산시켜 과습으로 인한 부패를 방지한다.
3. 예건적용품목: 마늘, 양파, 단감, 배, 양배추 등

13. 신선편이에 관한 설명으로 옳지 않은 것은?

① 절단, 세척, 포장 처리된다.
② 첨가물을 사용할 수 없다.
③ 가공전 예냉처리가 권장된다.
④ 취급장비는 오염되지 않아야 한다.

정답 및 해설 ②

항산화제 등 첨가물을 사용할 수 있다.

14. 배의 장기저장을 위한 저장고 관리로 옳지 않은 것은?

① 공기통로가 확보되도록 적재한다.
② 배의 품온을 고려하여 관리한다.
③ 온도 편차를 최소화되게 관리한다.
④ 냉각기에서 나오는 송풍 온도는 배의 동결점보다 낮게 유지한다.

정답 및 해설 ④

냉각기에서 나오는 송풍 온도는 배의 동결점보다 낮게 유지하는 경우 동해 발생이 우려된다.

15. 다음의 저장 방법은?

○ 인위적 공기조성 효과를 낼 수 있다.
○ 필름이나 피막제를 이용하여 원예산물을 외부공기와 차단한다.

① 저온저장　　　　　　　　　　② CA저장

제 17회 기출문제 | **313**

③ MA저장 ④ 상온저장

정답 및 해설 ③

MA저장(Modified Atmosphere Storage)
(1) 필름이나 피막제를 이용하여 산물을 하나씩 또는 소량을 외부와 차단하여 호흡에 의한 산소농도의 저하와 이산화탄소농도의 증가에 의해 호흡을 줄임으로 품질변화를 억제하는 방법이다. MA처리는 압축된 CA 저장이라 할 수 있다.
(2) 포장재의 개발과 함께 발달되었으며 유통기간의 연장 수단으로 많이 사용되고 있다.
(3) 각종 플라스틱 필름 등으로 원예산물을 포장하는 경우 필름의 기체투과성, 산물로부터 발생한 기체의 양과 종류에 의하여 포장내부의 기체조성은 대기와 현저하게 달라지기 때문에 이것에 의한 저장방법을 말한다.
(4) MA저장은 적정한 가스의 농도가 산물의 종류에 따라 다르다. 사과는 품종에 따라 다르나 산소가 2~3%, 이산화탄소 2~3%, 감은 산소 1~2%, 이산화탄소 5~8%, 배에는 산소 4%, 이산화탄소 5%의 적정농도가 유지되어야 한다.
(5) MA저장에 사용되는 필름은 수분투과성, 이산화탄소나 산소 및 다른 공기의 투과성이 무엇보다도 중요하다.
(6) 수증기의 이동을 억제하여 증산량이 감소한다.
(7) 온도에 민감해 장해를 일으키는 작물의 장해 발생감소에 효과적이다.
(8) 낱개 포장하는 경우 물리적 손상을 방지할 수 있다.
(9) 필름과 피막처리는 CA효과를 볼 수 있으므로 과육연화현상과 노화현상을 지연시킬 수 있다.
(10) 단감을 제외한 일반적인 원예산물의 경우 포장, 저장 및 유통기술이므로 MAP(Modified Atmosphere Packaging; 가스치환포장방식)로 표현하는 것이 더욱 적절하다.

16. 4℃ 저장 시 저온장해가 발생하지 않은 품목은? (단, 온도 조건만 고려함)

① 양파 ② 고구마
③ 생강 ④ 애호박

정답 및 해설 ①

장기저장 시 적정 저장 온도, 습도 및 동결온도

품목	적정 온도(℃)	적정 습도(%)	동결온도(℃)
사과	−0.5~0.5	90~95	−1.5~−1.1
배	0.5~1.0	90~95	−1.5
복숭아	−0.5~0.0	90~95	−0.9
포도	−0.5~0.0	85~90	−1.2
단감	−1.0~0.0	90~95	−2.1
밀감	5.0~8.0	90~95	5.0(저온장해)
배추	0.5~0.0	95~98	−0.7
브로콜리	0.5~0.0	95~98	−0.6
양파	−0.5~0.0	70~80	−0.8
마늘	−1.5~−0.5	70~80	−0.8

동결온도: 동결이 일어날 수 있는 가장 높은 온도 범위기준
마늘의 경우 건조정도에 따라 −3.0~0.0 범위에서 선택적으로 설정

*자료; 농수산물유통공사, 알기쉬운 농산물 수확후 관리(저장기술 및 저장고 환경관리), 박윤문

17. A농산물품질관리사가 아래 품종의 배를 상온에서 동일조건 하에 저장하였다. 상대적으로 저장 기간이 가장 짧은 품종은?

① 신고
② 감천
③ 장십랑
④ 만삼길

정답 및 해설 ③

장십랑은 숙기가 9월 중하순의 중생종으로 저장력이 약한 편이다.

상온 저장 시 저장 가능 기간

① 신고: 약 90일

② 감천: 약 120일

③ 장십랑: 약 30일

④ 만삼길: 저장력이 극히 강해 상온 저장에서도 다음해 5월 말까지 선도 유지가 가능하다.

18. 원예산물의 수확후 손실을 줄이기 위한 방법으로 옳지 않은 것은?

① 마늘 장기저장 시 90% ~ 95% 습도로 유지한다.

② 복숭아 유통 시 에틸렌 흡착제를 사용한다.
③ 단감은 PE필름으로 밀봉하여 저장한다.
④ 고구마는 수확직후 30℃, 85% 습도로 큐어링한다.

정답 및 해설 ①

마늘의 장기저장 조건: 온도 -1.5~-0.5℃에서 습도 70~80%

19. 다음 (   )에 들어갈 내용은?

절화는 수확 후 바로 (ㄱ)을 실시해야 하는데 이 때 8-HQS를 사용하여 물을 (ㄴ)시켜 미생물 오염을 억제할 수 있다.

① ㄱ: 물세척, ㄴ: 염기성화　　② ㄱ: 물올림, ㄴ: 산성화
③ ㄱ: 물세척, ㄴ: 산성화　　④ ㄱ: 물올림, ㄴ: 염기성화

정답 및 해설 ②

절화는 수확 후 바로 물올림을 실시하여야 하며 물올림 시 물은 pH3~4로 산성화시켜 미생물의 억제와 수분 흡수력을 증가시킨다.

20. 원예산물의 원거리운송 시 겉포장재에 관한 설명으로 옳지 않은 것은?

① 방습, 방수성을 갖추어야 한다.
② 원예산물과 반응하여 유해물질이 생기기 않아야 한다.
③ 원예산물을 물리적 충격으로부터 보호해야한다.
④ 오염확산을 막기 위해 완벽한 밀폐를 실시한다.

정답 및 해설 ④

겉포장재는 취급과 수송 중 내용물을 보호할 수 있는 물리적 강도와 방습, 방수성을 갖추어야 하며, 적합한 통기구를 가지고 있어야 한다.

21. 원예산물에 있어서 PLS(Positive List System)는?

① 식물호르몬 사용품목 관리제도
② 능동적 MA포장 필름목록 관리제도
③ 농약 허용물질목록 관리제도
④ 식품위해요소 중점 관리제도

정답 및 해설 ③

PLS(Positive List System): 농약허용물질목록 관리제도로 정해진 농약 기준에 따라 농산물의 안전성 적합여부를 판단하고, 기준이 없는 경우 0.01ppm을 초과하면 부적합으로 판단한다.

22. 5℃로 냉각된 원예산물이 25℃ 외기에 노출된 직후 나타나는 현상은?

① 동해　　　　　　　　　　　② 결로
③ 부패　　　　　　　　　　　④ 숙성

정답 및 해설 ②

온도 10℃ 이상의 차이에서는 온도 편차에 의한 결로현상이 발생한다.

23. 원예산물의 GAP관리 시 생물학적 위해 요인을 모두 고른 것은?

| ㄱ. 곰팡이독소 | ㄴ. 기생충 | ㄷ. 병원성 대장균 | ㄹ. 바이러스 |

① ㄱ, ㄴ　　　　　　　　　　② ㄱ, ㄷ
③ ㄱ, ㄷ, ㄹ　　　　　　　　④ ㄴ, ㄷ, ㄹ

정답 및 해설 ④

곰팡이 독소는 화학적 위해 요인으로 분류된다.

24. 원예산물별 저장 중 발생하는 부패를 방지하는 방법으로 옳지 않은 것은?

① 딸기 - 열수세척　　　　　② 양파 - 큐어링

③ 포도 - 아황산가스 훈증　　　　　④ 복숭아 - 고농도 이산화탄소 처리

정답 및 해설 ①
딸기는 수확 후 쉽게 물러지므로 이산화탄소 처리로 경도를 유지시켜 선도를 유지한다.

25. 절화수명 연장을 위해 자당을 사용하는 주된 이유는?

① 미생물 억제　　　　　　② 에틸렌 작용 억제
③ pH 조절　　　　　　　　④ 영양분 공급

정답 및 해설 ④
자당은 절화에 양분을 공급으로 수명을 연장시킬 목적이다.

제 18회 기출문제

1. 수확후품질관리에 관한 내용이다.( )에 들어갈 내용으로 옳은 것은?

> 원예산물의 품온을 단시간 내 낮추는 (ㄱ)처리는 생산물과 냉매와의 접촉면적이 넓을수록 효율이 (ㄴ) 냉매는 액체보다 기체에서 효율이 (ㄷ).

① ㄱ: 예냉, ㄴ: 낮고, ㄷ: 높다
② ㄱ: 예냉, ㄴ: 높고, ㄷ: 낮다
③ ㄱ: 예건, ㄴ: 낮고, ㄷ: 높다
④ ㄱ: 예건, ㄴ: 높고, ㄷ: 낮다

정답 및 해설 ②

예냉의 효율

예냉효율은 생산물의 온도저하 속도를 의미하며 생산물과 냉각매체와의 접촉성, 생산물의 품온과 냉각매체와의 온도차이, 냉각매체의 이동속도, 냉각매체의 물리적 성상, 생산물 표면의 기하학적 구조 등에 의하여 결정한다. 즉, 원예산물의 품온을 단시간 내 낮추는 (ㄱ 예냉)처리는 생산물과 냉매와의 접촉면적이 넓을수록 효율이 (ㄴ 높고) 냉매는 액체보다 기체에서 효율이 (ㄷ 낮다).

2. 복숭아 수확 시 고려사항이 아닌 것은?

① 경도
② 만개 후 일수
③ 적산온도
④ 전분지수

정답 및 해설 ④

수확시기의 결정 : 수확기 판정의 지표 중 화학적 지표 전분테스트

사과의 수확기 판정에 가장 널리 쓰이는 방법으로 요오드 반응 검사라고도 한다. 대부분의 과일은 성숙 중 과일 내의 전분의 함량이 줄어들면서 당으로 변하여 단맛을 내게 되는데 이러한 전분함량의 변화를 조사하여 수확 시기를 결정한다. 전분은 요오드와 반응하여 청색을 나타내며 과일내 전분을 요오드 용액으로 처리하면 검은색으로 착색되어 나타난다. 사과는 성숙이 진행될수록 요오드 반응이 약해져서 완전히 숙성된 과일은 요오드 반응이 나타나지 않는다. 요오드 반응 정도에 따라 장기저장 과일 수확기, 단기저장 과일 수확기, 수확 후 시장출하용 등으로 세분하여 수확시기를 나눌 수 있다.

판정지표	원예생산물	판정지표	원예생산물

(1) 화학적 측정방법	1) 전분함량	사과	(5) 감각에 의한 판정(시각, 맛, 촉감 등)	
	2) 당함량	복숭아, 참다래 등		
	3) 산함량	밀감, 메론, 키위		
(2) 물리적 지표	1) 경도	사과, 배, 토마토, 복숭아 등	1) 크기와 모양	
	2) 채과 저항력(낙과 진행)	복숭아, 배, 사과, 네트멜론 등	2) 표현 형태 및 구조	① 적포도 (표면의 흰 과분)
				② 메스크 메론 (넷팅=네트 발달)
				③ 접마늘과 양파 (꼭지 부위 유합)
(3) 생리 대사 변화	1) 호흡속도	① 호흡급등형 (사과, 배 등)	3) 색깔(표피색, 지색, 내심 색깔, 과경, 과립경의 색깔, 씨의 색깔 등)	① 과피색 (사과, 자두, 살구, 딸기, 참외, 감귤 등)
		② 비급등형 (딸기, 파인애플 등)		② 과육색(바나나, 토마토 등)
	2) 에틸렌대사 (내부의 에틸렌 농도)	① 호흡급등형 (사과, 배 등)		③ 종자색 (조생종 사과)
		② 비호흡급등형 (딸기, 파인애플 등)		④ 과심부 및 과실표면 잔털 색 (참다래)
(4) 생장일수와 기상자료	1) 날짜	조생종, 중생종, 만생종(사과, 배, 복숭아 등)	4) 촉감 (결구상태)	배추, 양배추, 결구상추 등
	2) 만개(개화) 후 일수	사과, 배, 복숭아 등		
	3) 만개 후 일수와 기상 요인의 조합공식	개화 후 초기 생육기의 온도(적산온도) : 사과, 복숭아 등	5) 조직감, 맛 등의 미각	

3. A농가에서 다음 품목을 수확한 후 동일 조건의 저장고에 저장 중 품목별 5% 수분 손실이 발생하였다. 이 때 시들음이 상품성 저하에 가장 큰 영향을 미치는 품목은?

① 감 ② 양파
③ 당근 ④ 시금치

정답 및 해설 ④

원예산물의 수확후 "증산작용" 생리와 저장 중 품질변화
 (1) 증산작용(transpiration)이란

식물체내의 수분이 체외로 빠져 나가는 현상으로 저장고에 저장 중 작물체의 품목별 5% 수분손실이 발생하면 중량감소, 조직변화로 신선도 저하 등 시들음 현상을 유발하여 외양에 지대한 영향을 미친다.

(2) 증산작용의 의의

1) 증산작용은 표피에 존재하는 기공이나 과점(lenticel) 그리고 상처나 표피 및 자체 왁스층을 통하여 일어난다. 따라서 작물체의 전체 부피에 비해 외부에 노출된 표면적이 크면 증산할 수 있는 면적도 커서 손실이 심하게 일어난다.

2) 예를 들면 많은 잎으로 구성되어 표면적이 큰 엽채류는 둥근 과피로 둘러싸여 있는 과채류에 비해 증산작용이 월등히 심하다. 따라서 증산속도는 전체부피에 대한 표면적의 비와 그 표면적의 노출정도에 따라 좌우된다.

(3) 증산작용에 영향을 미치는 요인

증산작용에 영향을 미치는 요인들로서는 습도, 온도, 공기의 유속을 들 수 있다. 건조하고 온도가 높을수록 그리고 공기의 움직임이 많을수록 촉진되며 표피에 상처를 입었거나 절단된 경우에는 그 부위를 통해서 수분손실이 많아진다.

4. 원예산물별 수확시기를 결정하는 지표로 옳지 않은 것은?

① 배추 – 만개 후 일수
② 신고배 – 만개 후 일수
③ 멜론 – 네트 발달 정도
④ 온주밀감 – 과피의 착색 정도

정답 및 해설 ①

원예생산물의 수확적기 판정지표

5. 수확 전 칼슘결핍으로 발생 가능한 저장 생리장해는?

① 양배추의 흑심병
② 토마토의 꼭지썩음병
③ 배의 화상병
④ 복숭아의 균핵병

정답 및 해설 ①

칼슘부족에 의한 장해

칼슘부족의 대표적 장해로는 토마토의 배꼽썩음병(blossom-end rot), 사과의 고두병(bitter pit), 양배추의 흑심병(blackheart), 배의 콜크스폿(cork spot) 등이 있다.

[과실과 채소에서 칼슘과 관련된 장해]

작물	장해
사과	• 사과의 고두병(bitter pit), lenticel blotch, 사과의 콜크스폿(cork spot) • 과점붕괴(lenticel breakdown), 균열(cracking) • 저온성 붕괴(low temperature breakdown), 내부 조직 붕괴(internal breakdown), 노화성 붕괴(senescent breakdown), jonathan spot, 밀병(water core)
토마토	• 토마토의 배꼽썩음병(blossom-end rot), blastseed, 균열(cracking)
양배추	• 양배추의 흑심병(blackheart), internal tipburn
배	• 배의 콜크스폿(cork spot)
아보카도	• end spot
콩	• 엽병황화병(hypocotyl necrosis)
배추	• internal tipburn
당근	• cavity spot, 균열(cracking)
셀러리	• 균열(cracking)
상추	• 잎끝마름병(tipburn)
고추	• 토마토의 배꼽썩음병(blossom-end rot)
수박	• 토마토의 배꼽썩음병(blossom-end rot)

6. 필름으로 원예산물을 외부공기와 차단하여 인위적 공기조성 효과를 내는 저장기술은?

① 저온저장 ② CA저장
③ MA저장 ④ 저산소저장

정답 및 해설 ③

MA 저장의 이용

호흡급등형에 속하는 과일의 필름포장은 포장내 가스조성 변화를 통한 MA 저장 효과에 큰 의미를 두고 있다. PVC 필름을 이용한 토마토의 포장저장은 과실의 성숙도에 따라 3~9% 이산화탄소 +3~9% 산소, 또는 10~18% 이산화탄소+2%이하 산소의 가스 조성이 가능하여 과일의 경도유지와 노화지연의 효과를 보인다.

1. 호흡양상이 다른 원예산물은?

① 토마토 ② 바나나
③ 살구 ④ 포도

정답 및 해설 ④

성숙과 숙성과정에서 원예생산물의 호흡양상

(1) 호흡급등형(climacteric type) : 성숙과 숙성과정에서 호흡이 급격하게 증가하는 과실로 사과, 배, 감, 복숭아, 살구, 메론, 참다래(키위), 무화과, 바나나, 아보카도, 망고, 파파야, 토마토, 수박 등이 있다.
(2) 비급등형(non-climacteric type) : 성숙과 숙성과정에서 호흡의 변화가 없는 과실로 딸기, 포도, 양앵두, 파인애플, 감귤(밀감), 오렌지, 레몬, 올리브, 고추, 가지, 오이 등이 있다.

7. 토마토의 성숙중 색소변화로 옳은 것은?

① 클로로필 합성 ② 리코핀 합성
③ 안토시아닌 분해 ④ 카로티노이드 분해

정답 및 해설 ②

토마토 성숙중 색소변화

토마토 미숙단계에서는 엽록소(클로로필 합성)가 많아 녹색이 발현되나, 성숙의 진행에 따라 성숙 및 착색촉진 호르몬인 에틸렌 생성량이 증가되어 점차적으로 엽록소는 분해되고 카로티노이드계 안토시안 생합성이 증가하여 붉은 색소가 발현된다. 또한 토마토 과실은 주황색소인 리코핀이 발현되는데 카로티노이드의 일종의 적색을 나타내고 감의 붉은색을 발현시킨다.. 토마토 과실 중 리코핀(라이코핀, lycopen)은 20~24℃에서 가장 잘 발현되고 30℃에서는 억제되며, 10℃ 이하나 35℃이상에서는 생성되지 않는다.

8. 산지유통센터에서 사용되는 과실류 선별기가 아닌 것은?

① 중량식 선별기 ② 형상식 선별기
③ 비파괴 선별기 ④ 풍력식 선별기

정답 및 해설 ④

산지유통센터에서 사용되는 과실류 선별기

(1) 중량선별기 : 과일은 중량과 크기가 비례하므로 중량선별을 하면 균일한 크기의 과일을 얻게 된다. 국내보급 중량 선별기 기종은 스프링식과 전자식 두 가지가 있다.
(2) 형상선별기 : 과일의 무게와 크기가 비슷한 것을 모양의 차이에 따라 선별하는 것으로 원판분리기 등을 이용한다.
(3) 비파괴 선별기 : 수확된 과실을 파괴하지 않고 해당 과실의 당도, 산도 등을 측정한다.

9. 신선편이 농산물 세척용 소독물질이 아닌 것은?

① 중탄산나트륨 ② 과산화수소
③ 메틸브로마이드 ④ 차아염소산나트륨

정답 및 해설 ③

메틸브로마이드
저장 중 저장 원예생산물 및 저장고에 남아 있는 곰팡이나 세균을 밀폐상태에서 훈증 소독하는 약제이다.

10. 원예산물의 조직감을 측정할 수 있는 품질인자는?

① 색도 ② 산도
③ 수분함량 ④ 당도

정답 및 해설 ③

원예산물의 조직감은 일반적으로 경도를 측정하여 수치로 표시한다. 경도는 과실의 경도계나 물성분석기 등을 이용하여 측정하며, 다즙성은 과실이나 채소에 함유된 자유수분함량을 측정한다.

11. 원예산물의 풍미 결정요인을 모두 고른 것은?

| ㄱ. 향기 | ㄴ. 산도 | ㄷ. 당도 |

① ㄱ ② ㄱ, ㄴ

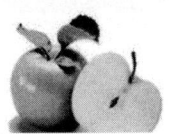

③ ㄴ, ㄷ   ④ ㄱ, ㄴ, ㄷ

정답 및 해설 ④

원예산물의 풍미 결정요인

(1) 맛

    맛에는 흔히 5감으로 불리는 단맛, 신맛, 쓴맛, 짠맛, 떫은맛의 5종류로 구분된다.

    1) 단맛 : 원예산물의 조직에 함유하고 있는 당함량에 의해 결정되는데 과일이나 채소에 가장 많이 함유된 당은 포도당, 과당, 자당(蔗糖 : 설탕의 화학명)등이다.

    2) 신맛 : 유기산 함량에 따라 정도가 달라지는데 신맛에 관여하는 중요 유기산은 사과산(malic acid), 구연산(citric acid), 주석산(tartaric acid)으로 구분된다.

(2) 향기

    원예산물의 풍미란 맛뿐만 아니라 향기도 포함된다. 향기는 대개 휘발성물질에 의해 결정되며, 원예생산물의 종류나 숙성 단계에 따라 종류와 함량이 달라진다.

12. 굴절당도계에 관한 설명으로 옳지 않은 것은?

① 증류수로 영점을 보정한다.
② 과즙의 온도는 측정값에 영향을 준다.
③ 당도는 °Brix로 표시한다.
④ 과즙에 함유된 포도당 성분만을 측정한다.

정답 및 해설 ③

굴절당도계

(1) 과즙에는 당분, 유기산, 아미노산 가용성펙틴 등이 녹아 있으며, 그 중에서도 당분이 매우 큰 비율을 차지하므로 일반적으로 가용성 고형물의 함량을 당도로 표시한다.

(2) 소량의 과즙을 짜내어 과즙을 통과하는 빛이 녹아있는 고형물에 의해 느려지는 원리를 이용하는 것으로 설탕물 10% 용액의 당도를 10% 또는 10°Brix 표준화하거나, 물의 당도를 0으로 당도계의 수치를 보정한 후 측정한다.

(3) 과즙의 온도에 따라 당도가 달라지므로 온도가 동일하게 유지되는 상태에서 당함량을 측정하여 품질의 객관적인 비교가 가능하다.

(4) 당도의 표시는 refractive index, °Brix, SSC %로 나타낸다.

13. 원예산물 저장 중 저온장해에 관한 내용이다. ( )에 들어갈 내용으로 옳은 것

은?

(ㄱ)가 원산지인 품목에서 많이 발생하며 어는점 이상의 저온에 노출 시 나타나는 (ㄴ)생리장해이다.

① ㄱ: 온대, ㄴ: 영구적인 ② ㄱ: 아열대, ㄴ: 영구적인
③ ㄱ: 온대, ㄴ: 일시적인 ④ ㄱ: 아열대, ㄴ: 일시적인

정답 및 해설 ②

저온장해

저온장해는 온대산 작물에 비해 열대 또는 (ㄱ 아열대)가 원산지인 품목 고추, 오이, 호박, 토마토, 아보카도, 바나나, 메론, 파인애플, 고구마, 가지, 옥수수 등에서 많이 발생하며 어는점 이상의 저온에 노출 시 나타나는 (ㄴ영구적인)생리장해이다.

14. 5℃에서 측정 시 호흡속도가 가장 높은 원예산물은?

① 아스파라거스 ② 상추
③ 콜리플라워   ④ 브로콜리

정답 및 해설 ①

해설에서 제시한 근거로 원예산물 중 호흡속도가 높은 생산물은 아스파라거스, 브로콜리 복수정답이 될 수 있지만, 위 문제 정답은 5℃에서 측정 시 호흡속도가 가장 높은 원예산물 ① 아스파라거스로 확정답안 발표 되어 있음(전문적 세부사항을 제시함에 한계가 있음)참조

원예산물의 호흡속도에 따른 분류

호흡속도	원예생산물
매우 낮음	각과류, 대추야자 열매류
낮음	사과, 감귤류, 포도, 키위, 양파, 감자, 녹채소류(상추, 배추, 애호박, 가지 등)
중간	서양배, 살구, 바나나, 체리, 복숭아, 자두 등
높음	딸기, 나무딸기류, 콜리플라워, 아욱, 콩 등
매우높음	버섯, 강낭콩, 아스파라거스, 브로콜리 등

15. CA저장에 필요한 장치를 모두 고른 것은?

| ㄱ. 가스 분석기 | ㄴ. 질소 공급기 | ㄷ. 압력 조절기 | ㄹ. 산소 공급기 |

① ㄱ, ㄴ
② ㄷ, ㄹ
③ ㄱ, ㄴ, ㄷ
④ ㄴ, ㄷ, ㄹ

정답 및 해설 ③

CA저장

(1) 정의 : 저장고의 대기환경을 조절하여 품질변화를 억제하는 기술로서, 산소농도를 대기보다 4~20배 낮추고 이산화탄소 농도를 약 30배에서 높을 때는 500배 증가시키는 조건(산소 ; 1~5%, 이산화탄소 1~5%)에서 저장하는 방법을 말한다.
(2) 필요한 장치 : 가스분석기, 질소공급기, 압력조절기 등이 필요하다.
(3) 효과 : 호흡감소, 에틸렌의 생성 및 작용의 억제 등에 의해 당·유기산 성분 및 엽록소 분해, 과육의 연화 등과 같은 숙성과 노화현상이 지연되며 미생물의 생장과 번식이 억제되는 효과로 인해 생선물의 품질이 유지되면서 장기간 저장이 가능해진다.

16. 딸기의 수확 후 손실을 줄이기 위한 방법이 아닌 것은?

① 착색촉진을 위해 에틸렌을 처리한다.
② 수확 직후 품온을 낮춘다.
③ 소독약제인 이산화염소로 전처리한다.
④ 수확 직후 선별·포장을 한다.

정답 및 해설 ①

딸기의 수확 후 손실을 줄이기 위한 방법으로는 수확직후 선별·포장하여 저장 전 품온을 낮추기 위하여 예랭처리을 실시하고, 저장 중 호흡(호흡열) 및 에틸렌 발생을 억제하기 위하여 저온, 저산소 (밀폐) 저장하고, 미생물발생을 억제하여 부패방지 위하여 소독약제인 이산화염소, 오존 등을 처리하고, 유통은 저온관리시스템을 이용한다. 그러나 에틸렌을 처리하면 착색촉진효과는 있을지 몰라도 호흡(호흡열) 증가로 상품성저하를 가져오는 결과로 손실이 오히려 증가하는 피해를 유발한다.

17. 원예산물 저장 시 에틸렌 합성에 필요한 물질은?

① CO_2
② O_2
③ AVG
④ STS

정답 및 해설 ②

원예생산물 저장 시 식물체에 에틸렌 합성에 필요한 물질 : 에세폰 과 산소

① 에틸렌은 기체이므로 처리가 곤란하여 근래에 에틸렌 발생제인 2-chloroethylphosphonic acid (상품명 : ethephon, ethrel) 합성호르몬인 에세폰을 이용한다.
② 에세폰은 산성용액에서는 안정하나 식물체에 흡수되면 pH의 변화에 따라 분해되어 에틸렌을 생성하기 때문에 생장조절제로 농업적으로 이용한다.
③ 에세폰을 수용액으로 살포하거나 수용액에 침지하면 식물조직내로 이행, 분해되어 에틸렌을 발산한다.

$$Cl-CH_2-CH_2-\overset{\overset{O}{\|}}{\underset{\underset{O}{\|}}{P}}-OH + OH \rightarrow CH_2=CH_2 + H_2PO_3 + Cl$$

(1) 에틸렌발생 화학적 제거
 ① 과망간산 칼리(KMnO4)에틸렌 산화제 처리
 ② 활성탄 및 변형활성탄 등 흡착제 처리
 ③ 브롬화 활성탄(활성탄에 산화제 브롬을 도포)제 처리
 ④ 백금촉매 산화제 처리
 ⑤ 이산화 티타늄(TiO_2)처리하여 자외선과 반응 에틸렌산화제 처리
 ⑥ 오존처리

(2) 에틸렌 작용 억제제 처리
 ① 1-MCP, STS(티오황산), NBA, ethanol 등은 에틸렌이 세포막의 에틸렌수용체와 결합을 방지함으로 에틸렌 작용을 억제한다.
 ② 특히, 1-메틸사이크론프로핀(1-methylcyclopropene : 1-MCP)은 에틸렌작용억제제로 과실의 수확 후 선도유지와 저장성 향상에 사용되는 생장조정제이다.

(3) 아미노에톡시비닐글리신(Aminoethoxyvinlglycine : AVG) 처리
 ① 항에틸렌계열로 아미노에톡시비닐글리신(Aminoethoxyvinlglycine : AVG)은 에틸렌 생성억제제로 사과의 후기낙과 방지에 이용된다.
 ② CA저장 및 MA포장 등으로 CO_2농도를 높이고 O_2농도를 6%이하로 낮추어 에틸렌 생성을 억제한다.

18. 저온저장 중 다음 현상을 일으키는 원인은?

| ○ 떫은 감의 탈삽 | ○ 브로콜리의 황화 | ○ 토마토의 착색 및 연화 |

① 높은 상대습도　　　　　　② 고농도 에틸렌
③ 저농도 산소　　　　　　　④ 저농도 이산화탄소

정답 및 해설 ②

에틸렌에 의한 저장작물의 작용

(1) 상품가치 향상

과실의 경우 성숙은 되었으나 숙성되지 않아 식미가치를 향상시키기 위하여 출하 전처리한다.(예: 녹숙기 바나나, 토마토, 떫은 감, 밀감, 오랜지 등)

 1) 녹숙기 바나나(엽록소의 분해, 착색촉진, 성숙촉진)

 2) 토마토(엽록소의 분해, 착색 및 연화 촉진)

 3) 떫은 감(탈삽: 탄닌 떫은맛 축합으로 감소 및 조직의 연화 전분분해 당함량증가 등)

 4) 밀감, 오랜지 (엽록소의 분해, 착색 및 연화 촉진, 산함량 감소, 당도증가 등)

(2) 상품가치 저하

 1) 냉해피해 증가 : 오이, 가지, 호박, 파파야, 미숙토마토, 고추 등

 2) 호흡촉진 및 호흡열을 높여 노화촉진, 상품성 저하, 저장성 저하 : 일반적 호흡급등형 원예작물

 3) 황화 현상 유발 피해 : 엽록소를 함유한 엽채류

 4) 식물조직의 조기 경도 저하

 5) 쓴맛 증가 : 당근, 고구마 등

 6) 갈색반점 형성 : 양상추 등

 7) 조직이 경화되어 질겨지는 현상 : 아스파라거스

19. 수확 후 예건이 필요한 품목을 모두 고른 것은?

| ㄱ. 마늘 | ㄴ. 신고배 | ㄷ. 복숭아 | ㄹ. 양배추 |

① ㄱ, ㄴ　　　　　　　　　② ㄷ, ㄹ
③ ㄱ, ㄴ, ㄹ　　　　　　　④ ㄱ, ㄷ, ㄹ

정답 및 해설 ③

예건

1) 의의 : 수확한 원예산물을 바로 저장고에 보관하면 저장고 내의 과습으로 인하여 과피흑변현상현상, 부패, 수분증발 등에 의한 품질의 손상 및 저하를 가져오므로 저장 전 식물의 외층을 미리 건조시켜 내부조직의 수분증산을 억제 시키는 방법을 예건이라 한다.
2) 수확 후 예건이 필요한 품목 : 결구류(배추, 양배추 등), 인경류(마늘, 양파 등), 과실류(단감, 서양배 등)이다.

20. 원예산물의 저온저장고 관리에 관한 내용이다. ( )에 들어갈 내용은?

> 저장고 입고 시 송풍량을 (ㄱ), 저장 초기 품온이 적정 저장온도에 도달하도록 조치하면 호흡량이 (ㄴ), 숙성이 지연되는 장점이 있다.

① ㄱ: 높여, ㄴ: 늘고
② ㄱ: 높여, ㄴ: 줄고,
③ ㄱ: 낮춰, ㄴ: 늘고
④ ㄱ: 낮춰, ㄴ: 줄고

정답 및 해설 ②

저온저장고의 온도관리를 위한 냉장기술은 적재 후 초기온도저하 단계와 온도안정기에 따라 유동적으로 운영한다. 만약 저장 전 예냉이 별도로 이루어지지 않았을 경우 저장초기의 송풍량은 온도를 낮추는 속도를 결정하므로 송풍량이 커야하고, 온도가 적정수준까지 떨어진 이후에는 입고 때처럼 큰 송풍량은 필요치 않고 다만 호흡열의 제거로 호흡량이 줄고, 저장고 내 고른 온도 분포를 유지 및 숙성이 지연되는 정도면 충분하다.

21. 저온저장중인 원예산물의 상온 선별 시 A농산물품질관리사의 결로 방지책으로 옳은 것은?

① 선별장내 공기유동을 최소화한다.
② 선별장과 저장고의 온도차를 높여 관리한다.
③ 수분흡수율이 높은 포장상자를 사용한다.
④ MA필름으로 포장하여 외부 공기가 산물에 접촉되지 않게 한다.

정답 및 해설 ④

방담필름 : 필름첨가제를 분사시켜 결로현상을 방지하는 기능성 MA필름으로 포장하여 외부 공기가 산물에 접촉되지 않게 하면 결로현상이 방지되어 부패균발생을 방지할 수 있다.

22. 다음이 예방할 수 있는 원예산물의 손상이 아닌 것은?

팔레타이징으로 단위적재하는 저온유통시스템에서 적재장소 출구와 운송트럭 냉장 적재함 사이에 틈이 없도록 설비하는 것을 외부공기의 유입을 차단하여 작업장이나 컨테이너 내부의 온도 균일화 효과를 얻기 위함이다.

① 생물학적 손상 ② 기계적 손상
③ 화학적 손상 ④ 생리적 손상

정답 및 해설 ③

저온유통(콜드체인)시스템이란 원예작물의 수확 즉시 품온을 낮추어(예랭) 유통과정중 적정저온이 유지 되도록 관리하는 체계를 말한다. 저온유통체계의 장점으로 생물학적(미생물증식억제 등), 생리적(호흡, 연화억제 등), 기계적(상처발생억제 등) 손상방지효과를 얻을 수 있다.

23. 원예산물의 생물학적 위해 요인이 아닌 것은?

① 곰팡이 독소 ② 병원성 대장균
③ 기생충 ④ 바이러스

정답 및 해설 ①

농산물 위해요인

(1) 생물학적 위해 요인

생물 및 미생물들[세균(식중독 세균 : 살모넬라, 장염비브리오균, 병원성대장균(E. Coli, o-157), 곰팡이, 바이러스, 원충류, 조류, 기생충 등)로 사람의 건강에 영향을 미칠 수 있는 것을 말한다.

(2) 화학적 위해요인

 1) 자연독성 : 버섯, 감자, 패류, 곰팡이독소 등
 2) 화학첨가물 : 식품첨가제
 3) 환경오염물질 : 중금속, 농약, 다이옥신, 항생제, 호르몬제 등

(3) 물리적 위해요인 : 금속파편, 돌, 유리조각, 주사바늘, 뼈 조각 등)

24. HACCP 실시과정에 관한 내용이다. (   )에 들어갈 내용으로 옳은 것은?

(ㄱ) : 위해요소와 이를 유발할 수 있는 조건이 존재하는 여부를 파악하기 위하여 필요한 정보를 수집하고 평가하는 과정
(ㄴ) : 위해요소를 예방, 저해하거나 허용수준 이하로 감소시켜 안전성을 확보하는 중요한 단계, 과정 또는 공정

① ㄱ: 위해요소분석, ㄴ: 한계기준
② ㄱ: 위해요소분석, ㄴ: 중요관리점
③ ㄱ: 한계기준, ㄴ: 중요관리점
④ ㄱ: 중요관리점, ㄴ: 위해요소분석

정답 및 해설 ②

HACCP는 위해요소분석 및 중요관리점으로 우리나라의 식품당국에서는 "식품위해요소중점관리기준"으로 번역하고 있다. 일명 "해썹"이라부른다. 즉, HACCP이란 위해요소분석(HA : Hazard Analysis)과 중요관리점(CCP : Critical Control Point)으로 구성되어 있다.

부록 — 제 19회 기출문제

1. 원예산물의 수확적기를 판정하는 방법으로 옳은 것은?

① 후지 사과 – 요오드반응으로 과육의 착색면적이 최대일 때 수확한다.
② 저장용 마늘 – 추대가 되기 전에 수확한다.
③ 신고 배 – 만개 후 90일 정도에 과피가 녹황색이 되면 수확한다.
④ 가지 – 종자가 급속히 발달하기 직전인 열매의 비대최성기에 수확한다.

정답 및 해설 ④

① 후지 사과 – 요오드반응으로 과육의 청색 착색면적이 최소일 때 수확한다.
② 저장용 마늘 – 추대 직후에 수확한다.
③ 신고 배 – 만개 후 165~170일 정도에 과피가 녹황색이 되면 수확한다.

2. 사과(후지)의 성숙 시 관련하는 주요 색소를 선택하고 그 변화로 옳은 것은?

ㄱ. 안토시아닌   ㄴ. 엽록소   ㄷ. 리코펜

① ㄱ: 증가, ㄴ: 감소
② ㄱ: 감소, ㄴ: 증가
③ ㄱ: 감소, ㄴ: 감소, ㄷ: 증가
④ ㄱ: 증가, ㄴ: 증가, ㄷ: 감소

정답 및 해설 ①

사과의 안토시아닌 색소는 증가하여 붉은색을 띠게 되고, 엽록소가 감소하므로 녹색이 줄어들게 된다.

3. 호흡급등형 원예산물을 모두 고른 것은?

ㄱ. 살구   ㄴ. 가지   ㄷ. 체리   ㄹ. 사과

① ㄱ, ㄴ
② ㄱ, ㄹ

③ ㄴ, ㄷ　　　　　　　　　　　　　　④ ㄷ, ㄹ

정답 및 해설 ②

호흡급등형	사과, 배, 복숭아, 참다래, 바나나, 토마토, 수박, 살구, 멜론, 감, 키위, 망고 등
비호흡급등형	포도, 감귤, 오렌지, 레몬, 고추, 가지, 오이, 딸기, 호박, 파인애플 등

4. 포도의 성숙 과정에서 일어나는 현상으로 옳지 않은 것은?

① 전분이 당으로 전환된다.　　　　② 엽록소의 함량이 감소한다.
③ 펙틴질이 분해된다.　　　　　　④ 유기산이 증가한다.

정답 및 해설 ④

유기산이 감소해서 신맛이 줄어든다.

5. 오이에서 생성되는 쓴맛을 내는 수용성 알칼로이드 물질은?

① 아플라톡신　　　　　　　　　　② 솔라닌
③ 쿠쿠비타신　　　　　　　　　　④ 아미그달린

정답 및 해설 ③

천연독성물질
아플라톡신 : 보리
솔라닌 : 감자
아미그달린 : 청매실

6. 원예산물에서 에틸렌의 생합성 과정에 필요한 물질이 아닌 것은?

① ACC합성효소　　　　　　　　　② SAM합성효소
③ ACC산화효소　　　　　　　　　④ PLD분해효소

정답 및 해설 ④

에틸렌 생합성을 제어하는 과정

에틸렌 전구체인 메티오닌으로 시작해 최종 에틸렌이 생성되는 과정에서 ATP의 결합으로 S-adenosyl methionine(SAM)을 형성하면서 ACC생성효소, ACC산화효소가 작용한다. 크리스퍼를 이용해 CNR, RIN, NOR 등 에틸렌 생합성 조절 인자의 결실이나 치환을 유도해 에틸렌 합성을 조절할 수 있다.

7. 원예작물의 수확 후 증산작용에 관한 설명으로 옳은 것은?

① 증산율이 낮은 작물일수록 저장성이 약하다.
② 공기 중의 상대습도가 높아질수록 증산이 활발해져 생체중량이 감소된다.
③ 증산은 대기압에 정비례하므로 압력이 높을수록 증가한다.
④ 원예산물로부터 수분이 수증기 형태로 대기중으로 이동하는 현상이다.

정답 및 해설 ④

① 증산율이 낮은 작물일수록 저장성이 강하다.
② 공기 중의 상대습도가 낮아질수록 증산이 활발해져 생체중량이 감소된다.
③ 증산은 대기압에 반비례하므로 압력이 높을수록 감소한다.

8. 과실별 주요 유기산의 연결로 옳지 않은 것은?

① 포도 - 주석산
② 감귤 - 구연산
③ 사과 - 말산
④ 자두 - 옥살산

정답 및 해설 ④

자두 - 사과산

말산 : 말산은 유기화합물로 TCA 회로의 중간산물이다. 사과에 많이 함유되었다고 해서 사과산이라고 부르기도 한다. 사과, 포도 등의 과일에 많이 포함되어 있다.

9. 원예산물의 조직감과 관련성이 높은 품질구성 요소는?

① 산도　　　　　　　　　② 색도
③ 수분함량　　　　　　　④ 향기

정답 및 해설 ③

수분함량이 많을수록 경도가 약해지고 조직감이 떨어진다.

10. 굴절당도계에 관한 설명으로 옳은 것은?

① 당도는 측정시 과실의 온도에 영향을 받지 않는다.
② 영점을 보정할 때 증류수를 사용한다.
③ 당도는 과실내의 불용성 펙틴의 함량을 기준으로 한다.
④ 표준당도는 설탕물 10 % 용액의 당도를 1 % (°Brix)로 한다.

정답 및 해설 ②

굴절당도계 : 빛의 굴절 현상을 이용하여 과즙의 당 함량을 측정하는 기계. 굴절 당도는 100g의 용액에 녹아 있는 자당의 그램 수를 기준으로 하지만 과실은 과즙에 녹아 있는 가용성 고형물 함량을 측정하여 당도로 표시한다.
1브릭스 용액은 100그램의 용액에 1그램의 설탕이 포함된 용액을 의미한다.

11. 원예산물에서 카로티노이드 계통의 색소가 아닌 것은?

① 카로틴　　　　　　　　② 루테인
③ 케라시아닌　　　　　　④ 카로틴

정답 및 해설 ③

카로틴계 : 베타카로틴, 리코펜
잔토필계 : 루테인, 아스타잔틴
아포카로티노이드계 : 아브시스산
비타민A리티노이드계 : 레티놀
케라시아닌은 안토시아닌계통이다.

12. 수확 후 감자의 슈베린 축적을 유도하여 수분손실을 줄이고 미생물 침입을 예방하는 전처리는?

① 예냉
② 예건
③ 치유
④ 예조

정답 및 해설 ③

감자 큐어링(치유) : 감자 수확 후 온도 15~20도, 습도 85~90%인 조건에서 2주일 정도 큐어링하면 코르크층이 잘 형성되어 수분 손실과 부패균의 침입을 감소시킬 수 있다
슈베린 : 식물세포막에 다량으로 함유되어 있는 wax 물질. 코르크질. 목전질.

13. 원예산물의 세척 방법으로 옳은 것을 모두 고른 것은?

| ㄱ. 과산화수소수 처리 | ㄴ. 부유세척 |
| ㄷ. 오존수 처리 | ㄹ. 자외선 처리 |

① ㄱ, ㄹ
② ㄱ, ㄴ, ㄷ
③ ㄴ, ㄷ, ㄹ
④ ㄱ, ㄴ, ㄷ, ㄹ

정답 및 해설 ②

자외선처리는 건식으로 세척방법이 아니다.

14. 장미의 절화수명 연장을 위해 보존액의 pH를 산성으로 유도하는 물질은?

① 제1인산칼륨, 시트르산
② 카프릴산, 제2인산칼륨
③ 시트르산, 수산화나트륨
④ 탄산칼륨, 카프릴산

정답 및 해설 ①

처리방법: 인산칼륨(KH_2PO_4) 0.5mM을 수확 직후 24시간 침지

15. 다음 ( )에 알맞은 용어는?

예냉은 수확한 작물에 축적된 (ㄱ)을 제거하여 품온을 낮추는 처리로, 품온과 원예산물의 (ㄴ)을 이용하면 (ㄱ)량을 구할 수 있다.

① ㄱ: 호흡열, ㄴ: 대류열
② ㄱ: 포장열, ㄴ: 비열
③ ㄱ: 냉장열, ㄴ: 복사열
④ ㄱ: 포장열, ㄴ: 장비열

정답 및 해설 ②

예냉이란 수확후 전처리한 농산물을 냉장보관하여 포장열(재배포장에서 수확한 산물의 열)을 제거하고 급속히 품온을 낮추는 것이다.

16. 수확 후 후숙처리에 의해 상품성이 향상되는 원예산물은?

① 체리
② 포도
③ 사과
④ 바나나

정답 및 해설 ④

파인애플, 감귤, 토마토, 바나나 등에 후숙의 효과가 있다.

17. 원예산물의 저장 효율을 높이기 위한 방법으로 옳지 않은 것은?

① 저장고 내부를 차아염소산나트륨 수용액을 이용하여 소독한다.
② CA저장고에는 냉각장치, 압력조절장치, 질소발생기를 설치한다.
③ 저장고 내의 고습을 유지하기 위해 활성탄을 사용한다.
④ 저장고 내의 온도는 저장중인 원예산물의 품온을 기준으로 조절한다.

정답 및 해설 ③

활성탄이나 목탄은 흡수제이다.

18. 원예산물의 MA필름저장에 관한 설명으로 옳지 않은 것은?

① 인위적 공기조성 효과를 낼 수 있다.
② 방담필름은 포장 내부의 응결현상을 억제한다.
③ 필름의 이산화탄소 투과도는 산소 투과도 보다 낮아야 한다.
④ 필름은 인장강도가 높은 것이 좋다.

정답 및 해설 ③

이산화탄소의 투과도가 산소투과도보다 3~5배 높게 유지한다.

19. 원예산물의 숙성을 억제하기 위한 방법을 모두 고른 것은?

| ㄱ. CA저장 | ㄴ. 과망간산칼륨처리 |
| ㄷ. 칼슘처리 | ㄹ. 에세폰처리 |

① ㄱ, ㄴ, ㄷ
② ㄱ, ㄴ, ㄹ
③ ㄱ, ㄷ, ㄹ
④ ㄴ, ㄷ, ㄹ

정답 및 해설 ①

에세폰 : 숙성을 촉진하는 물질로 감의 떫은 맛을 없에 주기도 한다.

20. 농민 H씨가 다음과 같은 배를 동일 조건에서 상온저장 할 경우 저장성이 가장 낮은 것은?

① 신고
② 신수
③ 추황배
④ 영산배

정답 및 해설 ②

신수는 조생종으로 저장성이 약하다.
조생종 : 미니배, 감로, 신천, 조생황금, 선황, 원황, 신일, 한아름, 신수, 장수, 행수
중생종 : 황금배, 수황배, 화산, 만풍배, 영산배, 수정배, 감천배, 단배, 풍수, 장십랑, 신고
만생종 : 미황, 추황배, 만수, 만황, 금촌추, 만삼

| 수확 후 품질관리론 |

21. 원예산물을 저온저장 시 발생하는 냉해(chilling injury)의 증상이 아닌 것은?

① 표피의 함몰
② 수침현상
③ 세포의 결빙
④ 섬유질화

정답 및 해설 ③

저온장해로 세포의 결빙까지 이르지는 않는다.

22. 다음 중 3 ~ 7 ℃에서 저장할 경우 저온장해가 일어날 수 있는 원예산물은?

① 토마토
② 단감
③ 사과
④ 배

정답 및 해설 ①

적정저장온도

단감 : 5^0C 이상으로 저온처리하는 것은 피해야 한다.

배 : $0 \sim 1^0C$

사과 : -1^0C

토마토 : 온난 기후 산물로서 5^0C 이하로 저장하면 맛과 향이 없어진다.

23. 원예산물의 적재 및 유통에 관한 설명으로 옳지 않은 것은?

① 신선채소류에는 수분흡수율이 높은 포장상자를 사용한다.
② 압상을 방지할 수 있는 강도의 골판지상자로 포장해야 한다.
③ 기계적 장해를 회피하기 위해 포장박스 내 적재물량을 조절한다.
④ 골판지 상자의 적재방법에 따라 상자에 가해지는 압축강도는 달라진다.

정답 및 해설 ①

신선채소류는 수분함량이 높으므로 이에 대항성이 강한 수분흡수율이 낮은 포장상자를 사용하여야 한다. 수분흡수율이 낮은 포장상자 사용시 포장상자가 파손되거나 훼손되기 쉽다.

24. 동일조건에서 이산화탄소 투과도가 가장 낮은 포장재는?

① 폴리프로필렌(PP)
② 저밀도 폴리에틸렌(LDPE)
③ 폴리스티렌(PS)
④ 폴리에스테르(PET)

정답 및 해설 ④

필름종류(투과성 순위)	가스투과성 (ml/m²•0.025mm•1day)		포장내부
	CO_2	O_2	$CO_2 : O_2$
저밀도폴리에틸렌(LDPE)1	7,700~77,000	3,900~13,000	2.0 : 5.9
폴리스틸렌(PS)2	10,000~26,000	2,600~2,700	3.4 : 5.8
폴리프로필렌(PP)3	7,700~21,000	1,300~6,400	3.3 : 5.9
폴리비닐클로라이드(PVC)4	4,263~8,138	620~2,248	3.6 : 6.9
폴리에스터(PET)5	180~390	52~130	3.0 : 3.5

25. 다음이 설명하는 원예산물관리제도는?

○ 농약 허용물질목록 관리제도
○ 품목별로 등록된 농약을 잔류허용기준농도 이하로 검출되도록 관리

① HACCP
② PLS
③ GAP
④ APC

정답 및 해설 ②

PLS(Positive List System) : 농약허용기준강화제도

MEMO

참고문헌
- 「원예사전」(표현구 외) 농경과원예농원
- 「원예학범론」(최병열 외) 향문사
- 「농업기초기술」 한국농업능력개발원
- 「재배학 범론」(김기준 외) 향문사
- 「GAP 인증심사원 교육교재」 농촌진흥청
- 「유기농업기능사」 부민문화사
- 「수출농산물수확후관리기술과 상품화방안」(김종기) 유통공사
- 「원예학」(박효근) 한국방송통신대학교출판부
- 「원예학개론」(김종기 외) 농민신문사
- 「농산물품질관리사」(양용준 외) 부민문화사
- 「농산물품질관리사」(조규태 외) 시대고시기획
- 「농산물수확후관리기술」(김종기 외) 농수산물유통공사

수확후품질관리론

초판 인쇄 / 2012년 1월 5일
12판 발행 / 2023년 2월 5일
편저 / 사마자격증수험서연구원
발행인 / 이지오
발행처 / 사마출판
주소 / 서울시 중구 퇴계로45길 19, 402호
등록 / 제301-2011-049호
전화 / 02)3789-0909
팩스 / 02)3789-0989

저자와의 협의에 의해 인지 첨부를 생략합니다.

ISBN / 979-11-92118-23-9   13520
정가 20,000원

· 이 책의 모든 출판권은 사마출판에 있습니다.
· 본서의 독특한 내용과 해설의 모방을 금합니다.
· 잘못된 책은 판매처에서 바꿔 드립니다.